MANZANAS PODRIDAS
MALAS PRÁCTICAS DE INVESTIGACIÓN Y CIENCIA DESCUIDADA —LO QUE NADIE TE CONTÓ EN EL MÁSTER DE INVESTIGACIÓN

Angel Abril-Ruiz

30 de mayo de 2019

ERRATAS:

Estimado lector: por favor, si encuentras alguna errata en este libro agradecería muchísimo que me informaras.

Puedes hacerlo enviándome un email a angel@manzanaspodridas. com indicando en el asunto «Errata encontrada».

¡Muchas gracias! Angel.

1ᴬ Edición tapa blanda impresa por AMAZON
Esta es la revisión 19JUN-3 (18-04-2019)
Propiedad intelectual de Angel Abril-Ruiz salvo indicación contraria
Las ilustraciones que acompañan a esta edición son originales de Leonid Schneider (CC-BY-NC) y traducidas a español por Angel Abril-Ruiz
Web: HTTP://WWW.MANZANASPODRIDAS.COM

ISBN: 9781070755366 (Independently published)

Primera impresión, Junio 2019

«Entre el estímulo y la respuesta hay un espacio. En ese espacio está nuestro poder de elegir nuestra respuesta. En nuestra respuesta está nuestro crecimiento y nuestra libertad».

Viktor Frankl.

Leído en *Cómo manejar tus emociones en situaciones de alto estrés.*
World Economic Forum. Dic. 2016.
http://bit.ly/world-economic-forum-viktor-frankl.

Índice general

II Contextualizando la integridad en investigación 127

Bibliografía

Índice alfabético

Índice de figuras

Agradecimientos

Es de bien nacido ser agradecido ☺.

Me gustaría dar las gracias a aquellas personas que me abrieron cordialmente la puerta cuando a ellas acudí buscando información para intentar disminuir un poco mi ignorancia alrededor de la integridad científica y de las malas prácticas en investigación.

A Leslie K. John (Harvard Business School) que respondió a todos mis correos donde le planteaba dudas sobre sus investigaciones y accedió a enviarme material suplementario; a Ian St James-Roberts (UCL Institute of Education, University College London) con el que intercambié apreciaciones sobre su publicación de 1976; a Nicholas J. L. Brown, un investigador admirable por su carrera polifacética que compartió conmigo detalles sobre su historia como *watchdog* y como traductor del libro de Diederik A. Stapel, que son publicados aquí por vez primera; a Joaquim Elcacho, que accedió amablemente a enviarme el manuscrito original de uno de su artículos publicados en *Muy Interesante* y al que doy la enhorabuena por su defensa de la naturaleza desde *La Vanguardia*; a Andreu Climet (Centro de Investigación Biomedica en Red Cardiovascular), Ana Elorza (Fundación Española para la Ciencia y la Tecnología, FECyT) y Lorenzo Melchor (Coord. Ciencia en el Parlamento) por aportarme su punto de vista en la búsqueda de órganos españoles para la salvaguarda de la integridad científica; a Antonio Herrera Merchán por sus interesantes aportaciones desde la perspectiva de los *wistleblowers*; a Joaquín Sevilla por darme realimentación de la parte en la que es citado su trabajo y a Leonid Schneider por recordarme que sus dibujos están licenciados bajo CC-BY-NC y podía usarlos con total libertad.

Tengo que ofrecer un agradecimiento especial a Pere Puigdomènech Rosell (primer presidente del Comité de Ética del CSIC) que, además de atender mis correos electrónicos, accedió a mantener un Skype para resolver todas mis dudas y aportarme su valioso punto de vista y su mayúscula experiencia sobre la situación de la salvaguarda de la integridad en investigación en España.

Muchas gracias a todos por el conocimiento que me han aportado; han demostrado ser muy grandes como personas accediendo a atender a este pobre ignorante.

Y por el lado personal tengo que agradecer a mi compañera de piso Dana que aguantase mis manías de las semanas en las que escribo. Gracias Dana por hacer más tareas domésticas de las que te tocaban, por aprender a hacer pan de masa madre y por enseñarme a usar la panificadora para elaborar arroz con leche y *brownie*. ¡Te deseo mucha suerte en tu vida personal y profesional!

Y finalmente gracias a mi familia, de la que tan poco disfruto por dedicar tanto tiempo a escribir. Sé que me arrepentiré algún día.

Y por supuesto, gracias a ti por leerme.

Angel, en una soleada tarde de mayo de 2019.

NOTA: Tras la publicación del *preprint* tengo que agradecer también a las siguientes personas los mensajes que han enviado (erratas, diseño, ...) para mejorar este trabajo: Susana Vega, Saray López, Alfonso Diestro, #InvestigadoresEnParo, Cristian Merlino S., Silvia Buenestado, José Tomás Caballero, Domin García, Ana Borrego, Covi Gijón, Juan A. Abril, Ventura Guerrero, Julio Meneses, Álvaro González, Ester Lázaro, David Fernández, Severiano Arias Glez. y a todos los que contribuís a hacer el mundo un poco mejor cada día.

INSTRUCCIONES: Leer antes de usar

No quiero hacerte perder el tiempo, por eso he decidido incluir estas instrucciones. Si el libro no te aporta valor sería estupendo que lo descartases lo antes posible de forma que puedas invertir tu tiempo en cualquier otra cosa más útil para ti o para el resto del mundo ☺. Aquí van:

1. Este libro está orientado sobre todo a personas que tienen relación con el mundo de la investigación científica y/o mantienen nociones de lo que se mueve en este mundo. Mientras lo escribía pensaba en un joven lector que está en el inicio de su carrera investigadora o pensando en comenzar. Estaría genial que ese joven, antes de adentrarse en este mundo, conociese la perspectiva aquí ofrecida.

2. No obstante, la primera parte, más novelada, puede ser interesante para cualquier tipo de lector.

3. A pesar de ser un libro orientado a personas relacionadas con el mundo académico su lenguaje es divulgativo y cercano.

4. Para mantener esta cercanía he intentado liar lo menos posible el cuerpo de la narración con citas a la literatura de referencia (que es algo típico en los textos académicos). Por esto, las citas a la bibliografía las he pasado a las notas del final.

5. ¿CÓMO SE USAN LAS REFERENCIAS?:
   En las notas del final cuando digo, por ejemplo: «Ver Altman y Broad (2005)», estoy diciendo que en el apartado de Bibliografía vamos a encontrar un trabajo que estos dos autores publicaron

en 2005. En la Bibliografía, que está ordenada alfabéticamente, buscaremos «Altman...» y ahí veremos que el autor Altman, Lawrence K. junto a su colega William J. Broad escribieron en 2005 el artículo en *The New York Times* que se titulaba *Global Trend: More Science, More Fraud.*

6. ORDEN DE LECTURA:

Los capítulos no están ordenados con números ordinales (ordinales de orden); están identificados con letras. Lo he hecho así adrede para dar a entender que aunque obviamente se presentan colocados de una forma, el orden de lectura podría ser cualquiera. Las referencias entre fuentes hacia delante y hacia atrás es frecuente, algo que facilita esta anarquía.

Parte I

Unas pocas manzanas podridas

Capítulo A

Introducción

Andábamos arrancando las hojas del almanaque del 2003 cuando decidí emprender mi primer Camino de Santiago. El 14 de junio mis botas comenzaron a caminar desde Saint-Jean-Pied-de-Port, las de un joven de cabeza rapada, con 27 años y más de un duelo por resolver. No era la primera vez que decidía emprender una aventura en solitario. Años atrás, en octubre de 1999, mi maleta y yo llegamos a la estación de Chamartín sin tener muy claro qué sería de nosotros durante los días siguientes, y allí me quedé durante catorce años. Con similar actitud, hace poco menos de dos años (agosto 2017), me planté en el punto más oriental de la Península Ibérica: Cap de Creus. En aquel entonces mi mochila y yo teníamos frente a nosotros 850 kilómetros de montaña, una Travesía Transpirenaica (GR11) a la que vencer, sin saber muy bien si aquella locura pondría al fin tumba a nuestro sufrimiento —hay momentos en la vida donde la incertidumbre empapa cada uno de los poros de nuestra piel, pero por incómodos no debes evitar vivirlos porque sabes que te harán crecer.

Francamente, me resulta difícil encontrar grandes logros en la vida que no hayan costado sudor e incluso lágrimas a aquellos que los consiguieron. Supongo que la cumbre del Olimpo (la montaña más alta de Grecia donde la mitología sitúa la casa de los dioses) no está llena de personas a las que las cosas les fueron regaladas; me atrevería a pensar, más bien, que los que allí suben lo hacen tras un camino de penuria, algo que los que hacemos montaña lo tenemos bastante presente y sabemos que aunque hay cumbres sencillas otras te pueden costar la vida.

Como el mercado es así de habilidoso y donde existe una necesidad pronto aparece una oferta que la cubra, no es de extrañar que en el ascenso, entre piedra y matorral, entre cresta y collado, aparezca alguien ofreciendo un *atajo* para calmar tu sufrimiento. Es algo que me sorprendió en mi primer Camino. Ya en aquel entonces los peregrinos encontrábamos amables oriundos que ofrecían portar tu mochila hasta el siguiente albergue por un módico precio.

—¿Llevarme la mochila y caminar sin peso a la espalda? —me preguntaba inquietante cada vez que me lo ofrecían—. ¿Pero a qué he venido yo aquí, a pasearme o a alcanzar *mi gloria*? —terminaba reafirmándome.

Algo parecido me sucedió mientras vivía el GR11. Era mi quinto día, veintiuno de agosto de dos mil diecisiete, medio día. Esa mañana había salido de Molló (Girona) y estaba haciendo una parada en Setcases (altitud 1270 m) para ingerir algunas calorías. Como no me sentía mal del todo durante la parada había decidido doblar la etapa estándar para intentar dormir más allá del Santuario de la Virgen de Núria, lo que significaba que me quedaban aún alrededor de 30 kilómetros y unos 2000 metros positivos por recorrer —cargando con la mochila que aquel día rondaría los 17 kilos—. Acababa de enviar la foto con la nueva previsión y estimaciones de tiempos a *mi línea de vida*[*] y me disponía a reanudar la marcha cuando de repente paró a mi lado un señor con una furgoneta:

—¡Hola montañero!, ¿para dónde vas? —me dijo el hombre amablemente.
—Voy siguiendo el GR11, salí esta mañana desde Molló y quiero llegar al Santuario de Núria —le contesté.
—Si quieres te puedo acercar hasta el refugio.
—¿Cómo?
—Que si quieres puedo subirte a ti y a la mochila hasta el siguiente refugio. En coche son 10 minutos y andando se te pueden ir dos horas. Por 5 euros mira el tiempo que te puedes ahorrar —me propuso sonriente con cara de que aceptaría encantado.

---

[*]Así llamaba a la función que durante toda la aventura hizo mi *sis* Juana Laura junto al gran soldado Robles, los únicos que recibían periódicamente un *ping* sobre mi posición geográfica y estado anímico (aprovecho para darles las gracias de nuevo: ¡gracias! ☺). El relato de la etapa junto a la ficha técnica y el track GPS que da fe de mi camino está disponible en: http://gr11salvamiente.blogspot.com/2017/09/gr11-en-21-dias-d5-mollo-nuria-pasado.html.

—Qué va, muchas gracias, voy a intentar subir yo mismo, ¡espero que me queden fuerzas! —contesté y ambos continuamos nuestro camino.

Mi colega Álvaro me dijo por Twitter con posterioridad que conociéndome como me conoce, con lo rácano que soy (según él), tenía claro que yo nunca hubiese aceptado pagar 5 euros por eso ☺ ☺. Pero en realidad no se trataba de dinero, sino de principios.

Algo parecido a esto es lo que estamos encontrando durante los últimos años en el ascenso al Everest, una gesta al alcance de muy pocos montañeros al menos hasta hace tres o cuatro décadas. Esta semana leí que habían muerto otras cuatro personas al bajar. En lo que va de año son diez. Al parecer se forman tales colas y atascos en el ascenso y el descenso que está muriendo gente por tropiezos con otros montañeros (o por tener que estar en la cumbre más minutos de lo necesario). Como podemos imaginar muchos de los que suben lo hacen pagando una gran suma de dinero a empresas que se encargan de ponértelo todo fácil, de forma que pasear en rebajas por El Corte Inglés sea tarea con más enjundia que el ascenso a la cima, y esta facilidad está provocando que personas no preparadas emprendan el camino de ida pero nunca de vuelta.

A lo largo de la vida he observado que hay distintos tipos de personas. Los de Pepsi frente a los de Coca-Cola; los que no cambiarían su taza de Cola Cao ni por cinco de Nesquik; los que ponen el rollo de papel higiénico con el lado de tirar pegado a la pared frente a los que lo ponen más próximo al rey del trono; los que son más de Nutella que de Nocilla y los que prefieren el camino duro pero sincero frente al pícaro del atajo.
A priori no encuentro argumentos sólidos para defender unas opciones frente a otras. Ahora, la que sí tengo clara es la última: personalmente mi opción es la del camino duro y sincero frente a la de los atajos que te facilitan el acceso a la cumbre. No discuto que habrá situaciones donde tomar el atajo no perjudique a nadie y probablemente sea la opción más racional, pero en el mundo social en el que vivimos a veces tomar atajos frente a otros que no lo hacen puede suponer una ventaja *ilícita* de los primeros frente a los segundos, lo que podría derivar en una situación de *injusticia*.

Y entramos en un tema pantanoso. ¿Justo o injusto para quién, dónde y en qué época? Abordar cuestiones morales o éticas es complicado y por mi total desconocimiento tampoco voy a embarrarme en esto. Permitidme tan solo que os cuente otra pequeña historieta de mi juventud para ilustrar mi particular, y quizá criticada por muchos, forma de ver la justicia.

Supongo que sería entre sexto y octavo de EGB (entre 11 y 14 años). Por aquellos entonces los chavales de los colegios del pueblo celebrábamos los *juegos escolares*. Era una especie de liga deportiva, no recuerdo de cuántos deportes, pero de baloncesto al menos sí, que es a lo que nosotros jugábamos. Nosotros éramos *Los del virgen* y luego estaban *Los del conde* y los demás. El primer año nuestro nivel jugando era pésimo. Nos juntábamos algunas tardes a entrenar en el patio del colegio agradecidos a los profesores que nos dejaban un balón de baloncesto para poder entrenar (ninguno de los que nos juntábamos teníamos balón propio, ¡eso era un lujo en aquella época!). En alguna ocasión Don Santos pasó alguna tarde con nosotros intentando adiestrarnos de alguna forma, pero fueron pocas tardes. Los recuerdos son confusos y no estoy seguro de si alguna vez llegamos a ganar algún partido durante el primer año. El segundo o tercer año, no recuerdo bien, a principio de temporada habíamos avanzado de muy pésimos a pésimos, pero lo cierto es que con la práctica de los partidos conseguimos alcanzar el nivel de mediocres e incluso encestábamos de vez en cuando; defendiendo éramos bastante buenos, eso sí. La cosa la teníamos complicada porque a la desgracia de nuestro nivel digamos... poco desarrollado, se unía la supremacía de *Los del conde*, que eran los malotes del pueblo, los que vivían por el Barrio de San Cristobal y por el Casco Viejo[*]. Eran unos bestiajos a nuestro lado. Ellos tenían un profesor que los entrenaba dos o tres veces a la semana, algunos de ellos ya jugaban en el club del pueblo, y para colmo eran unos brutotes que nos sacaban dos o tres cabezas (allí estaba El rojo, El gero y toda esta panda...). Sí, eran mucho mejores que nosotros, todo hay que decirlo, y teníamos poco que hacer a su lado. Pero resulta, este es el recuerdo que tengo, que hubo especialmente un partido que ellos jugaron muy mal (no asistieron los titulares) y nosotros jugamos muy bien, en el que el árbitro (Juanfran) pitó descaradamente a su favor y perdimos por dos o tres puntos —vale, este es el punto de vista totalmente sesgado de un niño compitiendo, lo admito—. La *injusticia* que sentimos fue terrible. La sensación de indignación y de impotencia de estar tan cerca y no haber conseguido la victoria por culpa de un mal arbitraje era indescriptible[**]. No re-

---

[*]Por supuesto que todo esto lo estoy contando con mis ojos de niño, ni mucho menos ahora pienso que los de esos barrios sean los malotes ☺.

[**]Efectivamente esto es así. Ahora conozco un amplio cuerpo de literatura sobre la aversión a la pérdida que así lo propone: siente mucho más dolor el segundo clasifi-

cuerdo si finalmente fuimos a hablar con el alcalde del pueblo o no, pero lo estuvimos pensando, ¡qué injusto nos pareció aquello!

Las semanas pasaron, el fin de curso llegó y con él la ceremonia de la entrega de premios. A nosotros nos iban a dar la copa de segundos, que realmente la merecíamos, pero estábamos muy dolidos por la injusticia que vivimos en aquel partido. Nos planteamos no ir a recogerla pero finalmente decidimos ir. Esto sí lo recuerdo bien. Los del Patronato Municipal de Deportes montaron un pequeño escenario próximo a la puerta de la Plaza de Toros, con un micro y unos altavoces y una mesa llena de copas para entregarlas. Mientras estaban entregando las copas a otros deportes, los tres o cuatro del equipo que fuimos a la movida discutíamos qué hacer, ¿recogerla, no recogerla? —Sí, sube tú... No tú... Vale, pero hablas tú...— estuvimos un tiempo con la trifulca. Nos nombraron y subimos tan felices y contentos (puro teatro). Recuerdo que subí yo con alguien más (no sé si fue Paco Hita, no recuerdo bien), tomamos la copa mientras el público aplaudía y le pregunté a Juanfran si podíamos decir unas palabras. Un poco extrañado me dijo que sí. Cogí el micro y dije: —Muchas gracias por la copa, pero no la queremos por la injusticia que hicisteis con nosotros en aquel partido. Así que para vosotros...— y no recuerdo exactamente si fue mi colega o yo, la lanzamos volando por lo alto para atrás saltando el muro de la plaza y salimos corriendo de ahí. La cara con la que se quedaron no tiene precio. He de confesar que estuve varias semanas encerrado en casa con miedo por si venían los municipales a por mí. Tengo que preguntarle a Juanfran algún día si se acuerda de aquello ☺.

Ahora, casi 30 años después, quizá lo veo un poco duro, no el discurso que echamos, sino lo de tirar la copa para atrás, ¡menudo peligro si le cae a alguien sobre la cabeza!

No es que quiera justificar aquello pero hemos de reconocer que la sensación de injusticia probablemente es la que más dolor psicológico nos provoca (ese dolor que nace en la boca del estómago y que es capaz de cortarnos la respiración). Por ejemplo, en las fases del duelo que conlleva la pérdida de un ser querido, en la segunda nos inunda un terrible sentimiento de ira que viene provocado por la sensación de injusticia: ¡no es justo que esto nos haya pasado a nosotros! Y como decía antes de entrar en la historieta y para cerrar el círculo, quizá los que toman atajos para llegar más rápido a la meta frente a los que

---

cado que el tercero; o sentimos mucho más dolor si perdemos un avión por 3 minutos que por 15 minutos... Cuando algo lo perdemos por muy poquito duele mucho más. Pero esto lo dejaremos para otro libro ☺.

siguen el camino y las reglas marcadas estén cometiendo una terrible injusticia y un daño difícil de reparar.

Pero dejémonos ya de historietas porque aquí hemos venido a hablar de Ciencia ☺.

Durante estos últimos años de interés por conocer lo que se esconde tras las malas prácticas de investigación he tenido oportunidad de hablar sobre el tema con muchísimos compañeros, investigadores de ciencias naturales, de ciencias sociales, profesionales de otros sectores... intentando tomar distintos puntos de vista para construirme una idea más rica sobre el problema.

Una reflexión que moduló bastante mi juicio fue la que Severiano Arias compartió insistentemente conmigo durante distintos intercambios a través de Twitter: los investigadores son personas y la flaqueza, como otras debilidades, está en la condición humana.

Este punto de vista para mí suponía un cambio de paradigma. Antes de entrar en el mundo de la academia mi percepción estaba muy sesgada por la visión externa de la profesión; los médicos y científicos son los profesionales más valorados por la población año tras año[*] y si a esto le sumamos el halo mágico del que algunos científicos les gusta envolverse, es normal que la población externa pueda considerarlos ajenos a las debilidades de la carne. Pero como vamos a ver en las siguientes trescientas páginas, esto no es así, y Severiano iba en la senda acertada con su insistencia: en todos sitios cuecen habas —me decía—, y la debilidad humana transciende más allá de la dedicación profesional de cada cual —algo que también apuntaba Richard Smith (exeditor del *British Medical Journal*) en el diario *ABC* en 2015: «Sería una ingenuidad pensar que la investigación es una excepción a las faltas que el hombre comete en otras actividades»[1].

Y así, como humanos, nos encontramos investigadores que ante determinadas circunstancias, motivados por una u otra razón, en algún momento determinado deciden tomar un atajo para subir a la cumbre, a pesar de que esto pueda suponer una gran injusticia para los compañeros que eligen el duro y largo camino marcado por los hitos de la senda adecuada.

---

[*]Lo podemos ver, por ejemplo, en la encuesta sobre percepción social sobre la ciencia que coordina la FECyT (España). Aquí: https://www.fecyt.es/es/noticia/principales-resultados-de-la-encuesta-de-percepcion-social-de-la-ciencia-2018.

Atención Houston, tenemos un problema

Muchos pocos

Al principio de su libro sobre la deshonestidad, *The (Honest) Truth about Dishonesty*, Dan Ariely nos proponía algunas observaciones curiosas sobre el mundo de las mentiras. La frase que podría resumir una de aquellas reflexiones podría ser: la suma de los *muchos pequeños* puede ser mayor a la de los *pocos grandes*. ¿A qué me refiero con esto? Imaginemos un análisis de nuestra economía doméstica. Si fuésemos amigos de usar la calculadora quizá más de uno podría darse cuenta de que al final del año perdemos (nos roban) más dinero en muchas pequeñas transacciones cotidianas (el servicio suplementario de la factura de la luz, la pequeña comisión en el banco, el pico insignificante de más que nos cobran en el taller...) que el que nos haría perder un ladrón que nos asaltase por la calle, y sin embargo, daríamos mucha más importancia al atraco del ladrón que al que nos hace cada mes nuestra compañía eléctrica o la revisión del seguro. Algo así es lo que pasa también con los hurtos en un supermercado: el robo más grande no es el de una banda de aluniceros que entra una noche y se lleva cuatro televisiones, sino el de los miles de clientes que cada día se echan al bolsillo algún artículo de unas decenas de céntimos.

Lo mismo pasa en la ciencia. Los casos de grandes defraudadores durante una década los podemos contar con los dedos de las manos. Podemos echar un vistazo al Retraction Watch Leaderboard (veremos más sobre él en el Capítulo E, p. 203). El científico con más artículos retirados es Yoshitaka Fujii (183), seguido de Joachim Boldt (96), Yoshihiro Sato (59) y Diederik Stapel (58). La lista de científicos con publicaciones retiradas, que es lo que al fin y al cabo resulta visible para la comunidad porque es lo que genera titulares de prensa, es insignificante frente al número total de científicos que hay en el mundo. Los grandes casos como el de John Darsee, Woo-suk Hwang o Diederik A. Stapel son despreciables. Algo que por otra parte resulta *normal*, y uso la palabra normal no solamente por su significado etimológico, sino también estadístico: los casos que asaltan los titulares son simplemente la cola de una distribución. Y es que no resultaría descabellado hipotetizar que, como tantos otros fenómenos naturales medidos por los humanos, el número de científicos mentirosillos considerando cuán gorda es la mentira que hacen siga una distribución normal, y por lo tanto, la mayoría estén alrededor de una media en plan: «vale, no soy un santo y reconozco que de vez en cuando retoco alguna gráfica».

De hecho, esto es lo que apuntan diferentes estudios realizados con autocuestionarios como por ejemplo el publicado por Martinson, Anderson y de Vries en *Nature* (2005), que sostenía que un 33 % de los investigadores encuestados admitió haber cometido prácticas cuestionables de investigación durante algún momento de su carrera; o el de Leslie K. John (de la Harvard Business School) y sus colegas Loewestein y Prelec que fueron más allá en su publicación de 2012 en la revista *Psychological Science*, encontrando que el 94 % de los investigadores encuestados que habían recibido un incentivo por decir la verdad admitieron haber cometido alguna vez prácticas cuestionables de investigación; o el estudio publicado hace un año (mayo 2018) en la revista *Nature*[2] donde analizaban «el ambiente» en los equipos de investigación y las diferencias de perspectiva entre los investigadores júnior y los principales, en el que encontraron que de los 2362 investigadores *no principales* (no jefes de equipo de investigación) que respondieron, el 43 % sentía que su grupo de investigación *nunca* o *raramente* permitía prácticas que preponderasen velocidad sobre calidad o *financiabilidad* sobre exactitud; además, el 70 % de los investigadores *no principales* que respondieron indicaron que en los últimos doce meses habían sentido *a menudo* u *ocasionalmente* presión para producir un resultado predeterminado[3] (veremos más detalles sobre estos estudios en el Capítulo D). Parece, por lo tanto, que el problema no es excepcional.

La Comisión Levelt[*] exponía en su informe final refiriéndose a las prácticas cuestionables de investigación y a la ciencia descuidada sacadas a la luz tras la investigación del caso de Stapel:

«[...]
En conjunto, todo lo anterior refuerza la imagen de una comunidad de investigación internacional de la que formaron parte el Sr. Stapel, sus estudiantes de doctorado y colegas cercanos, y en los que estos métodos de investigación, valores y estándares habituales [malas prácticas de investigación] fueron mutuamente compartidos».

Es decir, observaron que aquel caso de fraude continuado no era una excepción, sino que las prácticas que lo provocaron (métodos, valores, estándares) eran comunes en aquel entorno de investigación

---

[*]Encargada de la investigación del caso de Diederik A. Stapel; la citaré en numerosas ocasiones.

FIGURA A.1: Triángulo del fraude de D. A. Cressey aplicado a las malas prácticas de investigación. Adaptado de Daniel Wessel en http://www.organizingcreativity.com/2014/08/using-the-fraud-triangle-to-explain-scientific-misconduct/

—¡para temblar!—. Como bien apuntaba el profesor Joaquín Sevilla en sus cuadernos sobre ciencia patológica y patología editorial y trato de hacer ver: no estamos ante el modelo de unos pocos que mienten mucho, sino ante el de unos muchos que mienten un poco.

Top, top, top... ¡Adoramos tu buen trabajo, pero el malo no!

Pero, ¿cuál es la motivación que se esconde tras estos comportamientos? En una primera aproximación al tema podríamos pensar que solamente los investigadores menos cualificados pueden tener incentivos para caer en la tentación de tomar atajos, diciéndose algo así como: «Como no soy capaz de realizar grandes hallazgos, voy a trucar mis investigaciones para intentar publicar en revistas de mayor impacto, y si tengo suerte y no me descubren mi prestigio aumentará». Pero parece que este razonamiento no es del todo acertado. Como la historia ha mostrado y vamos a ver a lo largo de los casos narrados en el Capítulo B, *grandísimos investigadores* se han visto envueltos en casos de malas prácticas. Es decir, ser un gran investigador o serlo mediocre no parece ser determinante en la predisposición por mentir[*].

---

[*]También podemos considerar que las investigaciones de los grandes científicos están más fiscalizadas (son interesantes y el resto de la comunidad las analizará con

En los años 60, el criminólogo Donald R. Cressey se preguntó por qué buenas personas cometían fraude; propuso que para que un individuo llegue a cometer fraude (en general, no solo en la ciencia) necesitan darse tres circunstancias (ver figura A.1, p. 13): tener un motivo o presión (el poder), la oportunidad de cometerlo y su racionalización (que la persona encuentre una justificación racional —según ella— para cometerlo)[4]. En el caso particular del fraude en la ciencia la presión por publicar ocuparía el vértice superior del triángulo, aunque indudablemente las causas pueden ser mucho más variadas —en otras partes del ensayo planteo esta reflexión y apunto a la mala gestión de la ambición como otro posible factor: cuando se convierte en avaricia o codicia.

Me gustaría enfatizar lo de *grandísimos investigadores*. En numerosas ocasiones a lo largo del ensayo hago mención a ello pero quiero dejarlo claro desde el inicio. Bajo mi perspectiva personal —soy consciente de que otros muchos investigadores no opinan lo mismo— que un científico excelente en algún momento determinado de su carrera haya cometido fraude no invalida todo el trabajo que esta persona haya realizado, ni tan siquiera al científico mismo como profesional, ni mucho menos como persona[*]. La historia nos ha dejado diferentes casos de grandísimos investigadores que en algún momento se saltaron las líneas. Federico Di Trocchio nos hablaba en su libro *Las mentiras de la ciencia: ¿por qué y cómo engañan los científicos?*, de casos como el de Ptolomeo, Galileo o Einstein entre otros.

Descartar aportes de un científico porque en algún momento su investigación haya contenido fallos creo que no es lo más inteligente, con lo difícil que es lograr nuevo y útil conocimiento. Es una pura cuestión de utilidad y oportunidad. Ahora bien, no tenemos que crucificar al científico, ni mucho menos a la persona, pero sí denunciar las malas prácticas cometidas, perseguirlas, castigarlas y poner todos los medios necesarios para que no vuelvan a suceder. Mi punto de vista sería decirle algo así como: «OK tío, eres un científico cojonudo, muchas gracias por tu conocimiento, pero si te saltas las normas te vamos a tirar de las orejas, porque en esta excursión a la cima todos tenemos que respetar el camino, ¿sabes por qué?, porque los atajos

---

lupa); las mediocres, al fin y al cabo, carecen de interés y poca gente perderá el tiempo intentado replicarlas; esta puede ser una clave a tener en cuenta.

[*]No he estudiado cientos de casos, pero sí decenas en los que los investigadores en algún momento han incurrido en malas prácticas y esto me ha permitido tomar diferentes puntos de vista —espero no estar siendo víctima del Síndrome de Estocolmo ☺—; como propone el dicho inglés *he intentado ponerme en los zapatos* de muchos de ellos.

implican salirse de la senda y cuando la gente se sale de la senda todo el monte se convierte en un andar, y eso perjudica mucho al ecosistema, y por culpa de los que se salen de la senda al final nos vamos a quedar sin monte». Así, mi propuesta es siempre identificar, investigar, publicar y castigar las malas prácticas centrándonos en la conducta, no en la persona, pero dejando a un lado el proteccionismo que algunas instituciones ofrecen a sus investigadores *top* (reciente caso de López-Otín y la Universidad de Oviedo, por ejemplo)[*], enraizado posiblemente en intereses puramente económicos —como proponía Francis R. Villatoro en 2016 en un *post* de su blog[5], donde a raíz de una serie de artículos de Leonid Schneider reflexionaba sobre la tibieza de las instituciones en las denuncias de malas prácticas de sus investigadores *top* por ser estos precisamente los que más fondos atraían para ellas.

Las otras patas del taburete

Como veremos en el Capítulo C, las buenas o malas prácticas en la ciencia son habitualmente clasificadas de diferente forma. Yo me decanto por el esquema que clasifica las prácticas desde las más deseables e ideales (la conducta responsable de investigación) hasta las más negativas que llamamos fraude (la fabricación, la falsificación y el plagio); entre ambos extremos tendríamos las conocidas como prácticas cuestionables de investigación, que según el entorno son evaluadas como más o menos censurables.

Pero, ¿y qué si algunos investigadores deciden mentir?, ¿no lo hacen también algunos comerciales de los bancos, de las eléctricas o los fruteros que nos meten la fruta de peor calidad en la parte baja de la caja? El problema de las malas prácticas en la ciencia, independientemente de su valencia de gravedad, es que pueden acarrear serias consecuencias para el desarrollo de la humanidad (como la corrupción de un gobierno puede lastrar el desarrollo de un Estado), pero no solo las malas prácticas en el análisis de datos, en la recolecta o en la presentación, sino también otros vicios y costumbres de la industria aceptados por la mayoría que pueden estar frenando el crecimiento de la ciencia.

Por ejemplo, pensemos en el empeño por *publicar solamente resultados positivos*. Daniele Fanelli criticaba abiertamente el actual sistema

---

[*]Reflexionamos sobre él en el Capítulo B, p. 119.

o moda de publicación que *destierra el reporte de datos negativos*, afirmando que un sistema así «no solo distorsiona la literatura científica directamente, sino que también puede desalentar proyectos de alto riesgo y presionar a los científicos para que fabriquen y falsifiquen sus datos»[6]. La Comisión de Ciencia y Tecnología de la Cámara de los Comunes del Reino Unido se manifestaba el año pasado en el mismo sentido, mostrando su preocupación por el daño que rechazar los resultados negativos está causando en el registro científico[7].

Ya sea por acción u omisión, con la intencionalidad manifiesta de hacer trampas o por el desconocimiento de la base o las herramientas estadístico/matemáticas para hacer buena ciencia, son cada vez más numerosas las voces de alarma que se alzan para denunciar la mala ciencia que en los últimos años se está desarrollando y que provoca que las *investigaciones no se puedan replicar*. El aumento en el número de publicaciones está siendo exponencial, muy probablemente motivado por el incremento del número de personas que deciden estudiar un doctorado y hacer sus pinitos en la ciencia, y también por haber sido adoptado el número de artículos publicados como indicador para evaluar el mérito de un investigador (publicar o morir). Pero un incremento en el número de artículos publicados no acarrea el aumento de su calidad, aunque sí de ruido en el canal y por lo tanto de la cantidad de esfuerzo que es necesario invertir (gastar) para discriminar el grano de la paja. El filtro y el prestigio de las revistas debería hacer de clasificador natural, pero esto no siempre es así.

Nos estamos enfrentando a un fenómeno de *ciencia descuidada* cuya primera derivada, probablemente, sea la *crisis de replicación* que estamos sufriendo. Las investigaciones son difícilmente replicables. Hemos entrado «en una cultura general de manejo descuidado, selectivo y no crítico de la investigación y los datos»[8] que nos puede estar acarreando un gran costeindexComisión Levelt. En 2016, por ejemplo, la revista *Nature* publicó un artículo en el que mostraba que el 70 % de los participantes (investigadores) había fallado alguna vez replicando algún experimento —en la página 189 (Capítulo D) abordaremos de nuevo esta cuestión.

El informe final de las comisiones que investigaron el caso de Diederik Stapel ponía el dedo en la llaga:

«[...]
Una de las reglas más fundamentales de la investigación científica es que una investigación debe diseñarse de tal manera que los hechos que puedan refutar las hipótesis de la investigación tengan al menos la misma

posibilidad de surgir que los hechos que confirman las hipótesis de la investigación. Las violaciones de esta regla fundamental, como continuar repitiendo un experimento hasta que funcione según lo deseado, o excluir sujetos o resultados experimentales no deseados, inevitablemente tienden a confirmar las hipótesis de investigación del investigador y esencialmente hacen que las hipótesis sean inmunes a los hechos».

La *sloppy science*[*] a la que nos estamos enfrentando está deteriorando el conocimiento.

Utilidad

Podemos entrar en decenas de cuestiones morales, éticas, de integridad... sobre por qué nos perjudica la mala ciencia y por qué deberíamos ser íntegros, acogernos a códigos profesionales de integridad y conducta y todas estas cuestiones más cercanas a la filosofía o la ideología, pero sinceramente me quedo con una razón muy de *homo economicus*: la utilidad.

Los recursos son escasos. El tiempo camina sin retorno, el dinero es limitado. Y la mala ciencia nos hace gastar ambos por partida doble, en la ida y en la vuelta. En la ida: el que crea mala ciencia, ciencia descuidada, no aporta valor a la sociedad; está gastando tiempo y dinero de forma poco útil —si es suyo no pasa nada, pero ¿y si es dinero público?—. En la vuelta: La mala ciencia va a parar al registro científico generando ruido. Un sistema con ruido frente a otro sin ruido[**] es más ineficiente porque tenemos que invertir recursos en extraerlo para conseguir obtener información. Y esos recursos son tiempo, que camina sin retorno, y dinero, que es limitado.

El consumo de recursos (tiempo y dinero) no es una variable demasiado habitual en los estudios que ponen de manifiesto el problema de las malas prácticas de investigación (de hecho, es algo sobre lo que no he leído nada durante la documentación de este ensayo), pero es una cuestión importante, no solo en el entorno de la mala ciencia, sino de la ciencia en general.

---

[*] Así se conoce en el argot al fenómeno de ciencia descuidada.

[**] Sobre el problema del ruido en los sistemas escribí en mi primer libro (*Personalidades múltiples, (des)honestidad, ciencia y una tesis fracasada con Salvador Ruiz de Maya e Inés López López*), en la página 66[9]. El libro en edición tapa blanda está disponible en amazon a precio de coste y la versión completa descargable gratuitatemente en pdf en la web http://tesisfracasada.abrilruiz.es.

No dispongo de datos objetivos pero diría que, en unos países más que en otros, gran parte de la producción científica está financiada por fondos públicos —creo que entramos en cuestiones de ideología, pero me gustaría mostrar mi punto de vista sin tapujos—. En el caso del capital privado es de asumir que su propietario tenga la libertad de invertirlo donde le apetezca, él lo ha ganado y tiene la libertad de hacer con él lo que quiera, obviamente; pero cuando hablamos de dinero público, el dinero que es de todos, parecería sensato exigir a cada euro gastado un par de cosas: interés general y utilidad.

El Twitter se llena de personas reclamando más y más y más y más dinero para la investigación, algo que apoyo sin duda porque es necesario y está más que demostrado que la generación de conocimiento es la base de la evolución de la humanidad, pero ¿para qué tipo de investigación?, ¿para esta ciencia descuidada o para la investigación de calidad? Y me enfango un poco más: ¿qué utilidad social tiene la investigación para la que nos van a entregar el dinero, dinero de todos?, ¿qué beneficio reporta al interés general de la sociedad?

Muchas veces cuando hablamos de dinero, como cuando hablamos de medidas astronómicas o del tiempo geológico, no somos capaces de hacernos una idea de cuán grande es la cantidad que tratamos de manejar —por eso los divulgadores que conocen esta particularidad de nuestro procesamiento a menudo nos hablan en unidades de campos de fútbol o de piscinas olímpicas, porque así nos suele quedar más claro—. Durante un par de años que tuve el privilegio de liderar un proyecto de inversión pública (1,2 mill. de euros en digitalización social), solía hablar a mis responsables en número de ordenadores portátiles para los niños. Cuando hablábamos de 5000 euros yo lo dividía entre 250 y les decía: «eso son 20 niños con ordenador portátil»[*], una forma mucho más visual de poner sobre la mesa cuál era el *valor* de aquel dinero y que nos recuerda el concepto de *coste de oportunidad*: ¿qué podría hacer con este dinero en lugar de invertirlo/gastarlo aquí?

Como dice el gran @cientefico: «la cencia no se ace sola ahi que acerla». Pero cuando dedicamos recursos públicos a *acer la cencia*, deberíamos preocuparnos un poco porque esa ciencia fuese útil, no vaya a ser que estemos destinando dinero a *acer la cencia vasura* mientras dejamos sin pizarras digitales, sin ordenadores en el aula o sin conexión a internet a los niños que en el futuro se encargarán de descubrir la gran cura contra el cáncer o la batería no perecedera.

---

[*]Fui muy fan de Nicholas Negroponte y su OLPC (One Laptop Per Child).

Lo que vamos a ver en este ensayo

Me gustaría poder usar una dosis de moderación en el punto de vista que mantengo sobre este ensayo, algo que mostraría lo bien que aprendí a modular los juicios y calificativos durante mi época de investigador en formación ☺, pero he de ser franco y no puedo usar paños calientes: es un trabajo mediocre, falto de tiempo, de sosiego, de reflexión y hasta de mesura. No uso el «podría», o el «todo apunta a pensar que», o el «según podemos observar», no, es mediocre y punto. Lo es en valores absolutos y en relativos por comparación con otros grandes trabajos escritos alrededor de una temática similar. Hay un par de grandes clásicos, que por cierto no he leído aunque el primero sí lo compré, pero lo tengo aparcado para este verano, como son *The Great Betrayal*, de Horace Freeland Judson, y *Las mentiras de la ciencia: ¿por qué y cómo engañan los científicos?*, de Federico Di Trocchio, que según las revisiones que he leído enfrentan bastante bien la descripción del problema. Joaquín Sevilla[*], por su parte, escribió en 2015 una serie de cinco artículos que fueron publicados en el *Cuaderno de Cultura Científica* sobre la temática del fraude científico, dónde realizó una magnífica revisión aportando su siempre interesante punto de vista personal. Otro gran manual, aunque en inglés y desde el punto de vista del ecosistema de Estados Unidos, es el *Fostering Integrity in Research*[10] que en 2017 reeditó la National Academies Press norteamericana y que puede ser descargado libremente de internet.

Pero lo que no he encontrado en la literatura es una recapitulación de casos de científicos que en un momento determinado, por unas u otras razones, tomaron la decisión de dejar a un lado la integridad científica para poner el pie —algunos el pie y todo el cuerpo— en la habitación oscura del fraude o de las prácticas cuestionables de investigación. El método del caso, como comento en el correspondiente capítulo, es muy valioso por su capacidad de transmitir muchos matices y ángulos que la simple teoría no es capaz. Así que este es el núcleo principal del trabajo y lo que realmente aporta valor en este libro, los *casos de manzanas podridas*, las historias de investigadores como tú o como yo que en un momento determinado decidieron cruzar la línea; el resto son, como diríamos los frikis de la tecnología, unos *plugins* o *add-ons* que he añadido al programa principal ☺, aunque estoy seguro que podrán aportar algo de valor al lector más interesado, sobre todo por la frescura de las fuentes (cito casos y referencias

---

[*]Hablo más sobre él en el Capítulo E, p. 235.

de hace pocos meses o incluso de esta misma semana... fresco, fresco).

Como también comento en las instrucciones del principio, los capítulos están pensados para ser leídos en cualquier orden y por esto los he nombrado con letras en lugar de con números (los números pueden sugerir un carácter ordinal...)

Así, el núcleo principal del libro lo encontramos en el Capítulo B. Ahí podremos leer alrededor de 40 historias de distintos investigadores que en algún momento de su carrera se vieron envueltos en algún caso de malas prácticas de investigación. Creo que este capítulo aporta un gran valor por la propia filosofía que el método del caso comporta.

Para aquellos que tras leer los casos sientan un especial interés por profundizar en la temática, les ofrezco la primera de las herramientas para entrar al terreno de juego, que es conocer cómo se llaman las cosas. Lo vemos en el Capítulo C. Aquí referencio por primera vez (lo haré varias veces a lo largo del ensayo) la diferencia existente entre *ética e integridad*. Porque, creo que no lo he dicho aún, el tronco sobre el que construimos este árbol no es el de la ética, sino el de la integridad. Aunque la ética lo empapa todo, el ángulo desde el que abordamos las malas prácticas de investigación es el de la integridad científica, y desde ahí iremos construyendo conceptos y definiciones.

Pero, ¿realmente estamos ante un problema o somos víctimas de una psicosis al nivel de los terraplanistas o de los que niegan que el hombre pisara alguna vez la Luna? ☺. Esta pregunta intenta ser resuelta en el Capítulo D. Fundamentalmente, la sección es un repaso de la literatura que intenta ponderar la *presencia de las malas prácticas* a partir de distintos métodos de medida: preguntando directamente a los investigadores si ellos u otros cometen malas prácticas (autocuestionarios); analizando las publicaciones para descubrir la presencia de malas prácticas o intentando estimar su presencia a partir del número de artículos retirados del registro científico. También reflexionamos aquí sobre la *crisis de replicación*.

Aportada nuestra semilla al campo de la ciencia, consideré interesante que para poder salir con ciertas garantías al terreno de juego nos podía venir muy bien, además de conocer cómo se llama cada cosa (que lo vemos en el Capítulo C), conocer quiénes son las personas u organizaciones que nos vamos a encontrar, sobre todo por crearnos un mapa mental y por tener consciencia de qué se está haciendo en el mercado de la integridad en investigación a escala global. Este capítulo creo que también aporta bastante valor por los casos de organizaciones exitosas que en él referencio. Hablaremos de la ORI, de ENRIO, UKRIO, TENK, las RIO de diferentes países como la ARIC, OeAWI, LARI, LOWI, casos de éxito de universidades como el de la Universidad de Cambridge, de Helsinki, la Erasmus Universiteit Rotterdam. Abordaremos algún caso desde la perspectiva de los legisladores: qué han hecho los Estados por la integridad en investigación. Y finalmente citaremos distintas personas que de una u otra forma tienen o han tenido un papel destacado en este campo. Enfatizo la misión de los *watchdogs* y los *whistleblowers*. Todo esto lo presento en el Capítulo E. Como regalo especial en este capítulo os traigo en exclusiva (es una lista realizada por mí mismo a partir de la base de datos de Retraction Watch), el Retraction Watch Leaderboard español, con la lista de los 26 autores españoles con más artículos retirados (si estás impaciente puedes ir ahora mismo a la página 203).

Y como el azar me hizo nacer en un país maravilloso —llevamos varios años siendo el número uno en la esperanza de vida al nacer; otra cosa es quién pagará las pensiones para llegar hasta ahí ☺— llamado España, he dedicado unas breves páginas a conocer algunos ejemplos sobre cómo las instituciones de este país han resuelto sus políticas de salvaguarda de la integridad en investigación. Vemos casos de éxito y alguno de humor. En el Capítulo F.

Como durante estos cinco meses de documentación e investigación he descubierto material tan bueno para la formación, pensé destacar aquellos contenidos que por su capacidad didáctica más me sorprendieron (por el potencial valor que puede aportar).
Soy de los que piensan que la esperanza por generar cambios en las personas mayores es baja —nos volvemos muy cabezotas con la edad, demostrado científicamente—, pero no en los jóvenes. Los jóvenes van a ser los responsables de construir un mundo muchísimo mejor que el que de nosotros van a heredar, pero para que esto suceda debemos procurarles una educación adecuada, fundamentada en el respeto al otro, siendo el otro no solamente un humano sino todos los seres del planeta y el Planeta en sí mismo. El Capítulo G lo llamo Recursos para educadores.

Por último encontramos el apartado de *notas*, donde he intentado poner la información que resultaba demasiado técnica para el cuerpo principal; además, en las notas encontraremos la referencia a las fuentes contenidas en la bibliografía. Respecto a la *bibliografía* me gustaría destacar por su utilidad y novedad el número que aparece al lado de cada referencia (algo así como: *vid. pág. 145*); este número indica la página del libro donde es citada. Esto está bien para certificar que una referencia concreta realmente está citada en el libro y así evitar la tentación, y mala práctica científica, de incluir en la bibliografía referencias que no han sido citadas durante el texto. Este recurso permite hacer ingeniería inversa, pudiendo llegar desde la referencia a la cita (mola, ¿eh?). También incluyo un *índice alfabético* en la última sección.

Finalmente te pido disculpas por todos los errores que he cometido. Todos los que encuentres y te apetezca enviarme lo puedes hacer a través de la web manzanaspodridas.com, los corregiré para la siguiente versión. ¡Gracias de antemano!

Capítulo B

Casos e historias alrededor de la mala ciencia

En mi infancia eran frecuentes las series o películas norteamericanas de abogados —ahora no sé si lo son o no porque no tengo tele en casa, y tampoco Netflix, listillos ☺—. A esa cabecita inquieta y soñadora de los 80 le resultaba extraordinario escuchar a los abogados que defendían sus casos ante el juez introduciendo sus defensas con frases como «sí, según el caso de Smith contra Jordan de 1976...» o «como el juez sentenció en el caso de Johnson contra Andersen...» o «...en el caso de 1973 del Estado contra Wayne, quedó manifiesto cómo...». Estos personajes me producían admiración porque entonces, que no existía internet ni Google, encontrar casos significaba que de verdad tenías que conocer toda la historia sobre un asunto, convertirte en una auténtica rata de biblioteca y leer, y leer, y leer decenas de polvorientos artículos o libros hasta encontrar las fuentes con las que confrontar tu información. Ahora, gracias a la informática, esto es mucho más sencillo porque la información la tenemos indexada en bases de datos y gracias a los motores de búsqueda encontramos lo que queremos en unos segundos. El valor ya no está en memorizar ☺.

Años fueron pasando y películas visionando... en la adolescencia ya podíamos elegir las cintas que queríamos ver, con el invento del VHS. Recuerdo algunas en las que la trama transcurría en ambientes universitarios (las películas alrededor de la Universidad de Harvard me molaban mucho), y observaba cómo, no solo en disciplinas vinculadas a las leyes, los estudiantes utilizaban el método del caso. Por aquel entonces, tal como ahora, pensaba que esta técnica era bastante eficiente ya que trataba de que los neófitos aprendiesen a través de la experiencia de otros, en lugar de insertar a todos un mismo conocimiento base y que cada cuál lo evolucionase según su capacidad (esto no es construir sobre hombros de gigantes).

Afortunadamente, ya con treinta y pico años, pude realizar unos estudios oficiales donde el método del caso era estructural en el plan de estudios. Fue el Master in Management en la IE Business School —utilizábamos mucho material de la Harvard University—. Durante ese tiempo pude sentir la eficacia del método que desde pequeño tanto llamaba mi atención. Y es que muchas veces, saber cómo otros resolvieron un problema suele ser más eficiente que explicar las leyes fundamentales y luego pedir que el problema sea resuelto mediante su aplicación.

A continuación vamos a ver varias decenas de casos. La elección —como la gran mayoría de asuntos en la vida— ha sido azarosa. Ya se sabe cómo es esto de la investigación. Comienzas por un *paper* y vas saltando a otro, y ahí descubres una gran referencia que te conduce a otro, y ahí encuentras un trabajo seminal... y así vas leyendo y leyendo y leyendo mientras tus neuronas van chupando datos, pudiendo empezar en Leganés para terminar en Singapur ☺.

Aunque aquí veremos solamente casos de malas prácticas, no me gustaría que esta fuese la imagen que nos llevamos de la ciencia. Por supuesto que no todos los investigadores son unos rufianes; la mayoría son grandes investigadores que se baten el polvo cada día por contribuir al avance de la ciencia.

En este capítulo comentamos los casos de unos pocos que de una u otra forma decidieron saltarse las líneas rojas. En la mayoría de los casos he considerado el número de publicaciones retiradas como indicativo de *la maldad* del investigador pero como veremos en el Capítulo D, este índice es una vaguedad, ya que no todos los artículos son retirados por haber existido una mala intención (puede ser que el investigador en realidad cometiese un error inconsciente o no tuviese la formación suficiente para un análisis estadístico correcto, por ejemplo) y además, los artículos que finalmente terminan retirados son una mínima parte de los que deberían (veremos datos, estudios, referencias en el capítulo mencionado).

Como dije en la introducción, desde un sentido de utilidad social, una mala práctica no tendría por qué invalidar todo el trabajo realizado por un investigador durante su carrera. A lo largo de la historia podemos encontrar investigadores muy valiosos, que hicieron grandes aportes, y que en algún momento tuvieron algún desliz ético o contra la integridad. De hecho, el alto nivel de exigencia en la investigación autoimpuesto por algunos investigadores sobre su propio trabajo es una de las causas más referidas en el origen de las malas prácticas. Así, me gustaría que este texto fuese leído no como una denuncia o ataque a las personas que en algún momento cometieron fraude, sino más bien como una alegación contra esas actitudes o comportamientos. Al final las cosas no son de un negro o blanco puros, sino que suelen caer entre una amalgama de grises.

Por último, antes de comenzar, os anticipo que mi intención con este capítulo no ha sido generar nuevo conocimiento —aunque en algunos casos sí que aporto datos que no están al alcance de la primera búsqueda en Google, es cierto ☺—, al fin y al cabo tan solo narro historias de personajes, casi todas ellas contadas anteriormente con mayor maestría que la mía, así que no se me caerán los anillos al copiar literalmente otras fuentes que se preocuparon por este tema antes que yo, por lo que gran parte de la información que leeremos en esta sección será copia literal de otros trabajos (algo que indico en cada caso con su correspondiente referencia y estilo). Comenzamos.

Selman Abraham Waksman ≈ 1940-50

El primer caso que he querido traer a la pizarra no pertenece al fraude o prácticas categorizadas como más graves —fabricación, falsificación y plagio (FFP)[*]—, sino que abordamos una mala conducta en investigación que aun siendo éticamente cuestionable, por sí misma no introduce *ruido* en el ecosistema investigador: no reconocer los hallazgos de otros en invenciones o descubrimientos.
El reconocimiento inadecuado de autoría, aunque en sí mismo no ensucia el registro científico, es considerado como una violación de la

---

[*]La clasificación de las malas prácticas en investigación la vemos en profundidad en el Capítulo C (p. 139).

integridad científica en todos los códigos de conducta que he analizado durante estos meses. De hecho, es una de las cuestiones que la película de la Leiden University, *On Being a Scientific* (que comentamos en el Capítulo G, página 268), nos propone como debate. Reconocer los colaboradores de una investigación es serio. Comencemos con el caso.

A mediados del siglo XX la penicilina (descubierta en 1928 por Alexander Fleming) estaba comenzando a salvar vidas. Curaba infecciones bacterianas agudas como la neumonía o la septicemia pero resultaba impotente contra uno de los principales asesinos de la época, la tuberculosis, que estuvo diezmando a la humanidad desde la época de los faraones, llevándose la vida de millones de personas —más que todas las guerras, hambrunas y epidemias juntas, sin tratamiento alguno mas que esperar en un hospital de tuberculosos a que la muerte llegase.

En 1944 Albert Schatz, Elizabeth Bugie y Selman A. Waksman firmaron el artículo publicado en la revista *Proceedings of the Society for Experimental Biology and Medicine*[1], donde por primera vez presentaban sus hallazgos en torno a la estreptomicina (*streptomycin*), que finalmente resultó ser el segundo antibiótico útil tras la penicilina, consiguiendo salvar la vida a millones de personas tras popularizarse su uso en el tratamiento contra la tuberculosis.

Waksman era el director del equipo y Schatz y Bugie estudiantes de doctorado. En 1952 Waksman recibió el Premio Nobel de Medicina, no sin estar exento de polémica por las desavenencias en la autoría de los descubrimientos[2].

Los protagonistas

Selman Abraham Waksman (1888-1973) nació en Rusia, aunque en 1910 se trasladó a Estados Unidos donde vivió y desarrolló toda su carrera (obtuvo la nacionalidad estadounidense en 1916). Fue bioquímico y biólogo, autor o coautor de más de 400 artículos científicos y decenas de libros y otras publicaciones. Desde 1916 dirigió el Departamento de Microbiología de la Universidad Rutgers —que tomó su nombre tras su muerte en 1973 pasándose a llamar Instituto Waksman de Microbiología.

Elizabeth Bugie (1920-2001) estudió microbiología en el New Jersey College for Women. Realizó estudios de máster en la Rutgers University bajo la tutela de Selman A. Waskman, desarrollando distintas sustancias antimicrobianas durante este período. Posteriormente trabajó en la empresa privada para los laboratios Merck y «tras criar a su familia», volvió al mundo académico para estudiar *library science*. Según diversas fuentes, Bugie participó de forma activa en el descubrimiento de la estreptomicina.

Albert Israel Schatz (1920-2005). De padre judío-ruso y de madre inglesa, Schatz creció en una pobre y aislada granja de Connecticut, sin calefacción, ni agua corriente, ni baño, ni teléfono, ni radio... donde sobrevivían gracias a lo que cultivaban y a la venta de leche de sus 12 vacas[3]. A pesar de las dificultades familiares consiguió una beca para la Rutgers University por ser un «estudiante que a pesar de estar acosado por la pobreza, trabajaba con gran esfuerzo e intensidad», finalizando la carrera de «microbiología del suelo» en 1942. Sin dejar la universidad, con 23 años comenzó estudios de doctorado bajo la tutela de Selman A. Waskman, haciéndose pronto colegas muy cercanos. En los años posteriores a las disputas con Waskman por el reconocimiento del descubrimiento de la estreptomicina, Schatz fue rechazado para trabajar en numerosas universidades por «su fama de problemático», aunque finalmente encontró posiciones en la Universidad de Chile, en la Washington University y en la Temple University. En la fase final de su carrera recibió numerosos premios y honores en gran parte del mundo; como reconocimiento a su descubrimiento de la estreptomicina, en 1994 la Rutgers University le otorgó la medalla como máximo reconocimiento a su trabajo.

El descubrimiento y la controversia

En la época previa al *gran hallazgo*, Waskman se refería a Schatz como «el estudiante más brillante que nunca antes había tenido» y por su parte, Schatz decía de Waskman que «sentía gran admiración y respeto por su profesor y mentor».

Cinco meses después de comenzar en el programa de doctorado, el joven investigador tuvo que aparcar esta etapa al ser reclutado por el ejército. Allí trabajó como bacteriólogo, siendo testigo de primera mano del fracaso de la penicilina y otros medicamentos contra infecciones bacterianas y tuberculosis. Las imágenes de los soldados sufriendo sin poder ser tratados aumentaron su motivación e interés por la investigación en esta brecha, a la que dedicaba todo su tiempo libre durante aquellos meses.

Debido a problemas de espalda el joven Schatz dejó el ejército y regresó a Rutgers University, incorporándose de nuevo al equipo de Waskman. Con las imágenes del frente remanentes en sus pupilas, el deseo de Schatz, y así lo expresó a Waskman quien lo aceptó, era centrarse exclusivamente en la búsqueda de un antibiótico efectivo contra la tuberculosis y las bacterias gramnegativas.

Debido al peligro de aquella investigación, al tener que trabajar con el bacilo tuberculoso virulento, Waskman relegó a Schatz al sótano del laboratorio (planta -3), donde, según algunas fuentes, nunca lo visitó. A pesar de estar mal pagado (40 dólares al mes) y vivir prácticamente en la pobreza sin poder permitirse vida social y durmiendo muchas noches en el laboratorio, Schatz estaba apasionado y motivado por su trabajo. Según él mismo declaró: «Cuando era niño tenía amigos en la escuela y vecinos que padecían tuberculosis. Los vi bajar de peso y consumirse. Ninguno de ellos podía darse el lujo de ir a un sanatorio, por lo que se quedaron en casa tosiendo e infectando a otros». Sorprendentemente a los tres meses y medio el trabajo dio sus frutos.

Como veremos más adelante, la motivación de Schatz no era el dinero o el prestigio (renunció inicialmente a recibir cualquier dinero por el descubrimiento), sino realmente encontrar un remedio contra aquellas enfermedades. Del artículo de Veronique Mistiaen para *The Guardian* copio literalmente cómo Schatz escribió los momentos del hallazgo:

«[...]
"El 19 de octubre de 1943, alrededor de las 2 de la tarde, me di cuenta de que tenía un nuevo antibiótico", dice Schatz. "Lo llamé estreptomicina. Sellé el tubo de ensayo calentando el extremo abierto y retorciendo el vidrio suave y caliente. Primero se lo di a mi madre, pero ahora está en la Institución Smithsonian. Me sentía exaltado y muy cansado, pero no tenía idea de si el nuevo antibiótico sería efectivo para tratar a las personas".

Así, contra todo pronóstico Schatz aisló no una, sino dos cepas altamente activas de actinomicetos (denominadas posteriormente Stretomyces griseus), que detuvieron el crecimiento de varias bacterias virulentas conocidas por resistir a la penicilina, incluido el temido bacilo tuberculoso. Una cepa provenía de un terreno de campo muy abonado; la otra de un hisopo de la garganta de un pollo sano que su compañera Ralston le había pasado por la ventana del sótano después de que ella hubiera terminado de trabajar con él».

Tras el histórico hallazgo de Schatz, Waksman comenzó a interesarse por la investigación y a dedicar recursos para planificar y ejecutar las pruebas y los ensayos clínicos, que fueron mucho mejor de lo esperado: la estreptomicina resultó ser altamente eficaz contra la peste bubónica, el cólera, la fiebre tifoidea y otras enfermedades infecciosas causadas por baterias gramnegativas. Esto fue en 1944, fecha en la cual Schatz, Bugie y Waksman firmaron el artículo publicado en la revista *Proceedings of the Society for Experimental Biology and Medicine*.

Pero la suerte cambió para Schatz. Durante los meses posteriores al descubrimiento comenzaron eternas jornadas de trabajo para producir la estreptomicina necesaria para las pruebas, mientras Waksman atendía a los medios de comunicación y daba conferencias sobre la estreptomicina, dejando de aparecer el nombre de Schatz para figurar solamente el de Waksman. Schatz mostró sus quejas por este hecho, pero harto de recibir disculpas abandonó Rutgers tras finalizar su doctorado, no solo amargado, sino también sin dinero, ya que en 1946, a petición de Waksman, firmó la renuncia a todos los derechos sobre la patente en favor de la fundación para la investigación de la universidad —pensaba que Waksman también lo haría así—, convencido de que la estreptomicina era algo tan importante que debía estar disponible lo más barato y rápido posible para todo el mundo. La sorpresa le llegó cuando tres años más tarde tuvo noticias de que Waksman había hecho un acuerdo paralelo con la fundación, que le otorgaba el 20 % de todas las regalías de la estreptomicina —unos 350 000 dólares durante los primeros años aunque Waksman no se los quedó personalmente, sino que destinó parte de ellos al instituto de investigación que hoy lleva su nombre.

Elizabeth Bugie también firmó la renuncia a cualquier tipo de recompensa por el descubrimiento; se le dijo que «no era importante que ella apareciese en la patente porque ella debía preocuparse de buscar marido y tener una familia»[4]. A pesar de esto, fue finalmente recompensada con un 0,2 % de las regalías. Waksman afirmaba que Bugie estuvo más implicada en el descubrimiento que Schatz.

Considerándose engañado, Schatz decidió demandar en 1950 a su antiguo mentor y a la fundación, exigiendo su parte en los derechos y el reconocimiento como codescubridor de la estreptomicina. Dice Schatz en la entrevista que *The Guardian* le realizó a sus 82 años:

«[...]

No había recibido nada. Sabía que era muy arriesgado pero sentí que tenía que hacerlo. Era una cuestión de principios. Waksman ciertamente merecía un poco de crédito, pero se llevó todos los premios y honores formales, algunos de los cuales incluían una cantidad considerable de dinero. Todo gracias al descubrimiento de la estreptomicina y todos lo aceptaron, sin ni siquiera mencionarme».

Para Waksman aquello fue un golpe cruel e inesperado debido a que su idiosincrasia mamada de la antigua escuela europea consideraba que «los estudiantes debían sentirse afortunados por tener la oportunidad de trabajar junto a un maestro»; así, el descubrimiento lo asumía como suyo al ser un paso natural en el programa de investigación que había diseñado.

Finalmente Schatz fue recompensado con unos mínimos derechos sobre la patente, siendo probablemente más las pérdidas que las ganancias, ya que se le cerraron muchísimas puertas. La comunidad científica estaba en su contra al haber atacado a uno de los suyos. El propio Schatz declaró: «más de una vez me dijeron que era el candidato más cualificado, pero no me aceptaron porque era un personaje litigioso. Muchas personas me dijeron que por supuesto que estaba justificada la demanda a Waksman, pero no debí hacerlo porque eso no se hace en la academia».

El golpe final vino para Schatz cuando Waksman fue galardonado con el Premio Nobel de Medicina sin ninguna mención a su contribución al hallazgo. Tras recibir decenas de apoyos de la comunidad internacional por la injusticia el comité del Nobel rectificó en los méritos de Waksman para ser merecedor del premio, indicando que lo recibía «por sus ingeniosos, sistemáticos y exitosos estudios de los microbios del suelo que llevaron al descubrimiento de la estreptomicina» en lugar de afirmar que se lo concedían por el «descubrimiento de la estreptomicina».

En palabras de Douglas Eveleigh, miembro del departamento de microbiología y bioquímica de la Rutgers: «No hay duda de que Albert mereció todo el mérito por el descubrimiento y que no fue justo leer en los libros de texto que Waksman descubrió la estreptomicina. Pero formó parte del sistema general de aquella época en el que los profesores, especialmente en Europa, tenían un aura alrededor de ellos, así la gente hizo una reverencia y todo el crédito fue para el jefe de departamento».

Como dijimos al principio de la sección, finalmente Schatz fue reconocido por la Rutgers University, otorgándole en 1994 la medalla con la máxima distinción de la institución.

Admito que el punto de vista mostrado aquí quizá esté un poco sesgado en favor de Albert Schatz; como en la mayoría de tópicos en la ciencia, este tema no está libre de discusión, y podremos encontrar tantos defensores como detractores de las posturas que Waksman y Schatz tomaron, desencadenando acalorados debates en defensa de uno u otro protagonista[5].

Cyril Burt ≈ 1970

Presentar a Cyril Burt en esta lista de investigadores con obscuro pasado me provoca una sensación extraña. Considerado como sucesor de Ch. Spearman (el precursor del análisis factorial), conocí su trabajo el año pasado en el marco de las diferencias individuales[*], así que el esquema mental que mantenía sobre él era como referente de la escuela británica en los años 50 (del siglo XX) y no precisamente como una persona que podría cometer fraude —como dije en la introducción de este capítulo, que un investigador haya cometido algún tipo de mala práctica puntual no invalida completamente sus aportes a la ciencia.

El psicólogo británico Cyril Burt (1883-1971) fue reconocido mundialmente por sus estudios en el campo de las diferencias individuales, sobre todo en inteligencia, a través del análisis de grupos de gemelos —el estudio con gemelos es muy valioso en el campo de la psicología y la genética—. De forma muy sucinta podríamos decir que su gran teoría afirmaba que la inteligencia se hereda de padres a hijos.

En este caso la polémica surgió cinco años después de su muerte. Al parecer algunas de las parejas de gemelos estudiadas y reportadas en los estudios nunca existieron, además, los datos reportados en algunos artículos contenían errores e incluso llegó a inventar coautores que firmaban sus publicaciones mientras fue editor de la revista *Journal of Statistical Psychology*. Algunos se refieren al caso como *The Burt Affair*.

---

[*]En mis estudios del Grado en Psicología, donde invierto mi *tiempo libre*.

La literatura escrita en torno a la polémica es muy numerosa[6] tanto por parte de los defensores como de los detractores del autor, por lo que tampoco voy a aportar nada nuevo que no haya sido escrito ya. Me ha gustado la síntesis equilibrada ofrecida por la *Encyclopædia Britannica*[7] que en referencia a las prácticas de fraude de Burt afirma (traduzco literalmente del inglés):

«[...]

Después de la muerte de Burt, las notables anomalías en algunos de sus análisis de datos llevaron a algunos científicos a reexaminar sus métodos estadísticos. Llegaron a la conclusión de que Burt manipuló y probablemente falsificó los resultados de las pruebas de CI [coeficiente intelectual] que más convincentemente apoyaban sus teorías sobre la inteligencia transmitida y la clase social. El debate sobre su conducta continuó, pero todas las partes estuvieron de acuerdo en que su investigación posterior fue, al menos, muy defectuosa, y muchos aceptaron que fabricó algunos datos. Sin embargo, la solidez de su trabajo anterior justificó su reputación como el pionero más importante de la psicología educativa en Gran Bretaña».

Tras esto poco más podemos comentar. De todas formas si estás más interesado en conocer los pormenores del caso, como segunda aproximación puedes visitar el artículo de Wikipedia en inglés sobre Ciryl Burt (ha sido muy discutido y moderado como se puede comprobar en la página de discusión), que está repleto de citas tanto hacia argumentos detractores como defensores de Burt[8].

Elias Alsabti ≈ 1980

El investigador médico especializado en cáncer Elias Alsabti se vio envuelto en un caso de plagio. Copió artículos de otros autores, remplazó los nombres de los autores por el suyo y envió los artículos a revistas de dudosa reputación. Fue invitado a abandonar las diferentes instituciones donde colaboraba, dejando finalmente Estados Unidos (era nacido en Iraq)[9].

John Darsee ≈ 1982

El caso de John Darsee (investigador médico en el área de la cardiología clínica y experimental acusado formalmente de fabricar datos) fue uno de los primeros que llamó mi atención, quizá por el paralelismo que encontraba respecto al propio caso que yo había vivido en mi época de investigador en el equipo del profesor Ruiz de Maya. Las publicaciones de Darsee fueron dadas por válidas y sin indicios de irregularidad en la primera investigación que sobre ellas realizaron sus supervisores de departamento, y no fue hasta que la investigación pasó a instituciones externas cuando se descubrió toda su magnitud. Por supuesto que los responsables del departamento encargados de la primera investigación fueron duramente criticados por no denunciar a Darsee inicialmente ante el NIH (US National Institute of Health). Veamos los detalles.

John Darsee (Huntington, Virginia Occidental, Estados Unidos, 1948 —71 años en 2019) obtuvo el grado de medicina en la Universidad de Indiana en 1974[10]. Fue un estudiante con una excelente reputación. Trabajó en la Emory University entre 1974 y 1979, realizando su periodo de residencia en el Grady Memorial Hospital. Posteriormente comenzó su trabajo en Harvard, en el equipo del cardiólogo Eugene Braunwald, en el Brigham and Women's Hospital. Braunwald consideraba a Darsee «como el más destacable colaborador que el laboratorio había tenido en toda su historia», y quizá por esto, en 1981 le ofreció una plaza para que se quedase en Harvard.

Entre 1978 y 1981 el investigador fue autor o coautor de 18 *papers* publicados en las revistas con mayor impacto en el campo y de otras 100 publicaciones entre *abstracts*, capítulos de libro, revisiones, trabajos en curso...
Admirablemente, Darsee publicó 5 *papers* en sus primeros 15 meses en Harvard, algo que comenzó a levantar sospechas entre algunos colegas, que pusieron en sobre aviso a su responsable de departamento, Robert Kroner:

«[...]
Kroner investigó y descubrió que Darsee había estado modificando las fechas de su trabajo en el laboratorio para que el trabajo y los datos de pocas horas pareciesen ser de varias semanas. Cuando se le informó, Braunwald finalizó la beca de Darsee pero no informó del caso de mala conducta al NIH, quienes financiaban la investigación en ese momento.
Braunwald y Kroner realizaron su propia investigación sobre el trabajo de Darsee y no encontraron ninguna otra evidencia de fraude; tampoco lo hicieron los miembros del comité que el decano de la facultad de medicina nombró. Sin embargo, en octubre de 1981, las discrepancias entre los datos de Darsee y los recopilados por otros centros que realizaban trabajos similares dieron lugar a una investigación formal por parte de la NIH. Esta revisión encontró que Darsee había cometido malas prácticas de in-

vestigación "de gran alcance", fabricando grandes cantidades de datos de experimentos que nunca se habían realizado. La investigación del comité de Harvard, así como la inicial de Braunwald y Kroner fueron criticadas por no ser lo suficientemente rigurosas y por informar que "habían revisado completamente" datos que finalmente resultaron inexistentes. El NIH prohibió que Darsee recibiera fondos públicos durante 10 años. Además, el Brigham and Women's Hospital, afiliado a Harvard, tuvo que devolver los 122 371 dólares que había recibido del NIH como fondos de investigación, siendo esta la vez primera que se requirió a una institución que devolviera dinero al NIH por un caso de fraude».

En la primera de las investigaciones que sus compañeros realizaron sobre él Darsee admitió haber falsificado datos, pero solamente en el experimento sobre el que le estuvieron cuestionando (fabricó los datos como si en realidad los hubiese recopilado durante experimentación real). Avanzada la historia, incluso los coautores de sus trabajos no estuvieron de acuerdo con que sus nombres apareciesen en las publicaciones.
Las investigaciones posteriores pusieron en evidencia que Darsee había estado falsificando datos mientras era estudiante de la Notre Dame[11].

Indudablemente el caso no nos deja indiferentes. En el artículo que Stewart y Feder publicarón en 1987 en la revista *Nature*, *The Integrity of the Scientific Literature*[12], tenemos un análisis pormenorizado de las 109 publicaciones que Darsee realizó durante esta época —junto a otros 47 coautores—, afinando en los errores de metodología, análisis y presentación de datos en los que el científico incurrió. Invito al lector más interesado en el caso a consultarlo.

Robert Slutsky ≈ 1985

No ha sido hasta ahora que he dedicado varios meses de mi carrera a estudiar una de las facetas del lado obscuro del individuo social, cuando he sido consciente de la importancia que el periodismo tiene para mantener el equilibrio de fuerzas en la sociedad contemporánea. El trabajo del periodista, investigando, escudriñando y sacando a la luz los obscuros entresijos de las organizaciones, se proclama como un mecanismo necesario para mantener a raya comportamientos deshonestos de las organizaciones y las personas. Por esto creo que es fundamental que el periodismo se ejerza desde la total independencia, porque la verdad no debe emparentar ni con la ideología ni con los intereses económicos —tan solo con las matemáticas ☺.

Traigo esta reflexión a colación porque en el caso del cardiólogo Robert A. Slutsky los medios de comunicación ejercieron una presión clave —esta es otra de las conclusiones que he sacado después de estos meses de investigación, que las instituciones (mediocres) solamente parecen mover ficha si el caso de mala práctica transciende a la opinión pública; si no trasciende lo más probable es que intenten taparlo—. Vamos a ver algunas fuentes que trataron el caso.

Slutsky ejerció durante gran parte de su carrera en la Universidad de California, San Diego. Su caso dejó tras de sí 55 publicaciones cuestionables, 13 consideradas fraudulentas y 18 artículos retirados, aunque hay variación según los reportes. El 9 de Junio de 1987 *Los Angeles Times* publicaba al respecto la noticia titulada *Cardiac Radiologist Called Liar, Fraud: Former UCSD Researcher Accused by State*[13]. Traduzco parte del artículo a continuación:

«[...]
Las autoridades médicas de California presentaron cargos de deshonestidad y tergiversación contra el Dr. Robert Slutsky, el exinvestigador del corazón de la Universidad de California San Diego (UCSD) involucrado en lo que los funcionarios calificaron como uno de los mayores casos de fraude académico en la historia reciente.

La Junta de Control de Calidad Médica del estado anunció el lunes que había hecho las alegaciones contra Slutsky en una acusación —una serie de cargos que serán escuchados por un juez de derecho administrativo a finales de año.

De ser sostenida, la acusación podría llevar a sanciones que van desde una reprimenda pública hasta la revocación de la licencia de Slutsky para practicar la medicina en California. Slutsky, exradiólogo cardíaco, ahora se está entrenando como anestesiólogo en la Costa Este.

La acusación de cuatro páginas presentada el 7 de mayo alega que Slutsky "fabricó la investigación" en 13 manuscritos enviados para publicación, y usó los nombres de supuestos coautores sin su conocimiento, según Vicky Boone, técnico legal de la junta.

Las supuestas fabricaciones incluyen la afirmación de haber realizado procedimientos que no se realizaron, aumentar el número de animales que se ha investigado, alterar las estadísticas, informar falsamente de los datos experimentales como si fueran originales y agregar datos clínicos de pacientes que no pudieron identificarse posteriormente, dijo Boone. Ella dijo que los cargos específicos son deshonestidad y "representar falsamente la existencia o no de un estado de hechos", ambas violaciones del Código de Negocios y Profesiones del Estado.

El abogado de San Francisco que notificó a la junta directiva representar a Slutsky no pudo ser contactado el lunes para hacer comentarios.

Slutsky, de 38 años, renunció a su posición en la Escuela de Medicina de la UCSD en mayo de 1985, mientras su candidatura para ser nombrado profesor en el campo de la radiología cardíaca estaba siendo considerada. Una revisión rutinaria de su bibliografía durante el proceso de promoción despertó las sospechas de los profesores de que Slutsky podría haber falsificado algunas investigaciones. Quince meses después, tras una larga investigación, un comité docente de la UCSD concluyó en un informe publicado en octubre pasado que 13 de los documentos de investigación de Slutsky contenían información fraudulenta, considerando 55 como cuestionable, es decir, los coautores no pudieron demostrar su validez, y 79 como válidos. El comité acusó a Slutsky de tener estadísticas falsas [*fudged statistics*], datos reciclados y haber inflado el número de animales experimentales. También alegó que había afirmado haber realizado pruebas que nunca se hicieron y había agregado sin su consentimiento los nombres de otros investigadores, cuando habían hecho poco o ningún trabajo.

En 1994, años después de ser condenado Slutsky, William P. Whitely y sus colegas publicaron el artículo *The Scientific Community's Response to Evidence of Fraudulent Publication: The Robert Slutsky Case*[14], donde se preguntaban sobre la capacidad de los científicos para detectar resultados fraudulentos en las publicaciones, tomando como hilo conductor el caso de Slutsky, del que decían (traduzco literalmente del inglés):

«[...]
Nuestro estudio se centra en los informes donde aperece como autor o coautor el doctor en medicina Robert A. Slutsky, cardiólogo que renunció a su puesto en la Universidad de California-San Diego (UCSD) el 30 de abril de 1985. La renuncia de Slutsky fue precipitada cuando un miembro de la facultad planteó algunas preguntas sobre aparentes duplicaciones en dos artículos publicados por Slutsky. Rápidamente, un comité de investigación solicitó el retracto de dos artículos fraudulentos y el abogado de Slutsky pidió que 15 artículos, publicados en 8 revistas, fuesen también retirados. El caso de Slutsky no es habitual en cuanto a que publicó 137 artículos en 7 años, es decir, uno cada 13 días de trabajo. También es singular porque el comité de la facultad investigó la integridad de datos de cada uno de los artículos donde el nombre de Slutsky aparecía. Por lo tanto, tenemos una idea clara de la integridad científica real (de la confianza) de sus distintas publicaciones. El comité de la facultad concluyó que de los 137 artículos, 77 eran válidos, 48 cuestionables y 12 fraudulentos».

Publicar un artículo cada 13 días de trabajo es atípico y no deberíamos llamar retorcidos o malpensados a los que sospecharon que algo raro podría estar sucediendo. La elevada tasa de publicaciones puede funcionar como señal de alarma, algo que veremos en otros casos como en el de Jan Hendrik Schön (p. 47), por ejemplo —conociendo la elevada dificultad que para el común de los mortales implica publicar un *paper*, la reacción al encontrarnos un autor con una tasa anormal de artículos publicados debería ser similar a cuando nos encontramos una lucecita roja que se enciende en el salpicadero del coche ☺.

Thereza Imanishi-Kari y David Baltimore ≈ 1990

El caso de Thereza Imanishi-Kari y David Baltimore (Premio Nobel de Medicina en 1975) tuvo un impacto mediático sin precedente. Llegó a ser conocido como el *Baltimore affair*, ocupando espacio en los rotativos durante casi una década y sirviendo incluso de argumento para monografías completas[15]. Con una cobertura tan amplia difícilmente voy a aportar algo nuevo, así que me limitaré a anotar unas breves reseñas. No te pierdas el final porque te vas a sorprender.

En 1986 Baltimore, Imanishi-Kari (entonces profesora asociada estudiante de postdoctorado) y otros coautores publicaron en la revista *Cell* el artículo titulado *Altered repertoire of endogenous immunoglobulin gene expression in transgenic mice containing a rearranged Mu heavy chain gene*. Al poco tiempo una compañera de laboratorio de Imanishi-Kari informó sobre posibles malas prácticas de investigación en el *paper* publicado, acusando a Imanishi-Kari de encubrir la fabricación de datos. Las acusaciones fueron consideradas y se abrió una investigación al respecto.

En 1991 una primera investigación —el tema había llegado hasta el congreso de los Estados Unidos y todo— determinó que la investigadora había fabricado datos. La Office of Scientific Integrity (lo que ahora es la ORI) prohibió a la autora recibir fondos públicos durante 10 años. Baltimore y los otros autores solicitaron el retracto del *paper*, pidiendo disculpas por lo sucedido. El premio nobel, que en aquel momento era el presidente de la Rockefeller University, dimitió de su cargo como tal y volvió a su anterior posición en el MIT.

El caso siguió rodando y alrededor de 1994 la investigadora llegó a ser acusada por un tribunal de 19 cargos de mala conducta.

En 1995 fue abierta una segunda investigación (apelación) por parte del US Department of Health and Human Services (HHS), que no encontró pruebas sólidas de los cargos que se habían considerado años atrás, indicando que las acusaciones habían sido fundamentadas en pruebas inconsistentes.

En junio de 1996, 10 años después de ser acusada, la científica quedó exonerada de los cargos[16].

¿Sorprendido? He querido citar este caso como muestra de que no siempre todas las acusaciones terminan siendo *reales* y por el camino pueden dejar mucho dolor. Pero la cuestión es, ¿por miedo al sufrimiento que pueda ocasionar en las personas que cometieron el fraude deberían dejar de ser denunciadas? Afortunadamente, los procedimientos de denuncia con los que cuentan las organizaciones modernas (vemos ejemplos en el Capítulo E) intentan salvaguardar la imagen de los implicados en los procesos de violación de integridad científica hasta que no se obtienen conclusiones finales tras el proceso de investigación, para así intentar minimizar los daños psicológicos que se puedan producir.

Stephen E. Breuning ≈ 1996

El psicólogo Stephen E. Breuning fue acusado de fraude por reportar experimentos que nunca se realizaron, viéndose implicados alrededor de 20 artículos publicados durante su época en la Universidad de Pittsburgh (1980-1984). En 1987 el National Institute of Mental Health (NIMH) reveló mala conducta y en 1988 fue declarado culpable por un tribunal. En este y otros casos que veremos donde la salud de las personas se ve implicada, las malas prácticas de investigación son especialmente sensibles, ya que no solo pueden ser dañinas por la vía del despilfarro de recursos escasos como el tiempo o el dinero, o nocivas por ensuciar el registro científico, sino que ponen en juego la salud de las personas. Leemos respecto al caso en la entrada de blog del investigador, profesor y experto en nutrición Geoffrey P. Webb (traduzco literalmente del inglés)[17]:

«[...]
Stephen Breuning fue psicólogo y exdirector clínico del Polk Center en Polk, Pensilvania. A finales de la década de 1970 y principios de los ochenta

publicó datos que pretendían demostrar que los medicamentos estimulantes como Ritalin eran más efectivos y tenían menos efectos secundarios que los tranquilizantes cuando se trataba a niños con retraso mental con hiperactividad. Estos hallazgos tuvieron un impacto significativo en este pequeño campo de investigación y sin duda afectaron la elección del tratamiento para estos niños.

Un informe de 1988 de una investigación realizada por el Instituto Nacional de Salud Mental (NIMH, por sus siglas en inglés) de Estados Unidos, que financió su investigación, descubrió que había"cometido una falta de conducta científica grave". También en 1988 fue condenado en un tribunal federal de los Estados Unidos por fabricar investigaciones y malversar fondos de investigación gubernamentales, siendo sentenciado a 60 días en un programa de trabajo, 250 horas de servicio comunitario, 5 años de libertad condicional y devolver parte de su salario.

Fue la primera persona en los Estados Unidos en enfrentarse a un proceso penal por fraude relacionado con la investigación. Después de cumplir su condena penal, Breuning abrió una tienda de electrónica en Rochester, Michigan, y desde 2010 parece haber dirigido un servicio de asesoramiento e hipnoterapia en esta área».

Amitav Hajra ≈ 1996

Aunque hay datos que indican que las malas prácticas son más frecuentes entre investigadores sénior[*], los júnior tampoco se libran. Amitav Hajra era estudiante de doctorado cuando fue acusado de usar datos fraudulentos, implicando finalmente 6 ~ 8 publicaciones. Entre otras prácticas, el autor fabricó datos e incluyó falsos coautores (Francis S. Collins y colegas) en un manuscrito fraudulento enviado a la revista *Oncogene*. Esta vez los mecanismos de revisión de la revista funcionaron de manera apropiada y dieron la voz de alarma; el editor avisó a Collins (entonces líder del National Institutes of Health's Human Genome Project y director de Hajra) quien rápidamente se puso a investigar el asunto. Junto a otros compañeros invirtieron dos semanas junto a su equipo para verificar los datos del manuscrito, concluyendo que Hajra había fabricado los datos. Rápidamente avisaron a la universidad, a la Office of Research Integrity (ORI) y a sus colegas. Tras realizar unos exámenes más profundos encontraron que el estudiante de doctorado había fabricado los datos que habían aparecido en sus cinco *papers* publicados con antelación. Ni los expertos

---

[*]Lo vemos en el Capítulo D.

del laboratorio, ni sus supervisores de tesis, ni los revisores por pares, ni los editores de las revistas fueron suficientes para identificar de forma previa cualquier ápice de fraude antes de que las publicaciones fuesen realizadas[18]. La pérdida económica que supuso fue de unos 75 000 dólares de la época.

Permitidme que haga una reflexión al margen. Por lo que podemos leer parece que Hajra era un estudiante muy destacado, «de los que surgen uno en una década», afirmaba el propio Collins. Esta apreciación activa en mi cerebro el recuerdo de los *golden child*, esos estudiantes admirables y admirados, tocados por la mano divina —veremos más ejemplos, como el de Bengü Sezen o el de la española Susana González—, que desgraciadamente en algún momento de su carrera deciden desconectar su privilegiado cerebro de las fuentes de la pasión y la persistencia para conectarlo al caño de la ambición y la codicia, un licor que insertado en sus cerebros les aboca al precipicio de obscuras prácticas ajenas a la integridad y la ética. Afortunadamente son una minoría y desgraciadamente un perfil no exclusivo del entorno de investigación. En las corporaciones privadas habitan igualmente: los favoritos del jefe, los que «echan muchas horas» (¿quizá no tienen vida más allá?), los trepas que pisan a quien sea con tal de ascender en su carrera... A todos estos les invitaría a leer el diálogo entre Merlín y el Caballero alrededor del manzano en *El caballero de la armadura oxidada*, de Robert Fisher[19], con la esperanza de activar en ellos una tímida reflexión sobre lo que implica ser ambicioso de mente frente a serlo de corazón.

Aquellos que deseéis otro punto de vista respecto al caso, podéis consultar en el diario *El País* el artículo de *The New York Times* (en castellano) con el título *Un famoso genetista reconoce que es falso su hallazgo del gen de la leucemia aguda*[20].

Sherman Smith ≈ 2001

Sobre Sherman Smith (investigador del campo de la salud afiliado a la Universidad de California, San Francisco) ha resultado francamente difícil conseguir información. Por eso voy a aprovechar para usar este caso como muestra del proceso de documentación que he utilizado para que pueda ser imitado por cuantos deseen (enseño el procedimiento y las herramientas).

Inicialmente conocí el caso a través del artículo de Larry Claxton referenciado con anterioridad[21]. El investigador cuenta con 10 *papers* retirados por fabricación y falsificación.

La investigación principal fue realizada por la ORI, apareciendo en su informe anual para el 2011 en el apartado dedicado a las investigaciones sobre malas conductas científicas resueltas durante ese año (66 Fed. Reg. 54999, Oct. 31, 2001)[22].

Voy a aprovechar este caso para presentar un ejemplo sobre las notas que públicamente emite el US National Institute of Health (NIH) sobre las resoluciones de casos de mala conducta que investiga la ORI[*23]. Traduzco la nota de la NIH literalmente del inglés:

```
---------

HALLAZGOS DE MALA CONDUCTA CIENTÍFICA

Fecha publicación: 6 de diciembre de 2011

AVISO: NOT-OD-02-009

Department of Health and Human Services

Por la presente se da aviso de que la Office of Research
Integrity (ORI) ha encontrado finalmente prácticas de
mala conducta científica en el siguiente caso:

Sr. Sherman Smith, Universidad de California, San
Francisco (UCSF): Considerando el informe de
investigación dirigido por la UCSF y la información
obtenida por la ORI durante la revisión de su
supervisión, el Servicio de Salud Pública de los Estados
Unidos (Public Health Service --PHS) encuentra que el
Sr. Smith, técnico exinvestigador de la División de
Medicina Ocupacional y Ambiental de la UCSF, ha cometido
mala conducta en investigación por [...] fabricar y
falsificar intencionadamente y a sabiendas datos de
entrevistas de pacientes en el estudio financiado por el
PHS denominado Estudio de Discapacidad del Asma de la
UCSF (Estudio del Asma) (UCSF Asthma Disability Study).
El estudio fue financiado por el National Heart, Lung,
and Blood Institute (NHLBI), National Institutes of
Health (NIH) (subvención K04 HL03225, R01 HL56438, y R29
HL48959) y el National Institute for Occupational Safety
```

---

[*]Conocer cómo trabajan en Estados Unidos con los temas de integridad en investigación puede ser estimulante para otros países aún verdes en estos terrenos. Sobre la ORI consultar la página 198.

and Health (NIOSH) y Centers for Disease Control (CDC) (subvención R01 OH03480).

Concretamente, el Sr. Smith falsificó y fabricó intencionadamente las entrevistas de 107 pacientes en el Estudio del Asma. La falsificación de las entrevistas a los pacientes se hizo con la intención de engañar. Este engaño, a su vez, tuvo un impacto material negativo en el Estudio del Asma en particular y en la investigación del asma en general. Los datos fabricados y falsificados fueron reportados en diez publicaciones y otros miembros del equipo del Estudio del Asma tuvieron que gastar más de dos años corrigiendo los datos de investigación, además de ser requeridos para enviar retractos o correcciones de todas los artículos publicados a raíz del estudio.

El PHS ha implementado las siguientes acciones administrativas para los próximos 5 años, comenzando el 9 de octubre de 2001:

(1) El Sr. Smith tendrá prohibido prestar servicios de asesoramiento al PHS, incluyendo, aunque no solo estos, el servicio a cualquier comité asesor del PHS, junta y/o comité de revisión por pares, o como consultor.

(2) El Sr. Smith queda excluido de poder ser elegido para o implicado en *nonprocurement transactions* (tales como subvenciones o acuerdos de cooperación) del Gobierno Federal y de la contratación o subcontratación por parte de cualquier agencia federal gubernamental, tal como queda definido en el 45 C.F.R. Parte 76 (Reglamentos de exclusión).

CONSULTAS

Para mayor información contactar con:

Director
Division of Investigative Oversight
Office of Research Integrity
5515 Security Lane, Suite 700
Rockville, MD 20852
Teléfono: +1 (301) 443-5330

El informe es claro: «Smith falsificó y fabricó intencionadamente las entrevistas de 107 pacientes en el Estudio del Asma. La falsificación de las entrevistas a los pacientes se hizo con la intención de engañar».

Como dije a principio quiero aprovechar este caso para mostrar un poco cómo buscar información respecto a un autor —algo que los profesionales de la investigación conocerán de sobra pero que tal vez resulte curioso para aquellos neófitos que se estén iniciando. Si eres un profesional puedes saltarte esta parte ☺.

El proceso de documentación lo podemos iniciar obteniendo algunos de los *papers* en los que Sherman aparece como autor ó coautor a través de la siguiente búsqueda en Google Scholar: «Sherman Smith asthma» (lo de asthma lo puse para afinar la búsqueda, ya que era su nicho de investigación); en cualquiera de ellos podemos pinchar pero yo lo hice en el que lleva por título *Asthma, Employment Status, and Disability Among Adults Treated by Pulmonary and Allergy Specialists*, del año 1996. El enlace nos conduce a la web de Science Direct; pinchando ahí sobre el nombre de Sherman nos aparece su afiliación y damos con el primer dato interesante: Sherman Smith ocupaba una posición de investigador en la Division of Occupational and Environmental Medicine, del Departamento de Medicina de la Universidad de California San Francisco (UCSF).

Me asalta la duda sobre si este artículo en concreto será uno de los retirados o no, ya que no aparece ninguna mención a su retirada o retracto en esta edición web. Por curiosidad, y para comprobar con certeza si podemos acceder a alguno de sus artículos donde falsificó datos, me dirijo a la base de datos de la fundación Retraction Watch[*], donde buscando por Sherman Smith obtenemos tan solo una publicación retirada —aunque como decimos, los artículos finalmente retirados fueron diez—, que es la que lleva por título *Perceived Control of Asthma: Development and Validation of a Questionnaire*[**].

Sobre el esfuerzo (o su ausencia) de las editoriales por publicitar la retirada de artículos publicados en sus revistas sirva este caso como ejemplo. Si buscamos el artículo retirado en internet y lo consultamos en la web de la editorial[***] comprobaremos absortos que no se realiza ninguna mención a la retirada del artículo, aunque por el contrario en el catálogo de PubMed sí la hacen[****]; en PubMed al entrar en la

---

[*]http://www.retractiondatabase.org/RetractionSearch.aspx.
[**]Publicada en la *American Journal of Respiratory and Critical Care Medicine* el 02/01/1997.
[***]Lo encontramos en https://www.atsjournals.org/doi/abs/10.1164/ajrccm.155.2.9032197.
[****]https://www.ncbi.nlm.nih.gov/pubmed/9032197.

página del artículo vemos un gran cuadro indicando *Retracted*.
No obstante, en la entrada referente en la base de datos de Retraction Watch sí que encontramos un DOI que nos conduce a la publicación de la retirada por parte de la revista[*], aunque como hemos dicho antes no se enlaza a él desde el artículo original, que sería lo lógico, al igual que tampoco se hace ninguna referencia a la retirada. El artículo original fue publicado el 1-02-1997 mientras que su retirada lo fue el 1-09-2001 (cuatro años, siete meses y treinta días después).

Vamos a aprovechar también este caso para ver un ejemplo de artículo retirado (*retracted*). Retirar un artículo es algo muy serio y los pilares de la argumentación deben ser sólidos para llegar a este extremo. Reproduzco a continuación las causas que la editorial aportó en este caso. Traduzco literalmente del inglés:

«[...]
En una publicación anterior en la *American Journal of Respiratory and Critical Care Medicine*, reportamos el desarrollo y la validación de un cuestionario para evaluar el control percibido del asma, el "Perceived Control of Asthma Questionnaire" (PCAQ). Tras la publicación de este estudio, nuestro equipo de investigación se dio cuenta de que la calidad de los datos recopilados por un entrevistador podía estar comprometida. Este problema se hizo evidente cuando volvimos a entrevistar a los sujetos durante el seguimiento planificado de este estudio de cohorte. Considerando estas inquietudes iniciamos una revisión formal de todos los datos anteriores que involucraban al entrevistador. La revisión fue desarrollada por la Universidad de California, San Francisco, siguiendo las políticas internas de la universidad y del Instituto Nacional de la Salud.
La revisión confirmó que el entrevistador había creado algunos registros duplicados o inconsistentes de forma que constituían una mala conducta en 75 de 1710 entrevistados. Además, 449 entrevistas tenían documentación fragmentaria y podían estar comprometidas. Hemos vuelto a analizar exhaustivamente los datos en cuestión excluyendo los registros comprometidos y potencialmente comprometidos. A pesar del hecho de que estos resultados eran coherentes con las conclusiones originales, deseamos retractar la publicación para corregir los registros científicos».

No obstante, como hemos comentado en alguna ocasión, en la academia raramente existe un consenso sobre las cuestiones planteadas y también en esta ocasión encontramos opiniones que critican el hecho de que este artículo fuese retirado[24].

---

[*]https://www.atsjournals.org/doi/full/10.1164/ajrccm.162.3.retraction_b.

Alexander Kugler ≈ 2002

Acusado de falta de manejo adecuado de los datos y mantenimiento de los registros. Publicaciones implicadas: 1. Un comité de la Universidad de Gottingen lo encontró culpable de malas prácticas en investigación; dejó su puesto en el hospital universitario[25].

Steven A. Leadon ≈ 2003

Steven A. Leadon fue profesor e investigador en el campo de la radiación oncológica afiliado a la Universidad de Carolina del Norte. Fabricó y falsificó hallazgos. Un comité de la propia universidad hecho para la ocasión, implicó al autor en el caso. Leadon negó la mala conducta aunque renunció a su puesto[26]. En 2006 la ORI publicó el resultado de su investigación donde afirmaba: «Leadon se involucró en una mala conducta científica al falsificar muestras de ADN y construir figuras falsificadas para experimentos realizados en su laboratorio con la finalidad de respaldar los hallazgos de defectos en un proceso de reparación de ADN (involucrando la reparación rápida del daño del ADN en la cadena transcrita de genes activos), que fueron incluidas en cuatro solicitudes y en ocho publicaciones y un manuscrito publicado[27]». Actualmente la base de datos de Retraction Watch* contiene de este autor tres artículos retirados y uno con corrección.

Jan Hendrik Schön ≈ 2003

Nos encontramos ante otro *golden child*, Jan Hendrik Schön (1970, Verden an der Aller, Baja Sajonia, Alemania), un prometedor investigador físico del que muchos vaticinaban que pronto tendría un premio nobel al que poder quitar el polvo. Veamos directamente lo que Francis R. Villatoro escribió en 2017 respecto al caso en su blog[28]. Copio literalmente:

«Jan Hendrik Schön (Bell Labs, Nueva Jersey, EEUU), en la primavera del año 2002, era el científico joven más productivo del mundo, firme candidato al Nobel de Física. A sus 31 años de edad publicaba en las revistas

---

*Esta es la primera vez que la cito pero serán numerosas las referencias a esta base de datos durante todo el ensayo. Disponemos de más información sobre ella en el Capítulo E, p. 201.

48

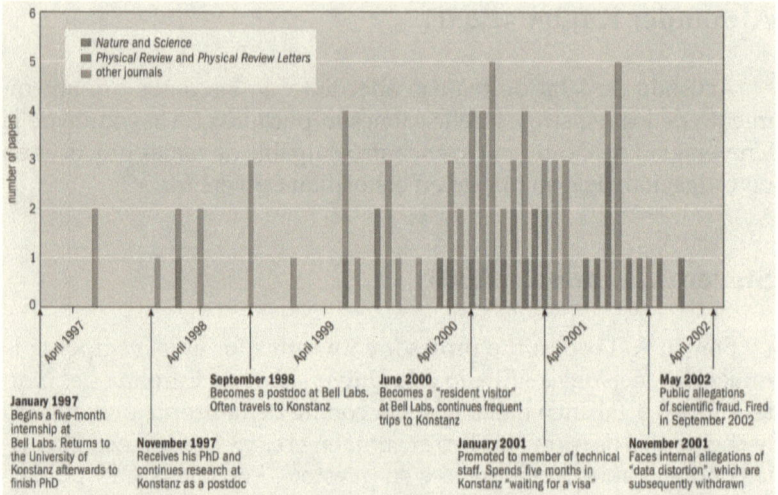

FIGURA B.1: Número de artículos publicados por J. H. Schön entre 1997 y 2002. Tomado de Villatoro (2017). Visitar http:// bit.ly/Jan-Hendrik-Schon para descargar en alta resolución

más prestigiosas a un ritmo desaforado, hasta un artículo a la semana (por ejemplo, ocho artículos en *Nature* y *Science* en 2001). Sus logros en ciencia de los materiales y nanotecnología prometían revolucionar el mundo. Pero en septiembre de 2002 se desveló que todo era un fraude. Una auditoría interna de los propios Bell Labs desveló que la mayoría de los resultados científicos de Schön habían sido inventados. Lo despidieron y desapareció.»

La figura B.1 nos muestra de forma muy gráfica la densidad de *papers* que Schön llegó a publicar en su breve carrera, incluyendo las más prestigiosas revistas como *Nature* o *Science*, un ritmo de publicación *imposible* hasta para el mayor de los genios —y a pesar de esto tardó en levantar sospechas.

Larry D. Claxton hace la siguiente descripción del caso (traduzco del inglés con algunas modificaciones):

«Entre 1998 y 2002, el científico alemán Dr. Jan Hendrik Schön se estableció a sí mismo como un científico altamente visible y productivo en el campo de la nanotecnología. Durante este período, mientras trabajaba en los Bell Labs, fue autor de más de 90 artículos, incluidos 15 en *Science* y *Nature*, apareciendo como autor principal en 74 artículos. Sus esfuerzos alimentaron nuevas áreas de la física y se llegó a estimar que más de 100 laboratorios alrededor del mundo estuvieron tratando de seguir su ejemplo. Algunos pensaron que se dirigía al Premio Nobel. Sin embargo, sus resultados no pudieron ser verificados independientemente a pesar de que se usaron millones de dólares para replicarlos.

En abril de 2012, la Dra. Lydia Sohn, de la Universidad de Princeton, que recibió un sobre aviso de un colega de los Bell Labs, examinó varios *papers* publicados en *Science* y *Nature*. Al encontrar problemas con los datos lo notificó a las dos revistas. Sobre el mismo tiempo, Sohn y otros encontraron datos sospechosos en otros seis *papers*. Al ser consciente de estos problemas Bell Labs anunció que un comité independiente revisaría el asunto. Schön negó todas las alegaciones de malas prácticas. En septiembre de 2002 el informe del panel concluyó que Schön había duplicado, falsificado y destruido datos. Bell Labs le despidió al recibir el informe. Aunque admitiendo errores, Schön continuó defendiendo su trabajo. El panel encontró que había una "preponderancia de evidencia" de datos falsificados o inventados en 25 artículos».

Todos los casos que habíamos visto hasta ahora hacían referencia a investigadores trabajando para instituciones públicas, pero como acabamos de ver este virus también ataca a organizaciones privadas —como comenté el otro día a un tuitero que proclamaba su anhelo por conseguir una sanidad pública «en todos los ámbitos»[29], en algunas cuestiones no se trata de factorizar entre *público* o *privado* (que muchas veces introduce inevitablemente un sesgo ideológico innecesario), sino entre *buena* o *mala* gestión.

Woo-suk Hwang ≈ 2005

Probablemente este sea uno de los casos más citados en las últimas décadas cuando hablamos de fraude científico. Ríos de tinta se han escrito sobre él, así que poco puedo añadir a las fuentes que pueden ser consultadas de forma abierta por cualquiera de nosotros[30]. No obstante, ya que estamos en el tajo voy a realizar una aproximación al caso del mago de las clonaciones.

Me gustaría comenzar aclarando que a pesar de las demostradas prácticas de fabricación y falsificación de datos, gran parte del trabajo de Hwang y él como científico sigue siendo respetado por parte de la comunidad, que reconoce que sus avances fueron punteros e innovadores: no todo lo que publicó fue falso. Vuelvo a remarcar lo que ya hemos leído anteriormente (p. 14 o p. 27): que un científico sea pillado haciendo trampas no tiene por qué invalidar todo su trabajo, ni tan siquiera quedar él mismo invalidado como investigador —hacen falta grandes cerebros para que el mundo avance, aunque esos cerebros se descarríen de vez en cuando. Comencemos con el caso.

Woo-suk Hwang (Hwang es el nombre familiar) nació en Corea del Sur en 1952 y se especializó en veterinaria. Durante la época de sus publicaciones más relevantes y posterior escándalo (alrededor del 2004) mantenía la posición de profesor en el Departamento de Theriogenología* y Biotecnología de la Universidad Nacional de Seúl, donde años antes había realizado los estudios de máster y doctorado en esta especialidad y de donde fue despedido el 20 de marzo de 2006. En 1999 el científico y su equipo anunciaron la clonación de una vaca, un cerdo en 2002 y un perro (Snuppy) en 2005[31]. Es importante destacar que el escándalo no afectó a la clonación de animales, que nunca fue puesta en duda.

Hwang saltó a la fama en 2004 con la publicación de diferentes artículos donde manifestaba que había conseguido la clonación de células madre embrionarias por primera vez[32]. Para el común de los mortales sus hallazgos significaban, entre otras cosas, que enfermedades como el parkinson, el alzhéimer o la diabetes encontraban una posible vía para su cura. El prestigio de las revistas que acogían sus hallazgos, *Science* y *Nature*, parecía alejar todo indicio de sospecha**, pero el escándalo no tardó demasiado en aparecer.

En concreto, los dos principales *papers* de la discordia fueron:

- Hwang, W. S., Ryu, Y. J., Park, J. H., Park, E. S., Lee, E. G., Koo, J. M., ... Moon, S. Y. (2004). *Evidence of a Pluripotent Human Embryonic Stem Cell Line Derived from a Cloned Blastocyst. Science*, 303(5664), 1669-1674. DOI: 10.1126/science.1094515. El artículo describe la primera clonación de un embrión humano y la derivación de una línea de células madre de él.
- Hwang, W. S., Roh, S. I., Lee, B. C., Kang, S. K., Kwon, D. K., Kim, S., ... Schatten, G. (2005). *Patient-Specific Embryonic Stem Cells Derived from Human SCNT Blastocysts. Science*, 308(5729),

---

*La ciencia y práctica de la reproducción animal.

**Los que hemos llegado con la lectura del libro hasta aquí y leamos un poco más terminaremos concluyendo que el prestigio de la revista es un peligroso heurístico, ya que la evidencia nos indica que ni los *máximos galones del comandante* nos pueden librar de estar leyendo un experimento manipulado.

1777-1783. DOI: 10.1126/science.1112286. Afirma haber establecido líneas de células madre específicas de 11 pacientes.

La alarma encendida por Nature en 2004. Tal vez la primera luz de
alarma (primeras críticas) encendida por el experimento publicado
en *Science* (2004) fue prendida ese mismo año por David Cyranoski
a través de un artículo publicado en *Nature*, donde ponía en duda
la integridad ética de la fuente de los óvulos, crítica que no tardó en
ser despreciada por la comunidad investigadora y la opinión pública
sur coreana que la interpretaron como un ataque a su investigador
bandera.

El programa de televisión que revolucionó la academía. Los acontecimientos cambiaron de rumbo cuando en Junio de 2005 el programa de investigación televisivo *PD Notebook's*, de la cadena *MBC*, recibió *el soplo* de algunos miembros del laboratorio de Hwang sobre la
posibilidad de que el artículo de 2005 fuese falso; también fue filtrada
la línea 2 de células madre (de las 11 supuestamente adaptadas a un
paciente) para que fuese comprobada.
La emisión del programa el 22 de noviembre de 2005, que ponía en
evidencia entre otras cuestiones la supuesta compra de óvulos que
el equipo de Hwang realizó para los experimentos, precipitó la con-
fesión de Hwang dos días después: pidió disculpas por haber usado óvulos de investigadoras de su propio equipo; además, los datos
aportados por el programa forzaron el comienzo de la investigación
oficial.

Pocos días después, el investigador Sung Il Roh, uno de los fir-
mantes del artículo de 2005, confesó haber conseguido para los experimentos al menos 1200 óvulos del MizMedi Hospital; admitió que
las donaciones fueron pagadas, algo que Hwang conocía perfectamente. El 16 de diciembre acusó públicamente a Hwang, entre sollo-
zos, de haber fabricado los datos.

El mismo 15 de diciembre de 2005 el comité de investigación de la
Seoul National University (SNU) comenzó su trabajo —que finalizó
el 9 de enero de 2006.

El resumen en seis fechas. Y como soy muy aficionado a los resú-
menes, me encantó esta cronología que leí en un artículo de BBC[33],

que nos muestra de un vistazo la rapidez con la que acontecieron los hechos:

- Febrero de 2004: Hwang y su equipo declararon haber creado 30 clones de embriones humanos y haber extraído células madre.
- Mayo 2005: el equipo de Hwang dice que ha conseguido líneas de células madre a partir de células de piel de 11 personas.
- Noviembre 2005: Hwang pide disculpas por haber usado óvulos de investigadoras de su propio equipo.
- 15 diciembre 2005: Un colega denuncia que la investigación sobre células madre es un fraude.
- 23 diciembre 2005: Un equipo de investigación encuentra que los resultados publicados en mayo de 2005 fueron fabricados.
- 10 Enero 2006: Un panel de científicos encuentra que el trabajo de 2004 también fue un fraude.
- 20 Marzo 2006: Hwang es despedido de la SNU.
- 12 Mayo 2006: son presentadas acusaciones de fraude y malversación contra Hwang.

El retracto. Antes de escuchar el veredicto final de la comisión de investigación la revista *Science* publicó un *Expression of concern* (expresión de preocupación) el 6 de Enero de 2006 y la retirada de ambos artículos el 20 de Enero de 2006[34]. Creo que puede ser ilustrativo leer el texto que las acompañó. Traduzco literalmente del inglés:

«[...]
El informe final del comité de investigación de la Universidad Nacional de Seúl [SNU por sus siglas en inglés] [35] ha concluido que los autores de dos artículos publicados en *Science*[*] están involucrados en malas prácticas de investigación y que los artículos contienen datos fabricados. Con respecto a Hwang et al. (2004), el Comité de Investigación reportó que los datos que mostraban que el ADN de la línea de células madre embrionarias NT-1 es idéntico al de la donante son inválidos, siendo resultado de fabricación, como lo es la evidencia de que NT-1 es una línea de células madre genuina. Además, el comité encontró respecto a la afirmación de Hwang et al. (2005) que las 11 líneas de células madre embrionarias de pacientes derivadas de blastocistos se basaban en datos fabricados. Según el informe del Comité de Investigación, el laboratorio "no posee células madre específicas de cada paciente ni ninguna base para afirmar que hayan sido creadas". Debido a que el informe final de la investigación de la SNU indicó que una cantidad

---

[*]Se refiere a los dos artículos (2004 y 2005) citados párrafos atrás como «los *papers* de la discordia».

significativa de los datos presentados en ambos documentos fueron fabricados, los editores de *Science* consideran que es necesario una retirada
inmediata e incondicional de ambos artículos. Por lo tanto, retiramos estos
dos artículos y aconsejamos a la comunidad científica que los resultados
reportados en ellos sean considerados como inválidos.

Mientras publicamos esta retirada, siete de los 15 autores del artículo de
2004 han estado de acuerdo en retractarse del artículo. Todos los autores
del artículo de 2005 han acordado retirar el artículo.

Science lamenta el tiempo que los revisores y otras personas pasaron
evaluando estos artículos así como el tiempo y los recursos que la comunidad científica pudo haber dedicado a replicar los resultados».

El resultado de la investigación. Unos días antes de publicar la retirada, el 11 de Enero de 2006 la comisión de investigación de la universidad publicó su informe final[36]. Este muestra las deficiencias de
la investigación ya mencionadas así como otros aspectos referentes
al número de óvulos que fueron usados —en realidad fueron 2061 de
129 mujeres, aunque el artículo de 2004 afirmaba haber usado solamente 242 y 185 en el de 2005, entre los que se encontraban óvulos
de propias estudiantes del equipo de Hwang— o aspectos más técnicos que el lector especializado puede consultar en el propio informe
(citado en las notas). Tres laboratorios independientes confirmaron
que gran parte del material genético no coincidía con el del donante, por lo que los datos y las imágenes del artículo de 2005 estaban
manipulados. Respecto a la clonación del perrito afgano Snuppy, la
investigación no vio indicios de falsedad[37].

El juicio. El lunes 26 de octubre de 2009, tras varios años de juicio,
el tribunal declaró a Hwang culpable por malversación de fondos públicos y adquisición ilegal de óvulos; por fraude científico no fue condenado ya que la fiscalía no había presentado cargos en este sentido.
Finalmente fue condenado a tres años de cárcel en suspensión, por
lo que no tuvo que ir a prisión, aunque a cambio debía estar durante
ese tiempo bajo vigilancia de las autoridades. El tribunal suspendió
su pena de cárcel al tener en cuenta que pese a sus prácticas desho-
nestas el científico es una demostrada autoridad en clonación animal,
mostró arrepentimiento y el dinero malversado se destinó a asuntos
relacionados con la investigación (no para uso personal). Además de
Hwang otros cuatro colegas suyos también fueron condenados por
participar en el fraude[38].

Hwang en la actualidad.   A pesar del escándalo y la condena en firme contra el científico, como comentamos al principio la culpabilidad no está reñida con la genialidad, y tras el escándalo sigue desarrollando su investigación centrado en la clonación de animales, siendo uno de los referentes mundiales en este campo[*].

Jon Sudbø ≈ 2006

Médico y odontólogo noruego nacido en 1961. Se graduó como odontólogo en 1989 y como médico en 1994 en la Universidad de Oslo, destacando en su promoción con las máximas calificaciones — ¿otro *golden child*?—. Trabajaba como consultor oncológico en el Radium Hospital de Oslo y como profesor asociado en la universidad. Una investigación de la Facultad de Medicina de la Universidad de Oslo realizada en 2006 encontró que la mayoría de los trabajos de Sudbø, incluyendo su tesis doctoral, eran fraudulentos —entre otras acciones la Universidad de Oslo revocó su doctorado en medicina al descubrirse el fraude, que afectó a múltiples investigaciones[39]. Veamos la cronología del caso.

El 7 de octubre de 2005 la revista *The Lancet* publicó el artículo de Sudbø y colegas titulado *Non-steroidal anti-inflammatory drugs and the risk of oral cancer: a nested case-control study*[40], donde los autores manifiestan que la incidencia del cáncer oral se reduce significativamente en aquellos pacientes fumadores que regularmente toman fármacos como el paracetamol o el ibuprofeno, usando para el experimento la base de datos CONOR (Cohort of Norway), donde seleccionaron una muestra de 908 pacientes para realizar el estudio.

En diciembre de 2005, Camilla Stoltenberg, en aquel momento cabeza de la división de epidemiología del Instituto Público de la Salud de Noruega, sospechó del artículo —mientras lo leía en una jornada vacacional durante la Navidad ☺—. Ella era la responsable de la base de datos supuestamente utilizada para la realización del estudio (sobre los hábitos de vida de los pacientes noruegos, no abierta al público) y no recordaba que ninguno de los autores de la publicación hubiese tenido acceso a ella. Rápidamente comunicó sus dudas a los órganos públicos responsables y a los editores de la revista.

---

[*]Si hacemos la siguiente búsqueda en PubMed http://bit.ly/listado-pubmed-publicaciones-hwang, encontramos un listado con sus publicaciones, la última de hace pocos días (3 de Enero de 2019).

En menos de un mes, el 21 de enero de 2006, la revista *The Lancet* publicó el *expression of concern* del artículo. Lo reproduzco a continuación por su carácter representativo (traduzco literalmente del inglés)[41]:

«[...]
El 13 de enero de 2006, funcionarios del Hospital de Oslo (Noruega) informaron a la revista *The Lancet* que tenían "información clara que indicaba que el material que aparece en el artículo [publicado en *The Lancet* el 7 de octubre de 2005 y referido anteriormente] no se ha basado en nuestras bases de datos nacionales, sino en datos manipulados". El 14 de enero los funcionarios informaron que "no fue una manipulación de datos reales, sino una completa fabricación". Varios artículos periodísticos posteriores han revelado también que todos los pacientes del estudio de Sudbø y colegas habían sido inventados. El hospital creó un comité de investigación dirigido por el epidemiólogo sueco Anders Ekbom para examinar no solo este trabajo, sino también otros trabajos de investigación de Sudbø, incluidos los dos artículos publicados en el *New England Journal of Medicine*. Los editores de *The Lancet* han sido informados de que el autor ha admitido verbalmente la fabricación. Pero, en el momento de escribir esto (17 de enero), la revista no ha recibido aún confirmación por escrito del autor principal o del comité de investigación (el cual ha comenzado su trabajo el 18 de enero) de tal fabricación. En espera de esa aclaración, emitimos ahora esta expresión de preocupación por el artículo referido. Los principales coautores de Sudbø han sido informados y están de acuerdo con este aviso. A medida que haya más información disponible la transmitiremos a los lectores directamente».

«Fingió todo: nombres, diagnóstico, sexo, peso, edad, uso de drogas. No hay datos reales en absoluto, solo cifras que él mismo inventó. Todos los pacientes en este documento son falsos», dijo Stein Vaaler, director del Hospital Oslo Radium y colega de Jon Sudbø[42]. Por ejemplo, en los datos usados para escribir el artículo publicado en *The Lancet* se encontró que 250 de los 908 supuestos individuos que participaron en el estudio tenían la misma fecha de nacimiento.

El informe de la comisión (30 de Junio de 2006) afirmó que el trabajo de Sudbø era inválido debido a las múltiples falsificaciones y fabricación de los datos de partida; entre los 38 artículos que había publicado desde 1993, 15 fueron calificados de fraudulentos, incluyendo su tesis doctoral. En la base de datos de Retraction Watch podemos ver el detalle de los 12 artículos retirados[43].

Por recibir financiación del National Cancer Institute (US National Institute of Health), el caso también fue investigado por la ORI. Las conclusiones fueron publicadas en el Registro Federal el 9 de octubre de 2007[44]. Encontraron que los informes que envió para justificar los proyectos subvencionados contenían datos falsos, manipulando imágenes y el número de pacientes que habían participado en los estudios. Además de las tres publicaciones para las que Sudbø había admitido la falsificación y/o fabricación de datos, la comisión encontró al menos otros 12 artículos que debían ser retirados ya que no podían ser considerados válidos. Sudbø accedió a adherirse al Acuerdo Voluntario de Exclusión (que entre otras cosas le impide trabajar para cualquier órgano dependiente del Gobierno de los Estados Unidos).

En noviembre de 2006 su autorización como médico fue revocada, aunque desde el 2009 puede realizar con restricciones el trabajo de médico y dentista.

La revista *The Lancet* llegó a considerar este caso como el fraude científico más grande de la historia de la ciencia cometido por un solo investigador.

Bengü Sezen ≈ 2007

Ninguna ocupación parece librarse de enrolar a mentirosillos entres sus filas: médicos, psicólogos, físicos, economistas... Diríamos que no existe disciplina que inmunice a los humanos contra el virus de la ambición; ni tan siquiera los químicos han sido capaces, con el conocimiento de los componentes fundamentales de la materia, de inventar mejunje alguno que les libre de la mosca de la manzana, esa que pareció picar a la joven química investigadora Bengü Sezen, vista por muchos de sus compañeros en aquel entonces como la chica de oro del laboratorio (la favorita del investigador jefe).

El caso no nos llama la atención por la cantidad de artículos retirados —solamente seis[45], lejos de los 58 de Diederick Stapel (p. 67), por ejemplo—, sino por la gran habilidad de la investigadora en las complejas técnicas de laboratorio que utilizó para conseguir falsificar los datos —algo que pone de manifiesto su gran inteligencia.

Aunque el informe final de la Universidad de Columbia y la ORI (167 páginas) está disponible públicamente, como vistazo general tenemos suficiente con la síntesis del caso ofrecida por la revista *Chemical & Engineering News* (C&EN)[46]. Traduzco literalmente del inglés:

«[...] Los nuevos y extraños detalles del caso de fraude de la investigadora química de la Universidad de Columbia Bengü Sezen, han sido revelados en dos extensos informes obtenidos por la revista C&EN esta semana, provenientes del US Department of Health & Human Services (HHS). Los documentos —un informe de la Universidad de Columbia y los hallazgos posteriores de la supervisión [de la ORI], muestran por parte de Sezen un esfuerzo masivo y sostenido durante más de una década para dopar experimentos, manipular y falsificar resonancias magnéticas nucleares [NMR, por sus siglas en inglés], y crear personas y organizaciones ficticias que respondiesen por la reproducibilidad de sus resultados.

Sezen fue declarada culpable de 21 cargos de mala conducta en investigación por parte de la Office of Research Integrity (ORI), perteneciente a la HHS. En un nuevo aviso publicado el 29 de noviembre de 2010, el Registro Federal afirmó que Sezen falsificó, fabricó y plagió datos de investigación en tres publicaciones y en su tesis doctoral. Seis *papers* en los que Sezen aparecía como coautora, junto al profesor de química de la Universidad de Columbia Dalibor Sames, han sido causa de retracto del segundo al no poder ser replicados los resultados. Los hallazgos de la ORI respaldan la propia investigación de Columbia.

El caso Sezen comenzó en el año 2000 cuando la joven estudiante graduada llegó al departamento de química de Columbia. "Ya por aquel entonces, alrededor del 2002, fueron planteadas inquietudes sobre la reproducibilidad de las investigaciones de Sezen, por [parte confidencial] y miembros de fuera de Columbia, de acuerdo con los documentos obtenidos por C&EN a través de una *Freedom of Information Act request* [una solicitud de información basada en la Ley de Libertad de la Información]. Las partes confidenciales [fragmentos o palabras que aparecen con un rectángulo encima que impide que sean leídas] de los documentos están realizadas para proteger la identidad de las personas que hablaron con los investigadores sobre las malas prácticas.

En el tiempo en el que Sezen recibió su doctorado en química bajo la supervisión de Sames, en el 2005, su actividad fraudulenta estaba *in crescendo*. Los informes detallan específicamente cómo Sezen iniciaba sesión en el equipo de espectrometría de resonancia magnética nuclear con el nombre de al menos un antiguo miembro del laboratorio de Sames, entonces fusionaba los datos de la resonancia y usaba fluido de corrección para crear espectros falsos que mostraban los productos de reacción que andaba buscando.

Los informes muestran una imagen de Sezen como una maestra del engaño, una mujer muy a gusto manipulando a sus colegas y supervisores para ocultar su actividad fraudulenta; una mentirosa experimentada que defendía la integridad de sus resultados de investigación ante toda evidencia contraria. La Universidad de Columbia está viendo cómo revocar su docto-rado.

Peor aún, los informes documentan el costo para otros jóvenes científi-cos que trabajaban con Sezen: "Los miembros del [parte confidencial] gas-taron un tiempo considerable en intentar reproducir los resultados de la de-mandada. El comité encontró que el desperdicio de tiempo y esfuerzo así co-mo la responsabilidad de no poder reproducir el trabajo, tuvieron un impacto negativo en las carreras de los tres estudiantes dedicados a esta tarea; a dos de ellos se les pidió que abandonasen la [parte confidencial] y la tercera abandonó al segundo año".

En este asunto, los informes se hacen eco de las personas del laborato-rio de Sames con las que C&EN habló en condiciones de confidencialidad en 2006, cuando el caso se hizo público por primera vez. Estas fuentes descri-bían a Sezen como la "*golden child*" (chica de oro) de Sames, una estudiante brillante, favorecida por un mentor que creía que su intelecto y perspicacia en el laboratorio provocaban la envidia de sus compañeros del equipo de investigación. Los informantes añadieron que era difícil evitar pensar que Sames tomó represalias cuando algunos miembros de su grupo cuestiona-ron la validez del trabajo de Sezen.

Los intentos de llegar a Sezen para tomar su reacción al detalle de los informes no han tenido éxito. Sames tampoco ha respondido a las peticiones de comentarios.

Después de dejar la Universidad de Columbia, Sezen consiguió un nuevo doctorado en biología molecular en la alemana Heidelberg University. En algún momento durante la investigación de Columbia, sin embargo, Sezen desapareció, aunque algunos informes la ubican en la Yeditepe University (Turquía). Su legado de traición, dicen los observadores, sigue siendo uno de los peores casos de fraude científico nunca antes cometido en la comunidad química».

Un comentario de un lector de C&EN (de abril de 2017)[47], ubica a la investigadora en su país natal, Turquía, en la Gebze Teknik Üni-versitesi, aunque tras contraer matrimonio ahora firma como Bengu Erguden (quizá no le vino mal el cambio de apellido para quitarse el lastre de su oscuro pasado).

Scott S. Reuben ≈ 2009

Scott S. Reuben (Estados Unidos, 1958) ejerció en Estados Unidos como médico, profesor e investigador especializado en anestesiolo-gía y medicina del dolor. Entre 1991 y 2009 trabajó como responsable del grupo de dolor agudo en el Centro Médico Baystate de Spring-field.

Durante su carrera publicó numerosos artículos en prestigiosas revistas científicas (alrededor de 30 según PubMed[48]), de los cuales la base de datos de Retraction Watch[49] indexa 25 retirados (con fechas de publicación entre 1996 y 2007).

Tradicionalmente las relaciones entre las farmacéuticas y los profesionales prescriptores han estado envueltas en un aura de sospecha. Este caso no es una excepción: Pfizer financió investigaciones en las que Reuben recomendaba usar productos de esta compañía farmacéutica —algo para nada ilegal si así se indica en los apartados de posibles conflictos de interés—. Algunos lo llegaron a considerar como el Bernard Madoff del dolor, al conseguir mantener el engaño sin sospechas durante más de 12 años[50].

Pero la suerte de Reuben cambió en mayo de 2008, cuando se dispararon las primeras dudas sobre su trabajo a partir de una auditoria rutinaria del propio centro donde trabajaba (Baystate), en la que observaron que el investigador no había solicitado la aprobación para dos de los experimentos que había publicado, lo que dio lugar a la apertura de una investigación.
Las conclusiones finales mostraron que la mayoría de los estudios nunca se habían realizado (eran falsos), que había incluido el nombre de otros investigadores sin su conocimiento, que había incurrido en un conflicto de interés recibiendo dinero de las farmacéuticas y además había recibido subvenciones públicas para investigaciones que nunca realizó de hecho, aunque sí había argumentado que se habían llevado a cabo[51].

Entre marzo de 2009 y septiembre de 2010 fueron retirados 24 artículos (el número 25 fue retirado en noviembre de 2015).
Se declaró culpable ante el tribunal el 24 de febrero de 2010, siendo condenado a seis meses de prisión federal, tres años de libertad condicional, 5000 dólares de multa, decomiso de 50 000 dólares y a devolver de 360 000 dólares. Además, en 2011 la Food and Drug Administration prohibió que Reuben pudiese trabajar en tareas relacionadas con los medicamentos.

Manuel Ferrer ≈ 2009

Hasta ahora no hemos analizado ningún caso de mala conducta científica por parte de un científico español, pero esto no debería servir de indicio a nuestro subconsciente para inferir que en España carecemos de este mal. El país que inventó la picaresca también tiene su ración.

El periodista Joaquim Elcacho[*] accedió cordialmente a enviarme un manuscrito que escribió en 2013 titulado *Fraude científico a la española*[52], donde exponía varios casos de falta de integridad científica entre investigadores asentados en España (país desde donde estoy escribiendo este texto y en el que centramos una pequeña parte de su contenido). Entre los casos citados por Joaquim encontramos el de Manuel Ferrer (reproduzco de forma literal):

«[...]
En octubre de 2009, un equipo internacional liderado por Manuel Ferrer, del Instituto de Catálisis y Petroleoquímica del CSIC publicó en la revista *Science* un estudio en el que aseguraban haber desarrollado una nueva técnica para determinar el reactoma (reacciones metabólicas de una célula) utilizando chips de ARN. El trabajo despertó mucho interés en la comunidad científica y empresas especializadas en el desarrollo de matrices o chips de ADN pero, también, abrió una fuerte polémica después que algunos de los competidores fracasaran en el intento de repetir los resultados propuestos por el equipo de Manuel Ferrer. La revista *Science* pidió información a los equipos implicados y, después de una investigación, fue el propio CSIC quién —en una actuación sin precedentes en España— solicitó la retirada del artículo por considerar que contenía errores muy importantes. El artículo fue retirado oficialmente por *Science* en noviembre de 2010 y aquí paz y después, gloria».

Según publicó *El País* en diciembre de 2010[53], el CSIC abrió un expediente al investigador para decidir si se tomaban o no medidas disciplinarias. De momento Ferrer sigue trabajando para el CSIC en el mismo departamento —si así lo deducimos de la reciente noticia sobre una importante investigación que su equipo publicó sobre la influencia de las bacterias intestinales en la recuperación de las personas con VIH[54].

Una revisión más detallada del caso la encontramos en el blog de Francisco R. Villatoro, en la entrada titulada *Publicado en Nature: Una pena, pero el fraude salpica a investigadores del CSIC en un artículo publicado en Science*. Invito al lector más interesado a su consulta[55].

---

[*]Especializado en comunicación científica y del medio natural. Fue presidente de la Associació Catalana de Comunicació Científica (ACCC) y ha trabajado y trabaja para diferentes medios, aunque lo que actualmente le lleva más tiempo es su labor de coordinación de la sección de naturaleza en el diario *La Vanguardia*.

Andrew Wakefield ≈ 2010

Tendemos a pensar que solamente las grandes investigaciones pueden tener impacto en la sociedad pero a veces, por cuestiones azarosas —habitualmente relacionadas con el eco en algún medio de comunicación—, hasta las más pequeñas pueden desencadenar un terremoto social. Este fue el caso del artículo que Andrew Wakefield (médico británico nacido en 1957) publicó en 1998 en *The Lancet*[56], cuya corrección fue realizada en 2004 (con el acuerdo de 10 de los 12 coautores) y finalmente retirado por completo en 2010.

Wakefield y sus colegas apuntaban en esta publicación a una conexión entre el autismo y la vacuna de sarampión, paperas y rubeola (MMR, por sus siglas del inglés *measles, mumps, rubella*). A pesar de que la muestra del experimento fue de tan solo 12 individuos (una potencia muy baja), el diseño no estuvo controlado y las conclusiones fueron especulativas[57], el estudio tuvo un gran impacto social mundial estimulando un auténtico movimiento antivacunas: padres de todo el mundo dejaron de vacunar a sus hijos, algo que en la práctica ha tenido un impacto en el incremento del número de casos de estas enfermedades en Estados Unidos y Europa[58] y que está trayendo de cabeza a las autoridades sanitarias.

La alarma social creada fue tal que desde el principio muchos investigadores invirtieron sus esfuerzos en estudiar en profundidad esta relación, concluyendo que los hallazgos iniciales carecían de fundamento. No obstante, aunque durante años la disyuntiva estuvo sobre la mesa, el punto álgido del escándalo no se dio hasta 6 años después de la publicación (2004), en parte gracias al concienzudo trabajo de investigación periodística de Brian Deer (para *Sunday Times*), quien aportó gran parte de los datos que posteriormente usaron editores y comisiones para las investigaciones entre los años 2004 y 2010 —incluso realizó un reportaje de 45 minutos de duración que ahora está disponible en Youtube—[59]. Fue Brian Deer, por ejemplo, quien descubrió la relación que Wakefield mantenía con los abogados que luchaban contra las compañías de vacunas MMR, quienes le entregaron más de 400 000 libras para sus investigaciones.

Así, tras mediatizarse el caso en 2004, la revista *The Lancet* publicó la retirada parcial del artículo en el que 10 de los 12 coautores afirmaron que los datos para poder establecer una relación causal entre la vacuna MMR y el autismo eran insuficientes. Además, quedó demostrado un conflicto de interés al haber recibido dinero de abogados que estaban sumergidos en casos contra la industria de las vacunas MMR —circunstancia ocultada durante años.

El 28 de enero de 2010 el UK General Medical Council (GMC) publicó su informe final (143 páginas)[60]. En la presentación del informe Surendra Kumer calificó los hechos como «crueles, poco éticos y deshonestos», siendo declarado Wakefiled y sus dos colegas implicados junto a él, John Walker-Smith y Simon Murch, culpables de fraude deliberado (solamente tomaron los datos que se adaptaban a la hipótesis que querían demostrar: falsificaron los hechos). Se consideró demostrado que Wakefield no declaró en la publicación haber recibido fondos de fuentes parciales en la investigación; tampoco obtuvo la aprobación del comité de ética (*Institutional Review Board approval*); mostró un «desprecio insensible por la angustia y el dolor de niños a quienes pagó 5 libras a cambio de muestras de sangre durante la fiesta de cumpleaños de su hijo»[61]. El informe incluye la prueba de más de 30 cargos contra Wakefield.

El 6 de Febrero de 2010 *The Lancet* retiró totalmente el *paper* con la siguiente escueta comunicación (traduzco literalmente del inglés):

«Tras el juicio del panel del UK General Medical Council del 28 de Enero de 2010, quedó claro que varios elementos del artículo de 1998 de Wakefield y otros colegas son incorrectos, contrarios a los hallazgos de investigaciones más recientes. En particular, las afirmaciones en el documento original de que los niños fueron "remitidos consecutivamente" y que las investigaciones fueron "aprobadas" por el comité local de ética ha sido demostrado que son falsas. Por lo tanto, retiramos completamente este artículo del registro publicado».

Finalmente, Wakefield fue expulsado del registro médico del Reino Unido en abril de 2010, y por lo tanto inhabilitado para practicar en ese país la medicina, con una declaración que hacía referencia a la falsificación deliberada de la investigación publicada en *The Lancet*.

Por muy mal que lo hallamos pintado, voy a romper una lanza a favor de Wakefield apuntando que de los aproximadamente 110 *papers* escritos durante su carrera[62], solo dos han sido retirados, una cantidad mínima frente a los 96 de Joachim Boldt (p. 66), los 32 de Jan Hendrik Schön (p. 47), o los 22 de Scott S. Reuben (p. 58).

Aquellos lectores con interés por conocer los detalles más íntimos del caso (desde una perspectiva periodística que no deja títere con cabeza), pueden consultar el dosier que Brian Deer mantiene en su página personal donde incluye regularmente las novedades que van surgiendo; aquí: http://briandeer.com/mmr/lancet-summary. htm —lo consulté por última vez el 1-05-2019.

Anil Potti y Joseph Nevins ≈ 2010

El diario *ABC* titulaba así la noticia la semana que la ORI publicó los resultados de la investigación por mala conducta: *Falseó los datos y proclamó un hallazgo mundial contra el cáncer. La técnica genética de Anil Potti, que nunca funcionó en las pruebas clínicas, pasó el filtro de las revistas científicas*[63].

Anil Potti nació en la India, aunque su carrera como hematólogo y oncólogo la desarrolló en Estados Unidos —cuando surgió el escándalo trabajaba en la Duke University (Durham, Carolina, Estados Unidos)—. Joseph Nevins fue su mentor en la Duke University y colaborador necesario en las malas prácticas que Potti realizó. Conozcamos la historia del caso.

En 2006, el postdoc Potti y su supervisor Nevins esperanzaron al mundo con un aparente descubrimiento que revolucionaba la genómica del cáncer, consiguiendo adaptar con precisión los medicamentos de quimioterapia a ciertos tumores, «lo que permitiría detectar a tiempo el mal y acertar en la quimioterapia con apenas un 10 % de margen de error»[64]; lo publicaron en la revista *Nature Medicine*[65].

La polémica no tardó en surgir. En 2007 los investigadores del MD Anderson Cancer Center, Keith Baggerly y Kevin Coombes , encontraron serias inconsistencias en los análisis estadísticos publicados. Informaron a la Duke University pero estos no observaron anomalías en las publicaciones, permitiendo a Potti y Nevins continuar con sus investigaciones y ensayos clínicos en humanos. A pesar de la indiferencia de la Duke, Baggerly y Coombes no se amilanaron y en 2009 publicaron los argumentos y análisis que les habían conducido a alertar a las instituciones; la publicación fue realizada en la misma revista que dio soporte al artículo original (en *Nature Medicine*) —para poner sal al asunto ☺.

Antes de esa publicación, en 2008, un estudiante del laboratorio de Potti y de Nevins, Bradford Perez, envió un informe a los responsables de la universidad indicando, entre otras malas prácticas, los indicios que había obtenido sobre comportamientos que iban contra la integridad en investigación en los análisis estadísticos de Potti, «informe que la universidad no consideró demasiado importante»[66].

Para añadir más leña al fuego, en Julio de 2010 fue descubierto (Paul Goldberg publicó el hallazgo en la revista *The Cancer Letter*), que Potti había incluido en su currículum de años atrás ser poseedor de la prestigiosa beca Rhodes, algo que era falso pero le sirvió para recibir otras ayudas posteriores[67].

Pero no es hasta 2010 (el 26 de julio) cuando la revista *The Lancet: Oncology* publica la primera expresión de preocupación sobre un artículo en el que Anil Potti aparece como coautor[68]. En noviembre de ese mismo año dejó voluntariamente su trabajo en la Duke University asumiendo todas las responsabilidades de las malas prácticas realizadas[69].

Un aspecto que llamó mi atención durante la documentación del caso fue que Anil Potti contratase alrededor del 2011 una empresa para limpiar su reputación *online*. Generaron contenido positivo sobre su carrera[70], por ejemplo, creando su perfil en redes sociales para generarle excelentes comentarios; aunque lo más llamativo fueron los métodos oscuros que utilizaron para borrar publicaciones en Wordpress que Retraction Watch* —por aquel entonces estaba en sus inicios— había realizado sobre el caso.

En 2011 pacientes con cáncer y los familiares de pacientes fallecidos presentaron una demanda contra la Universidad de Duke por ensayos clínicos basados en datos erróneos[71].

El caso saltó definitivamente a la opinión pública a partir de su aparición en el programa de la CBS *60 minutos*, donde se daba cuenta puntual de los detalles del caso así como de las declaraciones de pacientes de cáncer que se habían visto afectados[72].

Finalmente, en 2015 la ORI publicó su informe respecto al caso, encontrando evidencia sobre la falsificación de datos en sus investigaciones[73]; el investigador «ni admitió ni desmintió tales comportamientos», según el informe.

En resumen, como sintetizaba el artículo del diario *ABC* mencionado en las notas del principio:

---

*Vemos más sobre Retraction Watch en el Capítulo E, p. 201.

«[...]
Frente a las conclusiones presentadas por Potti de que seis de los 33 pacientes habían respondido favorablemente a sus pruebas, la realidad es que solo experimentó con cuatro personas, y con ninguna de ellas hubo resultados positivos. [...] Una vez en la picota, el investigador dimitió de su puesto en la universidad. Pero la Oficina federal tan solo le obligó mediante acuerdo a no trabajar en investigaciones oficiales durante cinco años, periodo que vence ahora. Un castigo que al mundo científico y médico y, sobre todo, a los pacientes que se sometieron a las pruebas, les pareció insignificante. Incluido el hecho de que pese a haber acumulado reprimendas de los colegios médicos de Carolina del Norte y Misuri, Anil Potti logró un puesto al año siguiente en un centro del cáncer de Dakota del Norte, donde se niega a hablar del asunto».

La base de datos de Retraction Watch indexa 14 artículos retirados o con correcciones o con expresión de preocupación en los que Anil Potti aparece como coautor[74].

Joachim Boldt ≈ 2010

Joachim Boldt (Alemania, 1954), es un anestesiólogo considerado durante años líder en el tratamiento con coloides. Sus técnicas y hallazgos en la gestión de los fluidos intravenosos fueron publicados ampliamente en multitud de revistas[75]. ¡Ojo!, estamos ante el segundo investigador del mundo con más publicaciones retiradas.

El caso comenzó a forjarse cuando un lector de *Anesthesia and Analgesia* alertó sobre anomalías encontradas en uno de los estudios de Boldt publicados en la revista[76]; los editores no tardaron en actuar, contactando rápidamente con la Rhineland State Medical Association (a la que pertenecía Boldt) y con el propio Boldt, que no aportó pruebas ni respondió.

En noviembre de 2010 Boldt fue suspendido de su plaza en el Klinikum Ludwigshafen (el hospital alemán donde trabajaba).

En diciembre de 2010 la revista *Anesthesia and Analgesia* publicó la retirada del artículo que desencadenó la tormenta[77]. Según el texto de la comunicación de retirada (parafraseo a continuación), a las pocas semanas de la publicación del artículo numerosos lectores enviaron cartas al editor poniendo bajo sospecha algunos datos mostrados en el artículo (la variabilidad en el ensayo de citoquinas era demasiado baja). Ante el caso, los editores contactaron con el autor pero no recibieron respuesta. Así, enviaron información del caso (en mayo de 2005) al órgano supervisor (Landesärztekammer Rheinland-Pfalz — LÄK).

Tras varios meses de investigación (octubre de 2005) la comisión del LÄK envió al editor sus conclusiones, determinando que: no se había dado la autorización al experimento por parte de ningún comité de ética (Institutional Review Board); no se había solicitado el consentimiento informado a los participantes; no hubo un proceso de asignación al azar y tampoco un cuestionario *follow-up* cuando en la publicación se afirmó la realización de todos estos procesos. Estas razones se consideraron suficientes para la retirada total del artículo.

Además, —describe el editor en el texto de la comunicación— la principal preocupación recaía sobre si los datos presentados habían sido fabricados. Demostrar que no han sido fabricados es muy sencillo —afirmaban— (aportando los registros médicos, cuadernos de laboratorio, ficheros...), pero en el momento de escribir la retirada del artículo el profesor Boldt no había proporcionado información adicional al comité de la LÄK, aunque según los propios hallazgos de esta, el artículo era fraudulento al mostrar numerosas representaciones falsas, pudiéndose pensar que el estudio nunca fue realizado.

En febrero de 2011 Boldt fue despojado de su título de catedrático de la Universidad de Gieseen por «fallos en la enseñanza».

Las investigaciones posteriores han dado como consecuencia la retirada de diversas publicaciones más por diferentes motivos (por ejemplo, fue descubierto que el equipo de Bolt recibió fondos de fabricantes de hidroxietil almidón, el coloide que se defendía con más fuerza en las publicaciones, entre los que se incluían B. Braun, Baxter y Fresenius Kabi[78]) alcanzando actualmente el número de 97 publicaciones retiradas —la última que veo mientras escribo esta edición es del 21 de marzo de 2019[79].

Acualmente ocupa la posición número 2 en el Retraction Wacth Leaderboard[*] solamente precedido por Yoshitaka Fujii (con 183 publicaciones).

Para aquellos lectores más interesados en el caso, los chicos de Retraction Watch han dado una cobertura especial en su web escribiendo numerosas entradas[80]; en su base de datos, como es habitual, podemos consultar el listado de todos los artículos con alguna incidencia[81].

---

[*]Qué es el Retraction Watch Leaderboard lo vemos en el Capítulo E (p. 203).

Diederik Alexander Stapel ≈ 2011

Durante los días que estuve documentado el caso de Stapel, las remembranzas a mi etapa de investigador en el equipo del catedrático Salvador Ruiz de Maya (vemos el caso en la página 91) fueron constantes. Era inevitable pensar en Ruiz de Maya mientras leía cómo el propio Stapel narraba el ritual que cada noche seguía para fabricar los datos del experimento de turno. Por este paralelismo y por ser Stapel psicólogo social, disciplina que ocupa mi devoción en los últimos años, este caso me tiene emocionalmente conectado ☺. Comencemos sin más.

El 24 de abril de 2011 los habitantes de Tilburg, la sexta ciudad más poblada de los Países Bajos, se despertaron orgullosos con la noticia[82]: un científico de su universidad, Diederik Stapel, había conseguido publicar un artículo en la prestigiosa revista *Science*[83]. Lo que pocos preveían aquel día es que tan solo medio año después, el laureado sería desterrado por sus engaños a la comunidad académica —y a la sociedad— durante años[84].

Stapel nació (1966) y desarrolló su carrera en Holanda. Se graduó en psicología y comunicación (University of Amsterdam), obteniendo el doctorado en psicología social en 1997. Entre 2000 y 2006 trabajó en la University of Groningen y luego pasó a la Tilburg University, donde en 2006 fue fundador del Tilburg Institute for Behavioral Economics Research (TIBER), del que llegó a ser el decano a partir de septiembre de 2010.

Entre 1995 y 2015 publicó alrededor de 150 artículos en revistas científicas*, incluyendo la revista *Science* en 2011, muchos de los cuales finalmente resultaron ser fraudulentos. Actualmente aparecen 58 como retirados en la base de datos de Retraction Watch (escritos desde 1996 hasta 2011)[85], la mayoría de ellos por falsificación y fabricación de datos pero también por otras causas como conflicto de interés o procedimientos criminales. Stapel era un profesor premiado y de gran prestigio, incluso en 2009 recibió el premio a la trayectoria profesional de la Society of Experimental Social Psychology, pero eso fue antes de desaparecer el velo.

Como leemos en el artículo periodístico de Yudhijit Bhattacharjee en *The New York Times*[86], los rumores sobre los métodos de Stapel nacieron ya en su época en la Universidad de Groningen. Como supervisor de tesis doctorales, Stapel adquirió la costumbre de realizar él

---

*La comisión de investigación listó 137 en su informe final.

mismo la recogida de datos de los experimentos que planificaba con sus colaboradores, a quienes finalmente les entregaba una base de datos con los cuestionarios recogidos —algo a lo que sus alumnos de doctorado parecía no importarles e incluso veían con buen agrado—. Stapel solía decirles que pasaba los cuestionarios a un grupo de chicos de alguna facultad donde un profesor amigo suyo daba clase, en alguna otra ciudad o en distintos sitios a los que solo él accedía el día de la recogida. La práctica indudablemente levantaba sospechas pero por aquel entonces nadie parecía darle mayor importancia.

Alrededor de 2010 el profesor Ad Vingerhoets (psicólogo social en la Universidad de Tilburg) le pidió colaborar en un experimento para el que Stapel siguió su procedimiento habitual: se encargó de la recogida de datos y posteriormente envió a Vingerhoets directamente los resultados de los análisis. Durante la escritura del artículo Vingerhoets tuvo algunas inquietudes, preguntándose, por ejemplo, si podían existir diferencias entre sexos en el experimento; para aclarar sus dudas y no cargar con más trabajo a Stapel, le pidió la base de datos, a lo que Stapel respondió con excusas para no entregársela. Vingerhoets sospechó de la reacción y llegó a preguntarse si Stapel, como decano, le estaría poniendo a prueba. Comentó el tema con un viejo profesor quien le dijo: «¿Realmente crees que alguien con el estatus de Stapel necesita falsificar los datos?». En aquel momento Vingerhoets decidió no dar más publicidad a la cuestión[87].

También en 2010, durante la primavera —según narra el artículo de Bhattacharjee—, un estudiante de doctorado se percató de ciertas anomalías en tres experimentos que Stapel había realizado para él. Cuando el estudiante le pidió los datos brutos Stapel le dijo que ya no los tenía, lo que provocó cierta preocupación en el estudiante que comentó el tema a un joven profesor del departamento con quien mantenía amistad.

El joven profesor, movido también por la curiosidad, decidió involucrarse especialmente. Para obtener datos de primera mano comenzó a implicarse en el grupo de Stapel hasta que consiguió realizar un experimento juntos. A principios de febrero de 2011, Stapel informó al joven profesor de que ya había realizado la recogida de datos y que la hipótesis que deseaban verificar era estadísticamente significativa; pero cuando el joven profesor recibió y analizó los datos facilitados por Stapel observó serias inconsistencias que parecían confirmar las sospechas de fraude.

El profesor consultó a un colega sénior de Estados Unidos sobre qué hacer, y aquel le recomendó que no lo denunciase, pero el estudiante que alertó al joven profesor, junto a otro que había comprobado también inconsistencias en los datos, se negaron a ocultar el descubrimiento y decidieron informar (a finales de agosto de 2011)[88] a Marcel Zeelenberg —director del Departamento de Psicología Social de la Universidad y amigo íntimo de Stapel desde que estudiaron juntos el doctorado—, aunque con el temor de que el director pudiera silenciar el fraude.

Muy pocos días después de ser informado Zeelenberg contactó con Stapel para que fuese a visitarle a su casa, ya que «tenía algo muy importante que contarle». Al describirle las pesquisas que otros habían averiguado el investigador acusado negó a su amigo toda culpa, aunque a pesar de ello, ese mismo fin de semana Zeelenberg informó al rector de la Universidad —también amigo de Stapel (a menudo jugaban al tenis juntos)—, quien no tardó en contactar con Stapel para que acudiese a su casa y contrastar el tema. Tras cinco horas de conversación el rector no quedó convencido de la inocencia de Stapel y decidió entrevistarse con los tres *whistleblowers*[89] que habían destapado el caso. A los pocos días Stapel confensó a sus amigos su culpabilidad; una semana después, el 7 de septiembre de 2011, la Universidad lo suspendió de trabajo y realizó una conferencia para anunciar los hechos y la apertura de una comisión de investigación[90].

Los responsables de coordinar el caso establecieron un comité de investigación con miembros de las tres universidades con las que Stapel había tenido relación (Tilburg University, University of Amsterdam y University of Groningen), que estaría coordinado por el equipo de Tilburg University —donde Stapel trabajaba por entonces—, para estudiar todas las publicaciones que el investigador había realizado, incluyendo capítulos de libro y tesis doctorales. Además, a los tres comités se incorporó un cuarto formado por expertos en estadística para dar su conocimiento especializado y agilizar los análisis de las publicaciones.

Un detalle que me llamó mi atención durante la documentación del caso, quizá indicativo de la importancia y trascendencia con la que fue considerado el tema, fue el estatus de los responsables de cada uno de los tres comités. Por parte de la Universidad de Tilburg se nombró como presidente a W. J. M. Levelt, director emérito del Max Planck Institute for Psycholinguistics y anterior presidente de la Royal Netherlands Academy of Arts and Sciences; la comisión de la Universidad de Groningen estuvo liderada por E. Noort, profesor emérito, antiguo decano y miembro del panel de la Royal Netherlands Academy of Arts and Sciences y presidente del Comité de Integridad Científica de la Universidad de Groningen; y la de la Universidad de Amsterdam la lideró P. J. D. Drenth, antiguo rector de la Universidad de Amsterdan y antiguo presidente de la Royal Netherlands Academy of Arts and Sciences.

El lunes 31 de octubre de 2011 (menos de dos meses después de ser informado el caso al rector) el comité publicó un informe preliminar (21 páginas) analizando los acontecimientos. En el documento se mencionaba que tres jóvenes investigadores (cuyos nombres se mantendrían en el anonimato) actuaron como *whistleblowers* dando la voz de alarma sobre las posibles lagunas de integridad científica de los trabajos de Stapel. *whistleblower*El informe, aun siendo de forma preliminar, concluía que Stapel había cocinado los datos de al menos 30 publicaciones y ponía también en tela de juicio su tesis doctoral. En cuanto a las tesis dirigidas que contenían datos fraudulentos, eximía de toda responsabilidad a los doctorandos de las mismas, así como también eximía a todos los coautores de los artículos publicados. La comisión seguiría investigando en profundidad hasta conseguir limpiar el registro científico y determinar las responsabilidades de Stapel[91].

Ese mismo día Stapel admitió a través de un comunicado en el periódico *Brabants Dagblad*[92] haber fabricado (o inventado: *made up*) investigaciones durante años. Stapel realizó en el comunicado afirmaciones tales como: «Estoy avergonzado de esto y lo siento profundamente»; «he fracasado como científico, como investigador»; «no pude soportar la presión de ganar puntos, de publicar, de tener que ser siempre el mejor»; «quería demasiado, demasiado rápido. Y en un sistema donde hay poco control, donde la gente trabaja sola muy a menudo, tomé el camino equivocado»[93].

En menos de dos semanas, el 9 noviembre de 2011, Stapel, por propia iniciativa, renunció a su doctorado (alcanzado en la University of Amsterdam) declarando: «El comportamiento que he tenido en estos años es inconsistente con los deberes asociados a un doctor»[94].

A los dos meses de la publicación del informe preliminar, el 2 de diciembre de 2011, la revista *Science* publicó el retracto (*retracted*) del artículo publicado por Stapel junto a su colega S. Lindenberg a penas 8 meses antes; el retracto indicaba que el primero pedía disculpas y el segundo no estaba envuelto de forma alguna en el fraude, estando ambos de acuerdo con retractarse de la publicación.

En noviembre de 2012, unas semanas antes de la publicación del informe final, el protagonista de la historia publicó el libro *Ontsporing* (palabra neerlandesa que en español significa *descarrilamiento*)[95]. Entre sus páginas Stapel da a entender que la psicología experimental es en realidad un teatro. En el libro narra cómo con el paso del tiempo fue capaz de prever con bastante acierto aquello que funcionaba y no funcionaba en la experimentación, conociendo exactamente qué botones tenía que girar (qué experimento montar) para hacer aparecer o desaparecer un efecto en una investigación experimental. «En realidad daba igual la hipótesis que quisiera demostrar, ya que siempre encontraría el experimento (o análisis de datos) adecuado para confirmarla» —afirma.

El 28 de noviembre de 2012, tras un año de investigaciones, el informe final fue publicado[96]. Según afirmó el propio Philip Eijlander, rector de la Universidad de Tilburg, en el discurso de presentación del informe, las investigaciones habían arrojado un total de 55 publicaciones fraudulentas aunque además existían otras siete publicaciones (de la época de Amsterdand) con fuertes indicaciones de fraude. Existían tesis doctorales que contenían capítulos fraudulentos, aunque los doctorandos fueron eximidos de toda culpa; también fueron eximidos de culpa los coautores que habían publicado junto a Stapel, que en la mayoría de los casos aceptaban los datos sin la mínima duda por el prestigio (y poder) que Stapel tenía. Como dijo el propio rector en el discurso, «esto significaba que durante más de 15 años Stapel había estado realizando fraude en investigación sin que los mecanismos de la academia hubiesen sido capaces de detectarlo»[*].

Durante todo este tiempo los chicos de Retraction Watch han hecho una cobertura concienzuda del caso escribiendo unos 50 *posts* sobre él[97] —sobre todo cada vez que alguno de sus *papers* ha sido retirado—. Actualmente[**], son 58 los artículos que la base de datos de Retraction Watch indexa con Stapel como autor o coautor[98].

Finalmente, me gustaría incluir algunos fragmentos del artículo periodístico que Yudhijit Bhattacharjee escribió en 2013 tras convivir unos días con Stapel y entrevistarse con muchos de los implicados

---

[*]El informe del comité es un documento de un valor incalculable, por su integridad, por su organización y por servir de ejemplo de buen hacer. No voy a realizar más comentarios aquí sobre él; creo que merece ser tratado en una publicación aparte, así que te emplazo o bien a leerlo directamente (disponible en Levelt Committee of Tilburg University, 2012) o bien a esperar esa publicación futura que haré sobre él ☺.

[**]Fecha de la consulta el 23 de febrero de 2019.

en el caso; creo que puede ser interesante ponerse por unos instantes en la piel del *manipulador*. Como dije anteriormente, habitualmente las cosas no son blancas o negras sino que tenemos matices infinitos (al menos si nos consideramos en el dominio analógico), e incluso la misma cosa *objetiva* puede ser percibida de distinta forma según el ángulo desde el que la miremos, o incluso según el día o la hora a la que lo hagamos. Traduzco literalmente del inglés:

«[...]

[Stapel] insistió en que amaba la psicología social pero se había sentido frustrado por el desorden de los datos experimentales, que rara vez conducían a conclusiones claras. Su obsesión de por vida con la elegancia y el orden, dijo, lo llevó a confeccionar resultados elegantes que las revistas encontraban atractivos. "Era una búsqueda de la estética, de la belleza, en lugar de la verdad", dijo. Describió su comportamiento como una adicción que lo llevó a realizar actos de fraude cada vez más audaces, como un drogadicto que busca un lugar más grande y mejor.

En sus primeros años de investigación, cuando supuestamente recopiló datos experimentales reales, Stapel escribió artículos que presentaban relaciones complicadas y desordenadas entre múltiples variables. Pronto se dio cuenta de que los editores de revistas preferían la simplicidad. "En realidad te están diciendo: 'Deja esto fuera. Hazlo más simple', me dijo Stapel. En poco tiempo se esforzaba por escribir artículos elegantes.

[...] El experimento, y otros similares, no le dieron a Stapel los resultados deseados, dijo. Tuvo la opción de abandonar el trabajo o rehacer el experimento. Pero ya había pasado mucho tiempo en la investigación y estaba convencido de que su hipótesis era válida. "Dije: ¿sabes qué?, voy a crear el conjunto de datos", me dijo.

Sentado en la mesa de su cocina en Groningen, comenzó a escribir números en su computadora portátil que le darían el resultado que quería. Sabía que el efecto que estaba buscando tenía que ser pequeño para ser creíble; incluso los experimentos de psicología más exitosos rara vez producen resultados muy significativos. La matemática tenía que hacerse en orden inverso: los puntajes de atractivo individual que los sujetos obtenían en una escala de 0-7 tenían que ser tales que Stapel obtendría una pequeña pero significativa diferencia en los puntajes promedio para cada una de las dos condiciones que comparaba. Compuso puntuaciones individuales como 4, 5, 3, 3 para sujetos a los que se les mostró la cara atractiva. "Traté de hacerlo al azar, lo que, por supuesto, fue muy difícil de hacer", me dijo Stapel.

Al hacer el análisis al principio Stapel terminó obteniendo una diferencia entre condiciones mayor que la ideal. Volvió y retocó los números otra vez. Tomó unas pocas horas de prueba y error repartidas en unos pocos días para obtener los datos correctos.

Dijo que se sentía terrible y aliviado. Los resultados se publicaron en *The Journal of Personality and Social Psychology* en 2004. "Me di cuenta de que podemos hacer esto", me dijo.»

El informe final de la comisión sentenció: «No solo Stapel fue quien falló, sino la comunidad científica en su conjunto»[99].

Tras el escándalo Stapel abandonó por un tiempo la vida académica, luego intentó regresar en posiciones menos expuestas a la opinión pública pero no tardó en ser rechazo por el sistema. Últimamente se ofrece como consultor —aunque quizá, habiendo demostrado ser un tipo listo, pueda estar viviendo del sueldo de la mujer, activista política (miembro del partido liberal D66) en el área de cultura de la ciudad de Tilburg[100] ☺. Podemos seguirle la pista en su web: www.diederikstapel.com.

Marc D. Hauser ≈ 2011

El biólogo evolucionista Marc D. Hauser (nacido en 1959 en Estados Unidos) es uno de esos genios —en varios momentos durante el ensayo comento que la genialidad no es incompatible con el engaño— que en algún punto de su carrera tuvieron la debilidad de mentir. Entre 1998 y 2011 fue profesor de la Universidad de Harvard. Con más de 200 publicaciones en revistas académicas durante su carrera —en sus años más prolíficos llegó a escribir un artículo por mes—, Google Scholar indica que sus artículos cuentan con 64 131 citas recibidas[*]. Ha sido coautor de trabajos junto a Noam Chomsky y en internet «se le puede ver compartido escenario» en conferencias incluso junto a Antonio Damasio. En una de sus diferentes líneas de investigación defendía que los animales tenían habilidades cognitivas que a menudo se pensaba que eran únicamente de humanos. Veamos el caso.

Las primeras sospechas de fraude las encontramos en 2007, aunque no fue hasta 2011 cuando el escándalo tuvo su punto álgido (que llegó a ser nombrado por algunos conocido como el *Hausergate*). La voz de alarma fue dada por un grupo de los propios estudiantes de Hauser a través de una carta a la dirección de Harvard, en la que mostraban su desacuerdo con los métodos utilizados por su investigador

---

[*] Cifra muy probablemente errónea: la primera publicación más citada que aparece en su lista, con 22 000 citas, realmente no es suya, sino de Noam Chomsky, por lo que supongo que estas citas Google se las está asignando a él —Google Scholar no es perfecto—; no obstante, su primera publicación cuenta con 5251 citas y la segunda con 2062, que tampoco está mal.

principal en cuanto a la interpretación de los experimentos realizados con los animales. Esta carta motivó la investigación de las publicaciones que Hauser había realizado desde el año 2002[101].

El 10 de agosto de 2010 el periódico *The Boston Globe* informó de que Harvard había encontrado evidencia de mala conducta en investigación por parte de Hauser. Este fue el momento en el que el escándalo, tratado de forma confidencial hasta entonces, saltó a la luz pública.

El 20 de Agosto de 2010 el decano de la Faculty of Arts and Sciences de Harvard, Michael D. Smith, ratificó en una carta abierta[102] la veracidad de la información publicada por el periódico, confirmando la investigación y el hallazgo de mala conducta científica contra el profesor del departamento de psicología Marc Hauser, identificando ocho casos de mala conducta en tres artículos publicados. Al ser investigaciones financiadas con fondos federales la ORI había iniciado también una investigación del caso.

El 7 de julio de 2011 Hauser renuncia a su puesto de profesor en Harvard[103], tras una votación entre sus compañeros de departamento en la que decidieron que no deseaban que continuase impartiendo clase. En la carta de renuncia dejó abierta la posibilidad de regresar una vez que los resultados de la investigación abierta por la ORI fuesen publicados. El hecho es que en aquel momento solamente uno de los artículos en entredicho había sido retirado (según Hauser, porque hubo un problema puntual con uno de los ordenadores durante el análisis de los datos); otros dos experimentos puestos en duda fueron replicados por Hauser, por lo que quedaron fuera de discusión. El investigador reconocía que había cometido errores, pero no admitía que hubiese sido una mala conducta deliberada, sino que los errores estuvieron motivados por «tratar de hacer demasiado» y «dejar los detalles importantes fuera de mi control»—afirmaba[104].

El 5 de septiembre de 2012 fueron presentadas las conclusiones finales de la investigación de la ORI. El informe revelaba que Hauser había fabricado, falsificado datos y hechas falsas afirmaciones en seis estudios financiados por los fondos federales. Gerry Altmann, editor de *Cognition*, la revista donde apareció el *paper* retirado, afirmaba: «Es triste que Hauser aún no admita los cargos que se han encontrado en su contra cuando parece que acepta que las pruebas existen y son legítimas».

En 2014 el *The Boston Globe*, gracias a una petición basada en la Ley de Libertad de Información de Estados Unidos, tuvo acceso a los informes que Harvard y la ORI habían realizado en los que se ponía en evidencia que las prácticas de Hauser «no fueron una simple negligencia[105]».

El informe de Harvard fue enviado a la ORI en 2010 pero fue mantenido bajo confidencialidad hasta esta fecha. Me gustaría detenerme un poco él para tomarlo como ejemplo del nivel de profundidad en investigación al que llegan las instituciones con experiencia en el tratamiento de casos de mala conducta —saber qué hacen en los distintos países y en distintas instituciones para lidiar con las malas prácticas de investigación es uno de los objetivos de este ensayo—, por lo que paso a transcribir algunas de las partes más interesantes del artículo periodístico que lo analiza (traduzco literalmente del inglés):

«[...]

El informe, de 85 páginas, detalla las instancias en las que Hauser cambió datos para que mostraran los efectos deseados. Más de una vez rechazó o minimizó las preguntas y preocupaciones de las personas de su laboratorio sobre cómo se obtuvieron los resultados. El informe también describe "un patrón perturbador de tergiversación de resultados y sombreado de la verdad" y un "desprecio imprudente por los estándares científicos básicos".

Un comité de tres miembros de Harvard revisó 40 discos duros internos y externos, entrevistó a 10 personas y examinó vídeos originales y archivos en papel que les llevaron a concluir que Hauser había manipulado y falsificado datos.

[...] En un artículo de 2002 publicado en la revista *Cognition*, ahora retirado, el video de los monos expuestos a dos patrones diferentes de sílabas nunca mostró a los animales expuestos a uno de los conjuntos específicos de patrones de sílabas que se informaron en el documento. Hauser sugirió una serie de explicaciones alternativas para el problema, incluida la posibilidad de que la cinta hubiera sido manipulada, que fueron cuidadosamente consideradas y rechazadas por el comité.

En 2005, Hauser y sus colegas hicieron un análisis estadístico de un experimento en el que los monos respondían a dos idiomas artificiales. En un análisis estadístico posterior, un individuo anónimo que usaba los datos en bruto obtuvo resultados muy diferentes.

El comité reconstruyó minuciosamente el proceso de análisis de datos y determinó que Hauser había cambiado los valores, haciendo que el resultado fuera estadísticamente significativo (un criterio importante que muestra que los hallazgos probablemente no se deben al azar).

Por ejemplo, después de analizar los datos de un experimento en 2005, los resultados inicialmente no fueron estadísticamente significativos. Después de que Hauser informara a un miembro de su laboratorio de esto por correo electrónico, escribió un segundo correo electrónico diciendo: "Para los caballos. Creo que [hice algo mal] en la codificación. Déjame volver a intentarlo".

Después de corregir ese problema, concluyó que el resultado era estadísticamente significativo.

Según el informe de Harvard, cinco muestras (*data points*) habían cambiado con respecto al archivo original, y cuatro de los cinco cambios apuntaban a hacer que el resultado fuera estadísticamente significativo.

En un segundo experimento relacionado, un colaborador solicitó que se volviera a ejecutar el análisis porque él (o ella) habían obtenido resultados muy diferentes al analizar los datos sin procesar. Hauser envió una hoja de cálculo que dijo que era simplemente una versión reformateada. Al recibirla, el colaborador hizo otra hoja de cálculo resaltando qué valores aparentemente habían sido alterados.

Hauser entonces escribió un correo electrónico sugiriendo que todo el experimento debía ser recodificado desde cero. "Bueno, en este punto me rindo. Ha habido tantos errores, no sé qué decir... Nunca había visto tantos errores, y esto es realmente decepcionante", escribió.

Al defenderse durante la investigación, Hauser citó ese correo electrónico, sugiriendo que era una prueba de que no estaba tratando de alterar los datos, pero el comité no estuvo de acuerdo. "Estas pueden no ser las palabras de alguien que intenta alterar los datos, pero ciertamente podrían ser las palabras de alguien que haya alterado previamente los datos: habiendo sido confrontados con una hoja de cálculo resaltada en rojo que mostraba las alteraciones anteriores, tenía más sentido proclamar su decepción sobre los 'errores' y sugerir recodificar todo que, por ejemplo, sentarse a comparar conjuntos de datos para ver cómo ocurrieron los 'errores'", señala el informe.

En 2007, un miembro del laboratorio quería recodificar un experimento que involucraba el comportamiento del mono rhesus, debido a "inconsistencias" en la codificación.

"Estoy un poco enojado aquí. ¡No hubo inconsistencias! " Respondió Hauser, explicando cómo se realizó un análisis.

Después de ese día la persona renunció al laboratorio. "Desde hace mucho tiempo está cada vez más claro que mis intereses han estado divergiendo mucho de lo que hace el laboratorio, y parece ser un lugar cada vez más inapropiado e incómodo para mí", escribió la persona.

El comité dijo que consideró cuidadosamente la afirmación de Hauser de que las personas en su laboratorio conspiraron contra él, debido a la rivalidad académica y el descontento, pero no encontraron evidencia para apoyar la idea.

El comité también reconoció que muchos de los hallazgos generales de Hauser sobre las capacidades cognitivas de los animales pueden mantenerse. Los resultados que mostraban que los animales pueden tener algunas de las mismas capacidades cognitivas que las personas han sido importantes para el campo. Pero la ciencia depende de los datos.

"El escepticismo dirigido sobre todo a la veracidad de las hipótesis de uno es una virtud esencial para los científicos, por supuesto", escribió el comité, "y una que debe ser modelada en beneficio de los aprendices"».

Actualmente[*] la base de datos de Retraction Watch solamente indexa un artículo retirado[106], cuyo retracto fue solicitado por el mismo Hauser[107].

Según su perfil en ResearchGate[**], M. D. Hauser es presidente y CEO de Risk-Eraser, LLC —la organización ayuda a las escuelas a transformar el aprendizaje y la toma de decisiones de los niños en riesgo a través de estrategias basadas en la evidencia de las ciencias de la mente y del cerebro—; además, sigue investigando en su campo científico y publicando de forma independiente (el último *paper* publicado en diciembre de 2018).

Juan Carlos Mejuto ≈ 2011

Juan Carlos Mejuto es otro de los casos que encontré referenciado en el artículo de Joaquim Elcacho que cité páginas atrás (en el caso de Manuel Ferrer, p. 59).

Mejuto (según su perfil en Linkedin) estudió Ciencias Químicas en la Universidad de Santiago de Compostela (1992), donde también obtuvo el doctorado. En 1996 comenzó su etapa en la Universidad de Vigo donde desde 2009 es catedrático e imparte «docencia en materias relacionadas con la Química y la Química Física». En Google Scholar su artículo más citado es del 2008, con 866 citas; cuenta con unos 181 trabajos indexados, un índice i10 de 95 y 4772 citas recibidas[***]. Esta vez nos enfrentamos a un caso de plagio. Veamos.

Según algunas fuentes[108] el caso de malas prácticas en el que Mejuto estuvo envuelto fue denunciado el 29 de marzo de 2011 por el investigador Luis Muñoz (curiosamente decano de la Facultad de

---

[*] 25 de febrero de 2019.

[**] Ver https://www.researchgate.net/profile/Marc_Hauser.

[***] Para tener una referencia sobre si el índice y las citas son pocas o muchas habitualmente tomo una referencia conocida, por ejemplo, la de mi director de tesis, Salvador Ruiz de Maya. Su artículo más citado cuenta con 551 citas; tiene indexadas 139 publicaciones que reciben 3649 citas y le otorgan un índice i10 de 45.

Química de la Universidad de Vigo —aquí debía haber una historia soterrada—), y saltó a la luz pública en mayo de 2011[109]. Copio aquí directamente la síntesis que sobre el caso hizo Elcacho:

«[...]

Los editores habían descubierto que buena parte de dichos escritos eran "idénticos a otros artículos, de investigadores distintos, publicados con anterioridad". En concreto, se repetían frases enteras de unos estudios publicados en 2007 y 2009 por investigadores chinos; es decir, algo que la Real Academia de la Lengua denominaría directamente como plagio. Mejuto asumió la responsabilidad aduciendo que se había tratado de un error informático cometido durante el proceso de redacción de los artículos.

Según él, su trabajo había sido redactado tomando como modelo los estudios chinos y a la hora de la verdad se enviaron a la revista científica unos borradores equivocados. La supuesta pifia llamó la atención del diario alemán Frankfurter Allgemeine Zeitung poco después de que muchos medios comunicación españoles criticaran al ministro de Defensa de aquel país dimitido después de descubrirse que había plagiado una parte de su tesis doctoral. El desenlace del caso Mejuto fue algo diferente (a la española, es decir, no hubo dimisiones).

El informe presentado por la comisión de expertos dejaba claro que se trataba de un caso de "evidente mala practica investigadora, acumulándose sucesivos errores y negligencias impropias de investigadores de calidad". Pese a ello, en el apartado de conclusiones, la comisión se limitaba a indicar que un caso como este, "debe conducir a una reflexión seria sobre los códigos éticos y las buenas prácticas investigadoras", recordando que el gobierno español se comprometió a crear un comité de ética de la investigación. La única sanción conocida ha sido la decisión de la revista afectada de no aceptar artículos de los autores implicados durante dos años».

La editorial zanjó la historia con sendas correcciones en ambos artículos el 9 de febrero de 2011[110].

El mismo año de la corrección, lejos de suponer el incidente una mancha en el historial de los implicados, el primer firmante de los artículos obtuvo el título de doctor con el premio a la mejor tesis doctoral —que incluía los experimentos publicados en los artículos corregidos— y el equipo de investigación recibió un premio de 112 000 euros de la Xunta de Galicia[111].

Parece que ocupar titulares de periódicos nacionales e internacionales por sus deslices académicos (en Alemania la noticia tuvo una especial repercusión) no les supuso un trauma especial que les estimulase a aumentar el esmero y pulcritud de sus publicaciones, porque poco tiempo después fueron acusados por la comunidad de realizar autoplagio[112]: publicar un mismo experimento de forma camuflada en dos *papers* diferentes, mala práctica de investigación entre el autoplagio y el*salami slicing*[*].

En definitiva, un caso muy a la española donde como comentó un lector en la noticia al respecto en Retraction Watch (traduzco del inglés): «En España —el país que inventó la "picaresca", es decir, mentir como filosofía de vida—, el plagio no solo es tolerado, sino que es recompensado...».

Dipak Kumar Das ≈ 2012

Quién no ha leído en la sección de nutrición del periódico o escuchado en los minutos de divulgación científica de los informativos noticias relacionadas con las bondades del vino tinto, con los poderes mágicos del aceite de oliva virgen, con la fuerza antioxidante del brócoli o con las propiedades extraordinarias de cualquier otro alimento que algún estudio haya conseguido destacar y publicar en fechas recientes. Probablemente, en algunas de esas noticias que nos hablaban de vino encontrábamos a Dipak Kumar Das detrás, el investigador del *poder de la uva* cuyo caso vamos a pasar a conocer y donde nos encontraremos con uno de los problemas más frecuentes en la historia reciente de las malas prácticas de investigación: la manipulación de imágenes.

El científico de origen indio Dipak Kumar Das (1947-2013) estudió bioquímica en la Jadavpur University (Kolkata, India)[**]. En 1971 emigró a Estados Unidos donde consiguió su doctorado y comenzó a trabajar en la University of Connecticut (1984) donde permaneció hasta su despido en 2012 (en 1993 se le concedió la titularidad de su puesto, el concepto norteamericano de *tenure*).

Durante la mayor parte del tiempo ejerció como responsable del Cardiovascular Research Center at UConn Health Center (Centro de Investigación Cardiovascular del Centro de Salud de la Universidad de Connecticut). Su línea de investigación se centró fundamentalmente en las propiedades beneficiosas (efectos cardioprotectores) pa-

---

[*]Qué es esta técnica lo vemos en el Capítulo C, página 153.
[**]Casualmente durante estos mismos años también estaba siendo investigado el caso de otro científico indio afincado en Estados Unidos, Anil Potti, algo que la prensa del país de origen destacaba. Ver por ejemplo Correspondent of Telegraph India (2012).

ra la salud del resveratrol[113], un componente que se encuentra presente por ejemplo en la uva; investigó si el resveratrol tenía beneficios potenciales para la salud, prevenía enfermedades coronarias del corazón, si actúa como antiinflamatorio e incluso si las altas dosis de este componente pueden matar el cáncer.

Además del resveratrol, el investigador destacaba en una segunda especialidad: la de conseguir fondos para las investigaciones (varios millones de dólares durante toda su carrera); hasta 33 personas trabajaron en su laboratorio entre 2002 y 2009*.

Recurriendo a grandes números, Das publicó más de 500 artículos *peer reviewed*, 15 libros y decenas de otras publicaciones; según Scopus sus publicaciones reciben alrededor de 14 000 citas, aunque algunos afirman[114] que su aportación al campo del resveratrol no era tan importante como para afectar al cuerpo de la ciencia.

En diciembre de 2008 una comunicación anónima a la ORI alertó sobre serias evidencias de que las imágenes contenidas en un artículo publicado por Das ese año[115] habían sido manipuladas. La ORI notificó inmediatamente este hecho a la Universidad que encargó a Bruce Koeppen, decano de *academic affairs*, la formación de un equipo de investigación. Al encontrar datos que abalaban la acusación, la comisión decidió investigar al menos las otras 101 publicaciones de Das durante los seis últimos años con la finalidad de limpiar el registro científico.

El 11 de Enero de 2012 la Universidad publicó una nota donde anunciaba el resultado de la investigación (el informe contiene varios cientos de páginas) que había durado tres años[116] y que había encontrado a Das culpable de 145 cargos de fabricación y falsificación de datos. Según las conclusiones de la comisión, el científico había manipulado decenas de imágenes de electrotransferencia (*Western blot*)** editándolas y añadiendo o quitando elementos a través del uso de la herramienta comercial Adobe Photoshop. Inmediatamente se había notificado a 11 editoriales para que realizasen las correspondientes retiradas de los artículos afectados. El informe también apuntaba que otros seis investigadores eran sospechosos de colaboración por haber manipulado datos, pero no había datos concluyentes contra ellos.

---

* A pesar de su prolija experiencia en el campo del resveratrol, la principal referencia en el campo es el investigador David Sinclair, de la Universidad de Harvard.

** Según Wikipedia: «El Western blot, inmunoblot o electrotransferencia, es una técnica analítica usada en biología celular y molecular para identificar proteínas específicas en una mezcla compleja de proteínas, tal como la que se presenta en extractos celulares o de tejidos».

Philips Austin, portavoz oficial de la Universidad durante la presentación del informe, dijo (traduzco literalmente del inglés):

«[...]

Si bien estamos profundamente decepcionados por el flagrante desprecio por el código de conducta de la universidad, nos complace que los sistemas de supervisión vigentes hayan sido efectivos y hayan funcionado como se esperaba. [...] Estamos agradecidos de que un individuo (*whistleblower*) haya elegido hacer lo correcto al alertar a las autoridades apropiadas. Nuestros hallazgos fueron el resultado de una investigación exhaustiva que, por su propia naturaleza, requirió un tiempo considerable para completar».

Aunque Das siempre lo negó todo, incluso puso una demanda contra la Universidad por más de 35 millones de dólares (que finalmente no ser resolvió ya que murió antes), el informe aseveraba que «él es el responsable de cualquier fabricación que haya ocurrido y la evidencia sugiere que el propio Dr. Das estuvo directamente involucrado en la fabricación de las figuras para la publicación». El salario de Das era de 184 396 dólares pero no recibía ningún dinero de fondos públicos desde enero de 2011 y la Universidad estaba averiguando cómo proceder a su despido atendiendo a las leyes vigentes, dijo Chris DeFrancesco, portavoz del comité de investigación.

Según la cobertura de *Reuters* a raíz de la presentación del informe[117], no fue posible contactar con Das para pulsar su opinión, pero citaban unas declaraciones suyas de dos años antes: «Todo es una conspiración contra mí [...] el trabajo ha sido repetido por muchos científicos en todo el mundo. [...] Como saben, debido al desarrollo de un tremendo estrés en mi entorno de trabajo en los meses recientes, he sido víctima de un accidente cerebrovascular por el que recibo tratamiento».

En mayo de 2012 Das fue despedido de la University of Connecticut y el 19 de septiembre de 2013 murió.

Actualmente la base de datos de Retraction Watch indexa 20 artículos en los que Das aparece como autor o coautor[118].

Para aquellos lectores que deseen obtener una visión más detallada del caso, invito a leer el brillante y meticuloso *post* escrito por el Dr. Geoff en su blog, titulado *Dipak Kumar Das (1946-2013) Who Faked Data About Resveratrol – The Magic Red Wine Ingredient That Cures Everything?*; también recomiendo el artículo del periodista y médico Larry Husten en *Forbes*, que aporta un punto de vista alternativo sobre el caso (tuvo la oportunidad de hablar con Das para tomar su punto de vista) y que abre la puerta a un *posible complot* contra Das (gente que accedió a su ordenador, candados del laboratorio rotos, documentos desaparecidos...)[119].

Muchas de estas historias darían para grandes guiones de cine.

Stefano Fiorucci ≈ 2012

Leyendo el post titulado *The 10 Greatest Cases of Fraud in University Research* (de febrero de 2012)[120] encuentro el caso de Stefano Fiorucci. La síntesis del caso la podemos leer en el propio artículo (traduzco de forma literal desde el inglés):

«[...]
El investigador en gastroenterología Stefano Fiorucci de la Universidad de Perugia (Departamento de Ciencias Quirúrgicas y Biomédicas)[121] ha sido acusado de fraude y malversación por los mismos cargos [manipulación de imágenes]. La manipulación de la investigación de Fiorucci le permitió ganar 2 millones de euros en subvenciones, pero el caso en su contra, hasta el momento, ha dado lugar a cuatro *papers* retirados así como a nueve expresiones de preocupación. Ha sido acusado de malversación de fondos públicos para "usos en investigación" que no solo no estaban autorizadas, sino que también eran falsas. Este caso de Fiorucci parece ser la primera vez en la que se presentan cargos de malversación contra un científico que también ha cometido fraude».

Fiorucci no es un investigador mediocre. Cuenta con más de 17 000 citas a sus artículos en Google Scholar y un índice i10 de 236[122]. Como esto es Italia (lo mismo que puede suceder en España), no disponemos de tanta información como en los casos de Estados Unidos para conocer la historia de lo ocurrido. Sabemos que Fiorucci fue detenido por la policía en 2008 por primera vez (retenido durante 23 horas), acusado de malversación de fondos públicos, pero continuó en su posición como investigador en la Universidad. Finalmente sí se demostró la manipulación de datos en publicaciones —actualmente la base de datos de Retraction Watch cuenta con cuatro artículos retirados de él[123]—, aunque quedó absuelto por los cargos de malversación[124].

Jesús Ángel Lemus Loarte ≈ 2012

El caso del español Jesús Ángel Lemus Loarte no es el de un gran investigador de dilatada trayectoria que haya cometido malas prácticas, como la mayoría de casos vistos hasta ahora —según la Web of Science, Lemus Loarte cuenta con 36 publicaciones en su carrera (13 de ellas retiradas)—, pero he querido traerlo a esta lista por su gran ingenio y creatividad —llegó a inventar instituciones e incluso personas—, a la altura de nuestros dos grandes Mortadelo y Filemón*. Conozcamos la historia.

Lemus Loarte (≈1974) se licenció en veterinaria por la Universidad Complutense de Madrid en 2003 donde también obtuvo el doctorado. En 2007 fue contratado en la Estación Biológica de Doñana, dependiente del CSIC, a través de una beca postdoctoral.

Las investigaciones de Lemus habían despertado dudas entre sus compañeros al poco tiempo de incorporarse al CSIC, pero no fue hasta el 2011 cuando el caso comenzó a perfilarse. Por el mes de abril, unos análisis realizados por Lemus sobre la presencia de una bacteria en colonias de cotorras de Barcelona despertaron sospechas entre los miembros del laboratorio, que decidieron hacerle una especie de trampa para intentar obtener evidencias con las que contrastarlos (esto fue en verano). La trampa no dejaba lugar a dudas: «Los resultados no solo no eran reproducibles sino que eran radicalmente distintos a los del laboratorio de referencia, que dio una presencia del patógeno muy baja, como es habitual»[125].

El 5 de octubre de 2011 los responsables de Lemus se reunieron con él para comunicarle las dudas sobre sus trabajos y darle un plazo para defender su posición; negó las acusaciones y su respuesta posterior fue esquiva, dejó de contestar al teléfono y de responder a los correos electrónicos.

El 23 de diciembre de 2011 el subdirector de la Estación Biológica de Doñana, Juan José Negro, con el respaldo de otros compañeros de Lemus, envió una carta al presidente del Comité de Ética del CSIC, Pere Puigdomènech, para comunicarle los hallazgos y pedir asesoramiento sobre los pasos a seguir.

En enero de 2012 el CSIC abrió un proceso de investigación.

---

*Su perfil en Linkedin (https://www.linkedin.com/in/jesús-ángel-lemus-loarte-b8540374/, consultada el 1 de marzo de 2019) anticipa que nos encontramos ante un genio interesante por su multidisciplinaridad.

En junio de 2012, con la investigación sin concluir aún, el CSIC decidió no renovar el contrato del investigador tras recibir un informe negativo por parte de sus supervisores.

El 31 de julio de 2012 el Comité de Ética presentó sus resultados concluyendo que el investigado mintió o erró en 24 trabajos publicados en 17 revistas científicas con las cuales el presidente del comité ya había contactado para informar del asunto. El informe consideró los 36 estudios publicados por Lemus entre 2007 y 2011. En el mismo también se pedía a los coautores de las publicaciones (que según el informe, no cometieron errores ni conocían las intenciones de Lemus) que contactasen con las revistas para corregir o retirar los trabajos[126].

Por ejemplo, en seis de los *papers* publicados por Lemus aparecía un tal Javier Grande, un investigador supuestamente adscrito a diferentes organismos públicos pero que nunca existió en realidad (no aparece en ninguna base de datos del CSIC) y que por lo tanto fue inventado por el investigador.

Otro dato interesante es que en el currículum de Lemus (colgado en la web del Museo Nacional de Ciencias Naturales), aparecían listados artículos científicos que nunca habían sido publicados. Además de personas y artículos, Lemus también inventaba organizaciones. Leemos: «Los miembros de la Estación Biológica de Doñana siguieron la investigación y rastrearon los centros con los que Lemus decía colaborar. Contactaron con la Universidad de Utrecht (Holanda) y con la empresa Ingenasa de Madrid, que supuestamente "habrían realizado los análisis de patógenos con técnicas moleculares". El centro de Utrecht —siempre según la denuncia— negó la existencia del científico que supuestamente ayudaba a Lemus y en la empresa de Madrid, aunque conocían al investigador, afirmaron que no habían trabajado para él[127]».

Un artículo muy interesante que hace una recopilación de fuentes relativas al caso es el escrito para Naukas por Francisco R. Villatoro *El «caso Lemus» destapado por El País salpica al CSIC*[128]. Recomiendo su lectura a aquellos interesados en conocer más detalles sobre el caso.

No obstante, aunque en toda la historia tan solo él apareció finalmente como inculpado, algunas voces se alzan señalando que Lemus simplemente fue un cabeza de turco y que los investigadores principales (los P.I. o *principal investigators* por sus siglas en inglés) de su equipo estaban perfectamente al tanto de las irregularidades y «además encantados de estar publicando en revistas con alto índice de impacto» —lo leo en el artículo de Villatoro.

Actualmente* la base de datos de Retraction Watch indexa 13 artículos retirados en los que Lemus aparece como autor o coautor, uno con expresión de preocupación y otro como corregido[129].

Yoshitaka Fujii ≈ 2012

El investigador médico anestesiólogo japonés Yoshitaka Fujii (Hatogaya, Japón, 19 de abril de 1960) obtuvo su doctorado en la Tokyo Medical and Dental University en 1991. Desde 2005 trabajaba para la Toho University (Tokio, Japón) y tiene el honor (bueno, más bien lo contrario de honor) de ocupar la primera posición en el Retraction Watch Leaderboard**; actualmente***, la base de datos de Retraction Watch contiene de él 172 artículos etiquetados como retirados y 7 con notificación de expresión de preocupación, el primero de los artículos escrito en 1993 y el último en 2013[130]: es el investigador con más artículos científicos retirados de la historia moderna.

Aunque el primer artículo retirado de Fujii está fechado en 1993, no es hasta abril del 2000 cuando aparecen las primeras sospechas públicas sobre sus investigaciones. En la revista *Anesthesia & Analgesia* varios lectores (Peter Kranke, Christian C. Apfel y Norbert Roewer) publicaron una carta al editor fundamentada en el análisis de 47 *papers* anteriores de Fujii y en un simple pero convincente análisis matemático, en la que argumentaban sus sospechas sobre los resultados publicados por Fujii en un artículo de esa revista unos meses antes[131], que, entre otras cosas, lo calificaban como *demasiado bueno* — en la academia decir que algo es «demasiado bueno» equivale a decir que los resultados no son creíbles—. Los investigadores no nombraban en la carta directamente la palabra *fraude* pero afirmaban: «debe haber una influencia subyacente que cause que estos datos sean tan increíblemente agradables». En el mismo número la revista incluía la respuesta de Fujii en la que negaba toda acusación, explicación al parecer suficiente para los editores de la revista que de hecho no retiraron el artículo hasta trece años después[132].
Los autores de la carta mostraron su desacuerdo con que la editorial

---

*1 de marzo de 2019.
**Vemos qué es en la página 203.
***4 de marzo de 2019.

no retirase el artículo. Christian C. Apfel[*] dijo[133]: «La probabilidad de que los datos sean ciertos, como calculamos, es aproximadamente menor a siete entre mil millones».

Durante esta época el propio Apfel escribió a la US Food and Drug Administration (FDA), a la equivalente de la FDA en Japón, la Pharmaceuticals and Medical Devices Agency y también a la Sociedad Japonesa de Anestesiología mostrando sus preocupaciones, recibiendo agradecimientos por parte de estas organizaciones por la información facilitada pero desestimando la apertura de investigación alguna del caso.

En 2001 los autores anteriores y otros publicaron un metaanálisis[134] donde intentaban poner en evidencia las investigaciones de Fujii. Sin embargo, su efecto fue prácticamente nulo debido a que las acusaciones se presentaron de una forma muy indirecta y *polite*, insinuando que alguien estaba fabricando datos en el campo de investigación estudiado (*postoperative nausea and vomiting* —PONV) pero sin nombrar específicamente al científico; a esto se sumó que el mismo número de la revista incluyó un editorial que criticaba duramente debilidades encontradas en el propio metaanálisis. Ambas circunstancias hicieron que el efecto de la publicación fuese prácticamente nulo entre la comunidad[135].

De esta forma, con los críticos silenciados, Fujii siguió publicando durante la década sin encontrar mayor problema por parte de las editoriales y sin ser objetivo de ninguna investigación por mala conducta por parte de las instituciones. No obstante, probablemente por sentir el aliento en su nuca Fujii cambió de campo de investigación, abandonando la anestesia y centrándose en otros como la oftalmología y otorrinolaringología. A pesar de los cambios de especialidad para el 2011 ya tenía más de 200 *papers* publicados[136].

Aunque oficialmente no había una acusación formal contra Fujii, parece que en los corros de pasillo y en los cafés de las facultades los chascarrillos sobre su fraude eran corrientes —algo muy del entorno académico: todo el mundo critica de puertas para adentro pero de puertas para afuera nadie alza la voz contra nadie.

Un reflejo de esto lo encontramos en el congreso de investigadores de PONV celebrado en Florida (Estados Unidos) en 2002. En él se

---

[*]En aquel entonces formaba parte del University of California, San Francisco Medical Center. Google Scholar le otorga un índice i10 de 104; sus publicaciones reciben más de 13 000 citas.

sugirió que los artículos de Fujii no fuesen citados en la guía sobre el uso de granisetrón[*] que se publicaría a partir del congreso, como así fue. «A pesar de esto, nadie, ni editores, ni revisores, ni lectores, ni el propio fabricante de granisetrón, ni el propio Fujii preguntaron por qué no había sido incluido. Sin investigación oficial y sin declaraciones de nadie, Fujii se había convertido en invisible»[137].

En 2005 se celebró el segundo congreso para actualizar la guía sobre PONV. Durante ese tiempo Fujii había publicado más de 20 ensayos con 1895 pacientes implicados pero de nuevo la guía no mencionó ninguno de sus estudios. Una vez más nadie pareció preocuparse por la cuestión; la comunidad actuaba pero oficialmente nadie admitía nada.

Pero en 2010 la suerte de Fujii pareció cambiar. Un editorial sobre fraude en la revista *Anaesthesia* que partía del estudio de 2000 de Kranke y sus colegas, pareció remover la conciencia de los investigadores del campo.

En 2011 Fujii osó enviar a la *Canadian Journal of Anesthesia* un artículo para publicar. Los editores de esta revista junto al editor Steve Shafer (de *Anesthesia and Analgesia*) avisaron, *esta vez sí*, a los responsables de la Toho University (afiliación de Fujii) ante las sospechas de fraude que el manuscrito mostraba; tras una investigación interna determinaron que la publicación no había contado con aprobación del comité de ética y que el origen de los datos no podía ser establecido.

El 29 de febrero de 2012 Fujii es despedido de la Toho University Faculty of Medicine[138] por decisión del comité disciplinario.

El 7 de marzo de 2012 Steve Shafer, el mismo editor de *Anesthesia and Analgesia* que doce años antes había criticado el estudio donde Kraske y sus colegas denunciaban el fraude de Fujii, escribió una carta[139] a los lectores de la revista pidiendo disculpas por no haber considerado en su momento aquella denuncia:

«[...]
La respuesta de la revista a las alegaciones de fraude en investigación en la carta al editor del año 2000 enviada por Kranke y sus colegas fue inadecuada. Los manuscritos posteriores enviados por el Dr. Fujii a la revista no deberían haber sido publicados sin antes examinar las alegaciones de fraude. Pido disculpas a nuestros lectores y a los pacientes que atendemos

---

[*]El medicamento analizado en los estudios.

por la manera en que *Anesthesia and Analgesia* gestionó las denuncias de fraude».

El 8 de marzo de 2012 un nuevo estudio de las publicaciones de Fujii realizado por John Carlisle[*] (anestesiólogo británico)[140] vino a refrendar las conclusiones del original estudio de Kraske doce años antes, estudio que, *esta vez sí*, hizo temblar el templo de los editores. Carlisle había analizado las diferencias entre los grupos de variables que existen antes de recibir el tratamiento y calculado la probabilidad de que las diferencias finalmente fuesen mayores o menores a las observadas (lo que implica comprobar si las personas han sido realmente asignadas al azar a los diferentes tratamientos); su conclusión fue tajante: la probabilidad de que los hallazgos de Fujii fuesen realmente de sus experimentos era de 10^{-33}, es decir, algo prácticamente imposible[141].

El 8 de marzo de 2012 la Toho University anuncia la petición de retirada de 8 *papers* de Fujii por carecer de aprobación ética[142].

El 10 de marzo las instituciones lideradas por la Japanese Society of Anesthesiologists (JSA) establecen un comité para investigar el caso.

El 9 de abril de 2012 los editores de 23 revistas (liderados por Steve Shafer de *Anesthesia and Analgesia*) pidieron a las instituciones responsables de los estudios de Fujii la apertura de una investigación[143].

El comité de la JSA investigó los datos originales, las notas de laboratorio y otros registros de las instituciones; también se entrevistó con Fujii y con sus coautores.

El 29 de junio de 2012 el comité de expertos creado por la Sociedad Japonesa de Anestesistas publicó sus conclusiones. De la lista de 212 papers que la JSA consideró para investigar, 172 se consideraban fabricados, 3 fueron clasificados como libres de fraude y en 37 no se encontró evidencia para probar si habían sido fabricados o no; en cuanto a los 193 *papers* que los editores enviaron en su lista para que fuesen analizados, 155 se consideraban como fabricados.

El informe explicaba el método de fraude de esta manera:

«[...]

---

[*]Podemos leer más sobre Carlisle y su método en el Capítulo E, p. 241.

Para ser fácilmente aceptado por las revistas, [Fujii] inventó en la mayoría de sus artículos que había estudiado un gran número de casos del tipo ensayo controlado aleatorio doble ciego.

El nombre de la institución y el período de estudio no se especifican en su documentos, de forma que podría excusarse diciendo que "los datos fueron obtenidos en un trabajo previo en algún otro Hospital o en otro lugar donde trabajaba de forma puntual". Las instituciones a las que pertenecían los comités de ética en investigación tampoco se han especificado. Además, presentó experimentos como si fueran estudios multihospitalarios, colocando los nombres de otras instituciones como sus coautores. Él ha utilizado estos métodos de manera efectiva para escapar de las dudas de invención».

Algunos científicos conocedores del caso afirmaron en aquel momento: «[...] era como si alguien se sentara en un escritorio y escribiera una novela sobre una idea de investigación»[144].

Para aquellos lectores que deseen obtener una visión más correcta que la aquí relatada, recomiendo el artículo *peer reviewed The Fujii story: A chronicle of naive disbelief* que en 2013 escribió Martin R. Tràmer, bien argumentado, lenguaje fácil y no demasiado extenso, que sintetiza el caso con gran corrección[145].

José Román-Gómez ≈ 2013

José Román-Gómez es uno de los autores españoles que encontramos en Wikipedia en la lista de investigadores con historial de malas prácticas[146] —algún día sacaré tiempo para actualizarla ☺—, aunque decidí incluirlo en esta revisión al leer su caso en el artículo de Joaquim Elcacho al que nos hemos referido en el caso de Juan Carlos Mejuto (p. 77) y Manuel Ferrer (p. 59).

Lo primero que sorprende del caso de José Román-Gómez es su presencia en internet, bueno, más bien su nula presencia en internet. Si buscamos su nombre en Google (en sus distintas variantes) será muy difícil encontrar entradas que hablen sobre él; podríamos decir, a tenor de los resultados, que el caso no existió, o al menos no existió para los medios de comunicación, ya que como comento las referencias a él son difíciles de encontrar en internet —más que no existir, sospecho que podemos estar ante la labor de una empresa de *derecho al olvido*.

Román-Gómez trabajaba en el Instituto Maimónides de Investigación Biomédica de Córdoba (IMIBC). La Web of Science tiene indexados de él 61 artículos *peer reviewed* con fechas de publicación entre 2004 y 2013; desde 2013 no tiene nada publicado, lo que invita a pensar que decidió abandonar su carrera como investigador (o al menos como publicador en revistas académicas).

Traduzco a continuación literalmente de un artículo de la revista *BioTechniques*[147] que he encontrado gracias al archivo de internet:

«[...]
En septiembre de 2010, después de haber sido alertados de que la Figura 1 del artículo de Román-Gómez había sido publicada previamente en un artículo en la Clinical Cancer Research, artículo en el que Román-Gómez no era autor, *Journal of Clinical Oncology* (JCO) publicó una expresión de preocupación por el artículo. En respuesta Román-Gómez proporcionó una figura corregida, que se publicó en el mismo número que incluía la expresión de preocupación.

Pero una investigación realizada por el IMIBC y el Hospital Reina Sofía encontró que la imagen ya había sido publicada en otros dos artículos anteriores: uno en la Journal of Cancer Research y otro en la JCO[148]. Como resultado, los coautores de Román-Gómez alertaron a JCO sobre las figuras duplicadas y estuvieron de acuerdo en el retracto».

El último de sus artículos retirados fue en 2013. Un artículo de 2005 en la revista *Oncogene* fue retirado por los editores al reproducir una figura que ya apareció publicada en un artículo de 2001 de la revista *Cancer Research*[149].

En marzo de 2019 la base de datos de Retraction Watch cuenta con 6 artículos retirados en los que Román-Gómez aparece como autor o coautor[150].

Haruko Obokata ≈ 2014

Nacida en Japón en 1983. Se doctoró en 2011. Tras finalizar su doctorado fue investigadora asociada al Riken Center for Developmental Biology durante dos años, hasta que en 2013, con 30 años, consiguió ser la líder del Lab for Cellular Reprogramming (perteneciente al instituto Riken). Algunos la veían como la candidata perfecta para seguir la estela de Yamanaka y alcanzar el premio Nobel (¿otra *golden child*? ☺)[151].

En 2011 publicó en la revista *Nature Protocols* y en 2013 dos artículos en *Nature*[152].

En marzo de 2014 uno de los coautores de los artículos publicados en *Nature* solicitó a los editores su retracto, al mantener serias dudas sobre los experimentos —en la web PubPeer estaban siendo publicadas evidencias sobre la incongruencia de los datos[153].

En abril de 2014 la comisión investigadora de la universidad la encontró culpable de mala conducta, aunque durante los meses posteriores le dio la oportunidad de seguir investigando en un laboratorio de la universidad para demostrar sus hallazgos, esta vez con vigilancia externa, algo que no logró, abandonando en diciembre de 2014.

Antes de su abandono llegaron las retiradas de publicaciones. El 2 de julio de 2014 fueron retirados los dos artículos de *Nature* y el 13 de enero de 2016 el de *Nature Protocols*, por manipulación de las imágenes y no poder ser replicados los experimentos (la investigadora estuvo de acuerdo con retractarse y que fuesen retirados).

El 5 de agosto, Yoshiki Sasai, uno de sus mentores y coautor de los artículos, tras estar varios meses hospitalizado por estrés, terminó suicidándose en el edificio del Riken donde trabajaba.

Tras revisar la tesis doctoral de Obokata los investigadores del caso encontraron que más de 20 páginas habían sido copiadas de la web del US National Institute of Health. La universidad le dio la oportunidad de corregir la tesis pero siendo incapaz de ello le retiró su doctorado en noviembre de 2015 por «haber obtenido el título de manera impropia»[154].

Aquellos lectores más interesados pueden leer el completísimo artículo periodístico sobre el caso que en 2015 escribieron John Rasko y Carl Power para *The Guardian*[155]. Recomiendo su lectura para conocer los pormenores de la historia.

Salvador Ruiz de Maya ≈ 2016

Salvador Ruiz de Maya es un viejo conocido. Investigador con su trayectoria ligada principalmente a la Universidad de Murcia donde se licenció en Ciencias Económicas y Empresariales y obtuvo su grado de doctor en 1995 con la tesis *Los grupos de decisión en marketing:*

análisis de la familia como unidad de decisión y consumo, dirigida por José Luis Munuera Alemán. Google Scholar arroja de él 139 entradas (que incluyen todo tipo de publicaciones, no solamente las de revistas académicas), que reciben 3791 citas y le otorgan actualmente un índice i10 de 46. Desde hace años ocupa la posición de profesor catedrático en el Departamento de Comercialización e Investigación de Mercados de dicha Universidad, estando especializado en el área de comportamiento del consumidor.

Algunos de los lectores conocerán el especial apego que mantengo con este caso. La fase de documentación de muchos de estos autores con un pasado de fraude a sus espaldas ha sido realmente valiosa para enriquecer la historia, sobre todo el caso de Diederik A. Stapel, con el que encuentro similitudes sorprendentes.

La información es tan rica que he decidido hacer una *spin-off* (como dirían los emprendedores) o sacar un esqueje (dándole un toque más biológico) o un *fork* (más informático) y dedicar una publicación exclusiva (un libreto) a este caso. La idea es sacarlo a la luz antes de fin de 2019. Mientras tanto, muy probablemente se habrán producido avances en la investigación institucional y podré compartir muchos más detalles.

De momento, a aquellos que quieran conocer los detalles preliminares les invito a consultar la siguiente documentación:

1. Libro: *Personalidades múltiples, (des)honestidad, ciencia y una tesis fracasada con Salvador Ruiz de Maya e Inés López López*[156]. El libro está disponible en edición tapa blanda en amazon a precio de coste o descargable gratuitamente de la web http://bit.ly/personalidades-multiples-el-libro.

2. Vídeo: en Youtube hay un par de vídeos que muestran ejemplos prácticos sobre el método de cocina de datos al que nos referimos en distintas secciones del ensayo. Aquí: https://youtu.be/6AH6g_e9cyg.

Si quieres que te avise cuando sea lanzado mantente conectado a mis redes sociales de internet ☺.

Sonia A. Melo ≈ 2016

Sonia A. Melo (Portugal, ≈1980) es licenciada en bioquímica en 2005 (Universidade do Porto Faculdade de Ciências) y doctorada en

2010. Tras ocupar distintas posiciones como postdoc en Estados Unidos, en 2014 se incorporó como investigadora al Instituto de Investigação e Inovação em Saúde (I3S) en Oporto. Según Google Scholar sus artículos reciben más de 4400 citas y tiene un índice i10 de 27[157]. Su ritmo de publicación parece frenético: en 2017 su nombre aparece en las publicaciones de 12 artículos *peer reviewed* (según el listado de Google Scholar) —sale a un *paper* por mes ¿*demasiado bueno*? ☺...

El caso saltó a la luz en septiembre de 2015. Algunos investigadores abrieron un hilo en PubPeer donde exponían que unas imágenes contenidas en un artículo de Melo publicado en la revista *Nature Genetics* en 2009 parecían estar duplicadas[158]. Pasados los días se sumaron en PubPeer otros investigadores incluyendo sus sospechas sobre otros artículos publicados por Melo en los que parecía seguir siempre el mismo procedimiento: «la científica repetía, invertía y hacía rotaciones de las mismas imágenes para reforzar la solidez de los resultados alcanzados en la investigación»[159]. Este artículo fue escrito durante su periodo de doctorado bajo la dirección de Manuel Esteller.

El 27 de enero de 2016 la editorial publicó la retirada del artículo asumiendo la duplicación de imágenes[160]. En concreto, la argumentación de los editores para la retirada decía (traduzco literalmente del inglés):

«[...]
Recientemente nos hemos dado cuenta de la presencia de imágenes duplicadas en las Figuras 3 y 4 y en las Figuras suplementarias 5 y 6 en nuestra publicación Nat. Genet. 41, 365–370, 2009, que fueron maquetadas de acuerdo con las instrucciones específicas de los autores. Por lo tanto, retiramos la publicación por el bien de los altos estándares que esperamos para las revistas científicas y de investigación. Todos los autores han firmado esta declaración».

En febrero de 2016 la Organización Europea de Biología Molecular (EMBO por sus siglas en inglés) le retiró la beca (*installation grant*) de 50 000 euros concedida en diciembre, argumentando (traduzco literalmente del inglés de una comunicación de los responsables de EMBO a Leonid Schneider)[161]:

«[...]
esto es para confirmar que EMBO ha retirado la beca (*installation grant*) que le otorgó [a Sonia A. Melo]. Una vez que EMBO tuvo conocimiento de

las acusaciones contra los documentos escritos por ella, creamos un comité para investigar estas acusaciones. Después de un análisis exhaustivo de todos los documentos que formaron la base de su solicitud para la subvención, el comité concluyó que el cuerpo de trabajo en el que se realizó la selección para la beca contenía evidencia de un nivel de negligencia en el manejo y presentación de datos que habría impedido una recomendación para un premio. Por lo tanto, el comité decidió que Sonia Melo no debería convertirse en miembro de la red EMBO Young Investigators and Installation Grantees, y que la subvención de instalación será revocada. Esto se comunicó a Sonia Melo y su institución de origen el 29 de febrero».

Ese mismo mes la científica fue suspendida de funciones en el I3S y el instituto nombró una comisión de investigación externa (dos miembros de la Universidad de Coimbra, uno de la Universidad de Ámsterdam y otro del Instituto de Medicina Molecular de Lisboa).

En octubre de 2016 el Comité publicó su informe[162]. Analizaron tres artículos[163]. En él se indica que de los tres artículos el de 2009 ya estaba retirado y los otros dos estaban en proceso de corrección. Además, añade que la investigadora asumió su responsabilidad en los errores pero que no fueron intencionados sino asociados al habitual proceso de edición y revisión de imágenes, errores que no pusieron en cuestión los resultados de los artículos.
Finalmente, la comisión consideró que los errores detectados en los tres artículos no se derivaban de una actitud fraudulenta o de una intención de faltar a la verdad, sino de negligencia por no haber visto que las imágenes no estaban bien.

Tras el dictamen la suspensión de Sonia A. Melo fue cancelada, reincoporándose a su posición en el I3S.

No obstante, como no podía ser de otra forma en la academia, la controversia está sobre la mesa y aún hay voces que señalan a estos trabajos de Melo y otros posteriores por contener datos fraudulentos. La comisión externa no hizo público el contenido del informe, tan solo presentaron las conclusiones, algo que quizá no ayudó demasiado a limpiar las dudas sobre el caso.

Susana González López ≈ 2017

Cuando vimos el caso de Amitav Hajra compartí con vosotros la reflexión en torno a esos admirables estudiantes que todos hemos conocido durante algún momento de nuestra carrera; esos favoritos de los jefes de departamento por su iluminación, inteligencia y productividad, tocados por la mano divina, pero «que desgraciadamente en algún momento de su carrera deciden desconectar su privilegiado cerebro de las fuentes de la pasión y la persistencia para conectarlo al caño de la ambición y la codicia, un licor que insertado en sus cerebros les aboca al precipicio de obscuras prácticas ajenas a la integridad y la ética» —reflexionaba en la página 42.

Imagino que no hace muchos años Susana González López formaría parte del club de las *golden child*, una joven brillante científica a la que todos admiraban por su capacidad investigadora —reflejada en el impacto internacional de sus publicaciones y en la financiación conseguida—, pero que, como comentaba también en la página 42 hablando de Merlin y el Caballero frente al manzano, quizá la presión del sistema y/o la mala gestión de la ambición la hicieron tomar decisiones erróneas. Algunos califican su caso como el de mayor fraude de la ciencia española.

Por lo reciente del caso y por su proximidad geográfica voy a intentar ser lo más aséptico posible, evitando juzgar los hechos; simplemente voy a facilitar información que se encuentra disponible para cualquiera a través de internet —por lo que esta parte del trabajo más que un ensayo parece un telegrama, disculpas. Comencemos.

Lo primero que me llama la atención al inicio de la fase de documentación es la poca información que sobre Susana aparece en internet; parece como si una de esas empresas que borran *tu huella digital* hubiese estado trabajando aquí, así que básicamente, la información disponible sobre el caso es la que podemos encontrar en periódicos y los artículos de Retraction Watch y de Leonid Schneider[164].

En 1994 Susana González se licenció en Química y Biología Molecular por la Universidad Autónoma de Madrid (UAM)[165].

El 1 de Enero de 2000 defendió su tesis doctoral *Estudio de la proteína PB1 del virus de la gripe: interacción con las otras subunidades de la polimerasa y con los moldes virales, vrna y crna*, en la UAM, dirigida por Juan Ortín Montón[166]. Ese mismo año recibió una beca postdoctoral Human Frontier Science Program y comenzó su etapa en el equipo de Carlos Cordón-Cardó en la División de Patología Molecular del Memorial Sloan Kettering Cancer Center de Nueva York.

En 2003 publicó en la revista *Molecular and Cellular Biology* el artículo *p73α Regulation by Chk1 in Response to DNA Damage* (nos referiremos a él como MCB2003)[167], junto a Carol Prives y Carlos Cordón-

Cardo.

Tras su estancia en Estados Unidos regresó a España y trabajó en el laboratorio de Manuel Serrano en el Centro Nacional de Investigaciones Oncológicas (CNIO).

El 20 de marzo de 2006 consiguió publicar el artículo *Oncogenic activity of Cdc6 through repression of the INK4/ARF locus* en la revista *Nature* (nos referiremos a él como NATURE2006)[168].

En 2007 se incorpora al Centro Nacional de Investigaciones Cardiovasculares (CNIC) como jefa del grupo de Regulación Epigenética en el Envejecimiento y la Enfermedad Cardiaca.

El 18 de octubre de 2011 publica junto a otros colegas en la revista *Nature Communications* el artículo *Ectopic expression of the histone methyltransferase Ezh2 in haematopoietic stem cells causes myeloproliferative disease* (nos referiremos a él como NC2011)[169].

El 1 de enero de 2012 consigue publicar junto a otros autores en *Cell Cycle* el artículo *Bmi1 is critical to prevent Ikaros-mediated lymphoid priming in hematopoietic stem cells* (nos referiremos a él como CELCY-2012)[170].

En septiembre de 2014 Antonio Herrera Merchán, coautor de alguno de los artículos de Susana, sospechó de algunas de las imágenes utilizadas durante una conferencia que Susana impartió en el Congreso de la Sociedad Española de Bioquímica y Biología Molecular en Granada: la misma imagen (duplicada y ampliada) se mostraba como referencia de dos experimentos diferentes[171].

El 9 de marzo de 2015 publica el artículo *Bmi1 limits dilated cardiomyopathy and heart failure by inhibiting cardiac senescence* en la revista *Nature Communications*[172] (lo llamaremos aquí NC2015)*.

En septiembre de 2015 el proyecto que dirige recibe una ERC Consolidator Grant (beca del Consejo Europeo de Investigación —ERC, por sus siglas en inglés— a jóvenes investigadores) por importe de 1,86 millones de euros, para intentar identificar (durante cinco años) la molécula natural que rejuveneció el corazón del ratón —presentado en el experimento que publicó en *Nature Communications* en 2015[173].

---

*El 14 de mayo de 2015 el artículo NC2015 fue corregido en un aspecto insignificante —por una tilde en el nombre del último autor, «Gómez-del Arco».

Entre 2015 y 2016 mientras Herrera Merchán seguía investigando sus sospechas sobre el trabajo de Susana se tropezó con el hilo de la web PubPeer donde algunos científicos anónimos estaban poniendo en tela de juicio la publicación de González NC2015, mostrando en la web las imágenes de la controversia[174].

En enero de 2016 el investigador decidió informar a los responsables del CNIC después de haber discutido el tema con Susana. Tras constatar indicios de verdad e informar a la científica, el Comité Operativo del CNIC, en virtud del artículo 56 del Código de Buenas Prácticas aprobado el 20 de noviembre de 2015, creó un Comité de Iguales formado por tres investigadores sin conflicto de interés con la investigada que se encargaría de escrutar exclusivamente las publicaciones realizadas por ella con afiliación a la institución (no otras anteriores).

El 15 de febrero de 2016 el Comité de Iguales presentó el informe al Comité Operativo, quien lo hizo llegar a la investigadora. En resumen, el informe exponía que la investigadora «no había sido capaz de explicar o justificar satisfactoriamente las irregularidades detectadas en varios de los paneles de figuras de sus artículos, al no poder proporcionar los datos crudos originales ni el registro en los cuadernos de laboratorio para ninguno de los experimentos a los que hacen referencia dichas figuras» —esto mismo fue parte del argumento que expusieron los editores de las revistas que retiraron posteriormente sus publicaciones—; también indicaba que los cuatro colaboradores/estudiantes entrevistados «coinciden en manifestar que no han participado en ningún caso en la elaboración final de las figuras ni en la escritura de texto alguno, incluyendo materiales y métodos y pies de figura, de ninguno de los artículos de los que son autores»; además, en concreto para el artículo NC2015 arriba citado, todos los coautores coincidieron en reconocer «que en realidad no se les dio la oportunidad de revisar el borrador final de este trabajo antes de ser enviado para publicación a la revista»[175].

Ese mismo día el Comité Operativo emitió su dictamen provisional. Entre otras cosas el Comité admitía que las irregularidades en los artículos investigados eran evidentes (si bien eran negadas por González), pero que en virtud del principio de presunción de inocencia no se consideraba probado que hubiese existido fraude, algo por otra parte imposible de dilucidar al no haber podido tener acceso ni a los datos originales de los experimentos ni a los cuadernos de laboratorio completos. No obstante, la investigadora sí había incurrido en mala praxis al no conservar los datos originales[176].

El 25 de febrero de 2016 responsables del CNIC recibieron información por parte de un editor en la que quedaba patente que los correos electrónicos presentados por la investigadora como prueba en su defensa habían sido alterados: las fechas de envío y en algunos casos también el contenido de los correos realmente recibidos por los editores no coincidían con las copias aportadas por la investigadora. Esta circunstancia fue considerada por el Comité como una conducta muy grave y culpable «por cuanto supone una alteración intencionada con ánimo de defraudar al comité que estaba llevando a cabo la investigación».

El 26 de febrero de 2016 el Comité Operativo emitió el dictamen definitivo. El informe consideraba probado que la investigadora había incurrio en mala fe (al alterar la fecha y el contenido de los correos electrónicos) y mala praxis (por no conservar los datos brutos originales de los experimentos).

El 29 de febrero de 2016 fue despedida del CNIC algo que según González era una tremenda injusticia y «que se debe a motivos laborales (que no detalla) y que nunca ha falsificado datos en toda su carrera[177]».

El 2 de marzo de 2016 el CNIC comunica al Consejo Europeo de Investigación las «presuntas malas prácticas científicas». Desde el organismo europeo suspenden inmediatamente la ayuda concedida (Consolidator Grant, 1 861 910 euros), a falta de abrir una investigación para averiguar exactamente las irregularidades[178].

El 7 de junio de 2016, como funcionaria que es, vuelve a su plaza de científica titular del CSIC en el Centro de Biología Molecular Severo Ochoa; a las pocas semanas coge la baja médica[179].

El 8 de febrero de 2017 el artículo CELCY2012 es retirado por la editorial[180]. Incluyo aquí parte del documento de retirada escrito por los responsables de la revista (traduzco literalmente del inglés):

«[...]
Hemos sido informados de ciertas irregularidades en las Figuras 1d, 2e y 6b del trabajo referido que son relevantes para los resultados. Se nos informó

que, durante el transcurso de una investigación interna y los procedimientos legales subsiguientes, la doctora Susana González (autora correspondiente), no pudo proporcionar los datos brutos originales ni las notas de laboratorio para ninguno de los experimentos representados en estas figuras que le permitiesen explicar o justificar los resultados reportados en el artículo. El resto de coautores sostienen, y aceptamos, que no participaron ni fueron conscientes de esta omisión.»

El 7 de marzo de 2017 el artículo NC2011 es retirado completamente a petición de cinco de los seis autores (Susana González no admite retractarse), por contener imágenes inapropiadamente duplicadas de artículos anteriores; Susana González no pudo facilitar los datos originales en los que la publicación estaba basada[181].

También el 7 de marzo de 2017 es retirado el artículo NC2015 por causas muy similares al del NC2011, solicitado por 13 de los 14 autores (Susana González no se retracta)[182].

En mayo de 2017, tras la larga baja médica, vuelve a trabajar en el departamento de Vicepresidencia de Investigación Científica y Técnica dependiente del órgano de Presicencia del CSIC (en ese tiempo es presidente Emilio Lora-Tamayo)[183].

El 12 de julio de 2017* es publicada la retirada del NATURE2006[184]. Los responsables de la revista argumentan que hay anomalías en las imágenes (duplicidades, bandas duplicadas en los paneles de entrada PCR) y que no han podido tener acceso a los datos brutos iniciales para poder verificarlas. Al informar a los 9 autores sobre la intención de la editorial de retirar el artículo, 8 de ellos estuvieron de acuerdo con el retracto; Susana González no pudo ser localizada.

El 14 de julio de 2017 el ERC elimina definitivamente la ayuda de 1,86 millones de euros concedida.

El artículo MCB2003 es retirado en septiembre de 2017 por manipulación en las imágenes[185]. La propia coatura, Carol Prives, jefa de un laboratorio de la Universidad de Columbia en la fecha del retracto afirmó: «la manipulación es evidente»[186].

Y hasta aquí puedo contar ☺. Para aquellos que deseen obtener

---

*El día de mi 41º cumpleaños ☺.

un punto de vista muy crítico y ácido sobre el caso —en el tono que nos tiene acostumbrados Leonid Schneider— pueden leer el análisis que el investigador hace en su web[187].

Una sentencia del Tribunal Superior de Justicia de Madrid (Sala de lo Social) que nos recuerda mucho a este caso (aunque no podemos afirmar que se corresponda a él, ya que no incluye los nombres reales de los afectados), es la que tiene el código ECLI: ES:TSJM:2017:9971. Está disponible al público a través del buscador del Consejo General del Poder Judicial. Invito a su consulta a todos los que quieran conocer los pormenores.

Almudena Ramón Cueto ≈ 2018

Aunque la mayoría de los casos de manzanas podridas que hemos incluido en esta lista están relacionados con prácticas de fabricación o falsificación que los investigadores cometieron durante el desarrollo de sus investigaciones y publicaciones, las malas prácticas en la ciencia no solo pueden ser consideradas en ese punto de la cadena —lo vimos, por ejemplo, en el caso de Selman Abraham Waksman (p. 27) traído a la lista no por fraude en investigación, sino por su actitud de no reconocer a Albert Schatz en el descubrimiento de la estreptomicina—. El caso de la doctora española Ramón Cueto es otro de estos ejemplos, una investigadora brillante, sin manchas iniciales en sus publicaciones académicas pero con una presunta mala conducta profesional.

Francamente no es un caso sencillo. Estamos ante una de esas ocasiones en las que un personaje pasa de héroe a villano de la noche a la mañana (azuzado por la cobertura de los medios de comunicación) y en las que la historia que no vemos es mucho mayor que la que vemos —oscuras conspiraciones de la industria farmacéutica, denuncias de acoso, de mobbing...—. Su última etapa como supuesta estafadora no quita mérito a su demostrada valía como investigadora (como digo en más de una ocasión a lo largo del ensayo, encontramos personas buenas que a veces hacen cosas malas así como personas malas que a veces hacen cosas buenas), y como tal fue laureada y admirada por muchos.

El caso aún sigue vivo y está lleno de matices que van más allá de las ligeras pinceladas que vamos a dedicarle aquí. Invito al lector a consultar el artículo de Wikipedia (en español) sobre la doctora, en el que los editores están haciendo un trabajo de una calidad realmente excepcional, contando con decenas de citas de calidad[188].

Almudena Ramón Cueto (1963) obtuvo la licenciatura de medicina y cirugía por la Universidad de Valladolid en 1987. Tras dos años investigando en Estados Unidos comenzó a trabajar en el Instituto Cajal (CSIC). En 1983 obtuvo su doctorado en la Universidad Autónoma de Madrid. Trabajó en el Centro de Biología Molecular Severo Ochoa hasta que ganó la oposición como funcionaria de Carrera del Cuerpo de Científicos Titulares de Organismos Públicos de Investigación del CSIC; fue destinada al Instituto de Biomedicina de Valencia, iniciando la relación con el Centro de Investigación Príncipe Felipe (unidad asociada al Instituto) donde fue directora de la Unidad de Regeneración Neural. Ha colaborado estrechamente en investigaciones desarrolladas en la Universidad de Los Ángeles (y financiadas por el NIH).

En la base de datos Web of Science encontramos 45 artículos publicados entre el 2003 y el 2017 con unas 3300 citas recibidas. Publicó (junto con otros investigadores) en prestigiosas revistas académicas (*Neuroscience, Experimental Neurology, Neuron*) importantes descubrimientos en el campo de la regeneración de células medulares. Su artículo publicado en la revista *Neuron* el año 2000[189] recibe 1128 citas[190].

Entre otros hallazgos, junto a otros coautores demostró que los axones crecen espontáneamente y se regeneran (algo que hasta entonces no parecía ser posible); que los axones seccionados medulares, tanto motores como sensitivos, crecían, cruzaban la zona de la lesión y se regeneraban en el interior de la médula[191]; y quizá lo más sorprendente, mostró experimentos en los que animales parapléjicos (ratas) que recibían los trasplantes recuperaban su movilidad, investigación que nadie ha puesto en duda y que la convertía en pionera en su campo.

En febrero del año 2000 publica en la revista *Neuron* su artículo más citado hasta ahora (según Google Scholar actualmente* recibe 1117 citas), titulado *Functional Recovery of Paraplegic Rats and Motor Axon Regeneration in their Spinal Cords by Olfactory Ensheathing*

---

*2 de marzo de 2019.

Glia.

Ese mismo año el equipo de investigación que lidera es premiado con la Medalla de Oro de la Comunidad de Madrid por los hallazgos relacionados con la recuperación de células medulares.

En el 2001, tras el éxito de la técnica aplicada a ratas, comienza la fase de experimentación con primates no humanos, alojada en el laboratorio del Centro de Investigación Príncipe Felipe de Valencia (CIPF); cuenta con los fondos financieros del Centro Superior de Investigaciones Científicas (CSIC), la Junta de Castilla y León, la Generalitat Valenciana y la Fundación Investigación en Regeneración del Sistema Nervioso (FIRSN).

Según leemos en una noticia de *ABC*[192], Ramón Cueto apuntaba que se habían conseguido notables avances en cuatro años: «[...] uno de estos monos, llamado Chiqui, comenzó al mes y medio de recibir la nueva terapia a controlar la colocación de sus extremidades inferiores. Posteriormente, en colaboración con la Universidad de California en Irvine, se comprobó una progresiva recuperación de la estimulación eléctrica a través de la médula dañada».

Alrededor del año 2005 los sucesos se precipitaron y lo que inicialmente estaba destinado a ser contado como una historia de éxito para la ciencia, se tornó en un *thriller* de insólitos acontecimientos.

El equipo de la doctora Ramón Cueto «había realizado un autotrasplante en un primate con lesión medular completa, y tenía a otro listo para la intervención. También contó con un informe positivo del Comité Científico Asesor del CIPF, presidido por Carlos López-Otín, y fechado en mayo de 2006»[193].

El mono fue sacrificado a instancias de la dirección del CIPF tras lograr una autorización de su comité ético, alegando sufrimientos del animal pero sin contar con el consentimiento de la directora del grupo de investigación Ramón Cueto. Según Rubén Moreno, el director del centro, el macaco tenía un cáncer. No obstante, posteriormente, «el responsable del animalario del centro admite que cuando diagnosticó el sarcoma no sabía que el mono tenía la médula seccionada. Tras enterarse, admitió que el animal podía sufrir una miositis osificante, una dolencia frecuente en personas con lesión medular[194]», así que cabe la posibilidad de que las expectativas de la doctora fuesen reales y el animal pudo haber sido una importante muestra para la investigación. Ramón-Cueto también denunció que una colaboradora suya, Victoria Moreno, había robado células de forma fraudulenta para modificarlas genéticamente (al parecer para otro laboratorio que está desarrollando la línea de modificación celular). El juez desestimó las denuncias.

El 2 de junio de 2006 el responsable del CIPF comunicó a Ramón Cueto que había sido destituida como directora de la Unidad de Regeneración Neural que ella misma creó en el 2000. El laboratorio fue físicamente desmantelado poco después[195].

El 22 de marzo del 2007[196] representantes del CSIC (Rafael Rodrigo, vicepresidente), del Centro de Investigación Príncipe Felipe, del Instituto de Biomedicina de Valencia, de la Unidad de Neurología Experimental del Hospital Nacional de Parapléjicos de Toledo, del Instituto de Neurociencias de Alicante y de la Asociación de parapléjicos Aspaym, emitieron un comunicado en el que concluían que la investigación de la doctora Ramón no había aportado ninguna novedad científicamente relevante durante los últimos seis años, ya que no había publicado ningún artículo en revista que avalase sus logros; los experimentos no ofrecían garantías científicas; además, su línea de investigación estaba siendo desarrollada por otros investigadores en España y el extranjero.
En cuanto al sacrificio del primate, los responsables del CIPF aportaron documentos gráficos que mostraban el estado del animal antes de la eutanasia y registros que mostraban la ausencia de actividad eléctrica por debajo de la lesión, algo que desmentía la recuperación del animal tras la operación realizada por la doctora.
CSIC admitió mantener otros dos proyectos similares al de Ramón Cueto, aunque menos avanzados, uno de los cuales había obtenido una patente y estaba financiada por la farmacéutica Neuropharma, del grupo Zeltia[197].

Recordamos que Almudena tenía su plaza de funcionaria en el CSIC, y como tal, *echarla* es tarea compleja. Tras su etapa en el CIPF, leemos en un artículo de *El Mundo* sobre su periplo[198]:

«[...]
Poco después del incidente con el CIPF pasó a trabajar en el Instituto de Biomecánica del Consejo Superior de Investigaciones Científicas (CSIC), dependiente del Ministerio de Educación y Ciencia, pero pronto se abrió un

expediente contra la científica para averiguar la solidez de sus trabajos. Su mala fama fue cerrándole las puertas de la ciencia. Tras ser expedientada por el CSIC, la Universidad Cardenal Herrera CEU iba a amparar sus investigaciones, aunque al final no fue así. Algo similar ocurrió desde el Hospital General de Valencia donde se confirmó que Almudena Ramón intentó contactar con su fundación dedicada a la investigación, pero después de quedar a la luz pública que mantenía asuntos pendientes con la Justicia, las posibles colaboraciones se frenaron completamente».

A partir de 2011, convencida de la eficacia de su técnica, la doctora decide continuar investigando de manera privada buscando la financiación necesaria para ello. En una conferencia para la búsqueda de fondos la doctora afirmó: «Yo no puedo decirles a estos chicos que se van a levantar de la silla, porque no lo sé. Es decir, yo sé que los animales, si estuvieran en sillas, se levantarían. Yo sé que los animales caminan. Recuperan la movilidad»[199].

En 2011 crea la fundación Centro de Innovación Médica en Regeneración Medular (CIMERM) con sede en Valencia y comienza a captar fondos. Según algunas fuentes obtiene de los pacientes cantidades de hasta 50 000 euros (6000 euros era lo más común) esperanzados en encontrar algún día una cura para su lesión.

Como leemos en el *Diario de Valladolid* en Octubre de 2015, una noticia pareció esperanzar a todos sus seguidores[200]: «En 2012 la experiencia con el bombero polaco Darek Fidyka, operado por los doctores Geoffrey Raisman[*] y Pawel Tabakow utilizando la técnica de preparación celular y trasplante diseñada por Almudena Ramón en sus artículos científicos, "marca un hito y un antes y un después en el tratamiento de lesiones medulares", al conseguir que un lesionado medular paralizado de cintura para abajo logre andar[**]».

---

[*]Raisman falleció recientemente (27 de enero de 2017). Fue el padre del término *plasticidad* para referirse a la capacidad de los nervios dañados de formar nuevas conexiones sinápticas. En Web of Science aparece como autor o coautor de 223 artículos que reciben más de 14 000 citas.

[**]El logro quedó plasmado en un documental realizado por periodistas de la BBC para el programa *Panorama*(está disponible en *BBC Panorama Special - To Walk Again - (2014) - HD - Video Dailymotion* 2014) que cubrieron durante un año la rehabilitación del paciente. La noticia tuvo impacto internacional, con coberturas en prestigiosos medios. Ver por ejemplo la noticia en *The Guardian*: https://www.theguardian.com/science/2014/oct/21/paralysed-darek-fidyka-pioneering-surgery; en la propia BBC: https://www.bbc.com/mundo/ultimas_noticias/2014/10/141020_ultnot_hombre_paralitico_camina_gracias_trasplante_bd; en el periódico *El País*: https:

Pero en mayo de 2018 la Guardia Civil pegó un nuevo golpetazo a la historia con la detención de Almudena, su pareja sentimental y una tercera persona acusados de delito de estafa agravada y contra la salud pública, habiendo estafado presuntamente más de un millón de euros a cien personas. Leemos en la noticia del diario *El Mundo*:

«[...]
La Guardia Civil detuvo ayer a Almudena Ramón y a su pareja, en la operación Summas que afloraba una trama en la que los detenidos ofrecían un tratamiento dividido en cuatro fases que comenzaba con el pago de 4.000 euros y seguía con abonos de más de 50.000 euros, todo ello bajo un claro reclamo: "Trabajamos para la mejora y curación de personas con lesión de la médula espinal". [...] La operación se inició a principios del 2017, cuando los agentes tuvieron conocimiento por ciertas informaciones recibidas sobre la existencia de una supuesta y novedosa terapia ofertada por un centro médico ubicado en la ciudad de Valencia para la cura de lesiones medulares. Los agentes constataron que los tratamientos que realizaban consistían en masajes terapéuticos y administración de productos homeopáticos, a excepción de varios botes con sustancias líquidas que se están analizando para determinar su composición».

Tras los titulares de la detención no tenemos más noticias que aparezcan en una búsqueda de Google. Supongo que habrá que esperar unos años hasta que el juicio llegue, si llega, para determinar verdaderamente qué ha sucedido. Mientras tanto la web de su Centro de Innovación Médica en Regeneración Medular (www.cimerm.com) sigue estando activa en internet.

El programa de investigación de La Sexta *Expediente Marlasca* emitió un especial sobre el caso con entrevistas a distintas partes. Aunque no está disponible íntegramente, sí que pueden consultarse distintos cortes del mismo en la web del programa (muy recomendable)[201].

Sin duda es un caso inquietante, sobre todo si nos quedamos con el recuadro a pie de página[202] con el que el diario *El País* acompañó la noticia de la operación de Darek Fidyka publicada en 2014:

//elpais.com/elpais/2014/10/21/ciencia/1413911126_968903.html o la publicación científica con el hallazgo en la revista *Cell Transplation* (Tabakow y col., 2014).

«[...]
"ESTO PODRÍA HABERSE HECHO EN ESPAÑA"

"Esto mismo se podría haber logrado en España", ha resaltado también [Joan] Vidal [experto en rehabilitación de personas con lesiones medulares en el Instituto Guttmann, en Barcelona]. El experto hace referencia a que en este país, desde hace tiempo ha habido expertos a nivel mundial como Nieto Sampedro y Navarro investigando en animales los trasplantes de glía. Nieto recuerda que su equipo llegó a hacer andar a ratas con lesiones, pero que "no se describió bien". Esos ensayos acabaron primero con una fuerte polémica protagonizada por Almudena Ramón, una de las colaboradoras de Nieto, y después en vía muerta, en parte, dice Nieto, por falta de dinero para realizar ensayos en monos y luego en pacientes. "Probablemente este estudio contribuirá a que el Gobierno espabile y financie esta línea de investigación", apunta Nieto.»

José Baselga ≈ 2018

El español José Baselga (Barcelona, 1959) es uno de los investigadores más destacados del mundo en el campo de la lucha contra el cáncer —está en el top ten de los investigadores españoles cuyos trabajos reciben más citas[203]—. Obtuvo la licenciatura en medicina y el doctorado en la Universidad Autónoma de Barcelona. Aparte de su labor investigadora, durante su carrera ha ocupado puestos de dirección en el Hospital Universitario Valle de Hebrón, en el Harvard Medical School and Massachusetts General Hospital y desde 2013 hasta su dimisión en 2018 ocupó la dirección médica del Memorial Sloan Kettering Cancer Center de Nueva York (MSK).

Como productor de investigación según la Web of Science ha publicado más de 600 artículos en revistas *peer reviewed* que reciben más de 87 000 citas y cuenta con un h-index[204] de 136[205]; aunque según PubMed son 367 los artículos donde aparece como autor.

Afortunadamente en este caso no nos enfrentamos a ninguna de las FFP*, sino que estamos ante la mala práctica conocida como *conflicto de interés* (no declarado).

---

*En el Capítulo C llamamos FFP a las prácticas de fabricación (o invención), falsificación y plagio, consideradas como fraude.

En septiembre de 2018 una investigación de *The New York Times* en colaboración con la agencia de noticias sin ánimo de lucro *ProPublica*[206] sacó a la luz evidencias de conflicto de interés del investigador. Según demuestran en su investigación (y así admitió Baselga), había estado recibiendo pagos de farmacéuticas (recibir pagos en sí no es ilegal) sin indicarlo en las publicaciones, obligación impuesta entre otras por la American Association for Cancer Research (AACR), de la que, para rizar el rizo, el propio Baselga era su presidente durante parte del tiempo al que se refieren las publicaciones denunciadas. Según la noticia del diario (traduzco literalmente del inglés):

«[...]
En 2015, el Dr. Baselga publicó un artículo en el *New England Journal of Medicine* sobre un ensayo patrocinado por Roche de una de las drogas de la compañía, Zelboraf. A pesar de sus vínculos financieros con Roche, declaró que no tenía "nada que revelar" [en cuanto a conflicto de interés]. Catorce de sus coautores [sí] informaron de vínculos con Roche».

[...] durante una conferencia este año, [Baselga] dió un giro positivo a los resultados de dos ensayos clínicos patrocinados por Roche, considerados por muchos otros como decepcionantes, sin revelar su relación con la compañía. Desde 2014, ha recibido más de 3 millones de dólares de Roche por honorarios de consultoría y por su participación en una compañía adquirida por ellos.

El Dr. Baselga no informó sobre sus relaciones con al menos una docena de compañías. En una entrevista, dijo que los errores de divulgación no fueron intencionales.

[...] Christine Hickey, portavoz de Memorial Sloan Kettering, dijo que el Dr. Baselga había informado adecuadamente al hospital sobre su trabajo fuera de la industria y que era responsabilidad del Dr. Baselga divulgar tales relaciones a entidades como revistas médicas. Su institución, dijo, "tiene un programa de cumplimiento riguroso y completo para promover la honestidad y la objetividad en la investigación científica".

[...] En un comunicado, varios días después, [Baselga] dijo que corregiría su informe de conflictos de intereses para 17 artículos, entre ellos el *New England Journal of Medicine*, *The Lancet* y en la publicación que él edita, *Cancer Discovery*. Dijo que no creía que la divulgación fuera necesaria para docenas de otros artículos que detallan las primeras etapas de la investigación».

De acuerdo con la investigación (según informa *La Vanguardia*)[207]: «En alrededor de 60 de los casi 170 artículos científicos publicados por Baselga entre los años 2013 y 2017, el oncólogo no informó de sus conflictos de interés con las empresas farmacéuticas, un dato clave para valorar la fiabilidad de los estudios. La cifra aumentó año a año, hasta alcanzar al 87 % de sus artículos publicados en el 2017, de acuerdo con la investigación. [...] La denuncia se centra fundamentalmente en los tres millones de dólares cobrados de Roche en el 2014 y el 2015, en concepto de labores de consultoría y, sobre todo, de beneficios por la venta de la compañía Seragon, de la que era socio fundador».

El 13 de septiembre de 2018 dimite como director médico del MSK, declarando que «no hubo "voluntad de ocultar información" sino "falta de supervisión" por su parte».

El 7 de enero de 2019, cuatro meses después del escándalo y de su dimisión —y mientras escribo estas palabras—, la multinacional británica AstraZeneca ha anunciado su fichaje como director del área de I+D oncológica a nivel mundial[208].

Lo cierto es que la colaboración entre industria farmacéutica, centros médicos públicos e investigadores, e incluso el solape de profesionales entre los distintos actores del *mercado* no es algo malo en sí, sino que se considera por muchos como necesario y bueno para el avance del campo de investigación, pero en unas relaciones tan solapadas y con intereses a veces enfrentados se hace difícil para las personas (consciente e inconscientemente) tomar las decisiones *más éticamente correctas*, y más cuando hay tanto dinero (y personas que aman el dinero) sobre el tablero de juego.

En este sentido la posición de José Baselga resultaba comprometida. Según el informe[209] desde el 2013 (y hasta la fecha de publicación del informe, lógicamente) fue miembro del consejo de seis compañías, lo que implicaba el difícil reto de proteger los intereses de estas compañías a la vez que desempeñaba su trabajo supervisando las operaciones médicas en el hospital y realizando, también simultáneamente, publicaciones académicas.

Entre agosto de 2013 y 2017 recibió cerca de 3,5 millones de dólares de nueve compañías diferentes (recibidos de forma legal, repito, y declarados en el registro público de pagos). Por ejemplo, en 2017 recibió unos 260 000 dólares en efectivo y acciones por formar parte de la junta directiva de la compañía Varian —según información de la propia compañía.

Aparte de todos estos ingresos, como cabe esperar, Baselga contaba también con su salario del Memorial Sloan Kettering, que en el año 2016 ascendió a 1,5 millones de dólares —vamos, que no es que necesitara el dinero de las farmacéuticas para pagar la cuota de la comunidad de vecinos porque no llegaba a fin de mes ☺.

El tema de recibir regalos es complicado. Me recuerda a lo que en su momento leí de Dan Ariely o Robert B. Cialdini* y luego en artículos académicos de otros autores, sobre la capacidad manipuladora que los regalos tienen sobre nosotros. Las personas somos muy fácilmente influenciables por el entorno y recibir regalos de otros puede sesgar nuestras decisiones alejándolas del lado racional para acercarlas al emocional. La evidencia es tal que muchas organizaciones tienen una férrea política en este sentido, prohibiendo a sus miembros que acepten regalos de terceros por la evidencia demostrada de que de forma consciente o inconsciente sus integrantes podrán verse *manipulados* al recibirlos. El conflicto de interés es un tema complicado de lidiar.

Actualmente** José (o Josep) Baselga cuenta con 3 artículos retirados en la base de datos de Retraction Watch[210].

Brian Wansink ≈ 2018

De todos los autores listados en este capítulo probablemente Wansink sea el que más me duela, ya que fue uno de los científicos clave que estudié en la fase final de mi tesis doctoral. Sus hallazgos en el ámbito del comportamiento de las personas con la comida eran innovadores —este es el del truco de echarte la comida en plato pequeño para tener la sensación de comer más, por el efecto Delboeuf ☺—, así como su capacidad para comunicarlos, algo que me producía admiración. El pasado mes de septiembre (2018) el caso saltó a los medios: muchos de los análisis de datos de sus investigaciones habían sido falsificados. Realmente tampoco me sorprendió demasiado, ya que incluso mi director de tesis llegó a calificar sus resultados durante alguna reunión que mantuvimos como «demasiado buenos».

---

*Por ejemplo, en sus libros *The (Honest) Truth About Dishonesty* y *Influence, the psychology of persuasion*, respectivamente.
**7 de marzo de 2019.

Brian Wansink (Iowa, Estados Unidos, 1960) es investigador en el campo del comportamiento del consumidor (marketing). Obtuvo el doctorado en la Universidad de Stanford y ha desarrollado gran parte de su carrera en la Cornell University, ocupando la cátedra de John S. Dyson en el Departamento de Economía Aplicada y Gestión.

Según Google Scholar, Wansink aparece como autor o coautor en 908 publicaciones indexadas por el buscador, tiene un índice i10 de 257 y sus publicaciones reciben 29 270 citas (la más citada recibe 1666)[*].

Los primeros revuelos en torno al trabajo de Wansink aparecieron en noviembre de 2016 tras la publicación de un *post*[211] en su blog personal donde elogiaba a un estudiante de su equipo por *masajear* datos brutos que aparentemente no arrojaban nada significativo y conseguir finalmente publicar hasta 4 *papers* con ellos (famosos por el tema que trataban: el comportamiento frente a comer pizza). El *post* armó tal revuelo en la comunidad que algunos investigadores curiosos se pusieron a analizar los artículos de Wansink en busca de las malas prácticas que elogiaba en el artículo de su web.

En 2017 Nicholas J. L. Brown[**] y James A. J. Heathers —tenemos más información sobre ellos en el Capítulo E (p. 237)— aplicaron su novedoso método para la detección de resultados erróneos (conocido como SPRITE) a algunas publicaciones de Wansink que habían llamado su atención. Inicialmente las pruebas apuntaron a un artículo de 2012 publicado en *Preventive Medicine*[212] que según el test contenía datos erróneos. Enviaron correos electrónicos con el hallazgo al propio Wansink y a la Office of Research Integrity and Assurance de la Cornell University. La universidad indicó que estaban investigando los documentos. Simultáneamente, Brown y otros dos colaboradores (Jordan Anaya y Tim van der Zee) estaban trabajando en el artículo *Statistical heartburn: An attempt to digest four pizza publications from the Cornell Food and Brand Lab*[213], cuya versión preliminar se hizo pública en enero de 2017. El artículo concluía que cuatro artículos analizados

---

[*]Para saber si esto es mucho o poco lo que hago habitualmente es comparar los números con los de una persona conocida como por ejemplo mi director de tesis, Salvador Ruiz de Maya, cuya área de investigación es comportamiento del consumidor, la misma que la de Wansink. Salvador aparece en Google Scholar como autor o coautor de 139 publicaciones, tiene un índice i10 de 45 y sus publicaciones reciben 3645 citas (su publicación más citada recibe 551).

[**]Sí, es el mismo Nicholas J. L. Brown que tradujo el libro de Diederik A. Stapel de neerlandés a inglés ☺.

del Cornell Food and Brand Lab (el laboratorio liderado por Wansink), tenían serios problemas de incongruencia en los datos presentados. Fueron encontradas unas 150 inconsistencias; entre otras, por ejemplo, en algunos casos los grados de libertad de las pruebas estadísticas eran mayores que el tamaño de la muestra, algo imposible, o valores de F y t eran inconsistentes con las medias y las desviaciones estándar informadas. Los autores comenzaron a publicar sus hallazgos en diversos blogs y a obtener a través de internet realimentación de otros investigadores.

El 21 de marzo de 2017 el movimiento generado en investigadores de distintos países desde finales de 2016 dio como resultado el conocido como *The Wansink Dossier*[214], donde diversos autores aglutinan los hallazgos sobre los reanálisis de más de 50 publicaciones de Wansink, apuntando multitud de errores e inconsistencias que sugerían que Wansink manipulaba los datos agresivamente, algo por supuesto considerado una mala práctica de investigación (ver el Capítulo C, p. 153)[215].

El 21 de septiembre de 2017 fue retirado el artículo publicado en *JAMA Pediatrics* en 2012[216], para el que Wansink había conseguido casi 99 000 dólares en fondos. Esta publicación tiene la singular característica de haber sido retirada dos veces, ya que fue retirada de nuevo el 20 de octubre de 2017.

Entre enero y diciembre de 2017 Wansink solicitó el retracto de cinco artículos y corrigió más de una docena.

El 25 de febrero de 2018 el medio de noticias virales *BuzzFeedNews*[217], publicó unos correos electrónicos donde Wansink y su equipo comentaban en tono bromista su habilidad para obtener resultados impresionantes a partir de datos inservibles; incluso en los correos se muestra cómo Wansink animaba/entrenaba a una estudiante de doctorado —Ozge Siğirci, la que publicaría posteriormente los *papers de la pizza*— a masajear los datos.

El 19 de septiembre de 2018 varias revistas de la *Journal of the American Medical Association* (JAMA) publicaron la retirada de 6 artículos más (antes de esta fecha el investigador ya contaba con 8 retirados, 6 con expresión de preocupación y 15 con correcciones —según la base de datos de Retraction Watch).

El 20 de septiembre de 2018 Michael I. Kotlikoff, rector de la Cornell University, presentó las conclusiones de la comisión que estuvo investigando el caso durante un año[218]. Por su interés como ejemplo —sobre todo para las instituciones de otros países menos avanzados en este campo donde las comisiones de investigación son un espécimen extraño— reproduzco completamente a continuación (traduzco del inglés):

----

20 de septiembre de 2018.
Declaración de Michael I. Kotlikoff, rector de la
Universidad de Cornell.

Durante más de un año, la Universidad de Cornell ha estado revisando las denuncias de mala conducta contra el profesor Brian Wansink, muchas de las cuales fueron muy públicas en su naturaleza. El proceso de revisión e investigación considerando las regulaciones federales y la política de la universidad requiere imparcialidad y confidencialidad. Por esta razón, durante este tiempo Cornell no ha hecho declaraciones sustanciales sobre este asunto, pero en este momento es apropiado transmitir los resultados de la extensa revisión realizada por esta Universidad.

De acuerdo con la política de mala conducta académica de la universidad, un comité docente realizó una investigación exhaustiva de la investigación del profesor Wansink. El comité descubrió que el profesor Wansink cometió mala conducta académica en su investigación y enseñanza, incluyendo reportes erróneos de los datos de la investigación, técnicas estadísticas problemáticas, falta de documentación y conservación de los resultados de investigación y autoría inadecuada. Según lo estipulado en la política de esta Universidad, estos resultados fueron revisados minuciosamente por el decano de la facultad de Cornell.

El profesor Wansink ha presentado su renuncia y se retirará de Cornell al final de este año académico. Ha sido alejado de toda enseñanza e investigación. En su lugar, estará obligado a dedicar su tiempo a cooperar con la universidad en la revisión sus investigaciones previas y en curso.

Lamentamos esta situación que ha sido dolorosa para la comunidad universitaria. La Universidad de Cornell mantiene su compromiso con los más altos estándares de integridad académica y estamos revisando nuestras políticas de investigación para garantizar que podamos cumplir con este compromiso.

Michael I. Kotlikoff
Preboste

Este mismo día Wansink presentó su renuncia indicando que abandonará su posición en la Universidad el 30 de junio de 2019[219].

A la publicación del informe Wansink contestó —en comunicaciones a revistas como *Science* o *Nature*— que «la interpretación de estos actos de mala conducta puede ser debatida, y lo hice durante un año sin el éxito que esperaba». En el comunicado Wansink admitía haber cometido errores en los reportes, mantenido la documentación de forma deficiente y admitió algunos errores estadísticos, pero sostenía que no había habido fraude, ni información falsa de forma intencionada, ni plagio, ni malversación en sus trabajos; añadió: «Creo que todos mis hallazgos serán respaldados, ampliados o modificados por otros grupos de investigación»[220].

Actualmente, la base de datos de Retraction Watch tiene indexados de Brian Wansink 18 artículos retirados, 7 con expresión de preocupación y 15 con correcciones[221].

Yoshihiro Sato ≈ 2018

Yoshihiro Sato fue un investigador japonés en el campo de la osteoporosis. Su primer artículo publicado está fechado en 1993, por lo que su edad ahora rondaría los 50, y digo rondaría porque se suicidó en enero de 2017 —en el caso de Haruko Obokata (p. 90) recordamos que uno de sus mentores, Yoshiki Sasai, también terminó suicidándose en el edificio del instituto Riken en agosto de 2014—. La mayor parte de su carrera la ejerció en el departamento de neurología del Hospital Mitate, en Tagawa, una ciudad de alrededor de 50 000 habitantes al sur de Japón.

Web of Science registra más de 400 artículos *peer reviewed* en los que Sato aparece como autor o coautor, otorgándole un h-index de 48, con 8682 citas recibidas[*].

Actualmente[**] Sato ocupa la cuarta posición en el Retraction Watch Leader Board[***], con 56 artículos retirados, 18 con expresión de preocupación y 3 con correcciones[222].

He encontrado diversos artículos que narran bien la historia, pero me ha gustado especialmente el publicado en *Science*[223] el 18 de agosto de 2017 titulado *Researcher at the center of an epic fraud remains an enigma to those who exposed him*. La mayoría de datos que expongo a continuación los extraigo de él.

Las primeras sospechas estan documentadas en 2005, cuando tres investigadores de la University of Cambridge (UK) enviaron una carta al editor de la revista *Neurology* expresando dudas sobre un artículo publicado por Sato ese año[224], preguntándose cómo era posible que el autor del artículo hubiese gestionado 374 pacientes incluidos en el ensayo en tan solo cuatro meses.

No obstante, a pesar de este primer *soplo*, parece indudable que el caso fue llevado hasta el final gracias al empeño y trabajo desinteresado de cuatro investigadores que realizaron una pura labor de perros guardianes (*watchdogs* —vemos más sobre esta figura en el Capítulo E, p. 237): Alison Avenell de la University of Aberdeen (Escocia) y Andrew Grey, Mark Bolland y Greg Gamble de la University of Auckland (Nueva Zelanda), que invirtieron años analizando las publicaciones de Sato.

En 2006 Avenell estaba documentándose para una investigación y tropezó con algunos trabajos del científico en los que apreció datos con altos indicios de ser erróneos, por lo que que decidió no incluirlos en su investigación.

---

[*]Recuerdo que para tomar magnitud de estas cifras suelo compararlas con alguien conocido como mi director de tesis, Salvador Ruiz de Maya. En Web of Science Ruiz de Maya cuenta con un h-index de 6 y 15 artículos listados que reciben 127 citas —no obstante en Google Scholar consigue un índice i10 de 45 y 3645 citas recibidas.
[**]9 de marzo de 2019.
[***]Vemos qué es en la página 203.

Por esa época (entre 2006 y 2007) las publicaciones de Sato llamaban la atención por el elevado número de participantes en los ensayos, teniendo en cuenta el reducido tamaño del Hospital en el que supuestamente eran realizados. Durante el 2007 algunos investigadores mostraron públicamente las sospechas; Sato respondió[225] en una carta al editor publicada en marzo de 2007, indicando que el estudio había sido realizado en tres hospitales, no solamente en el suyo, pero sin indicar el nombre de los mismos. La editorial aceptó las explicaciones como buenas.

No fue hasta 2012 cuando Avenell sacó a relucir los artículos del científico japonés en las reuniones que mantenía con sus colegas de Nueva Zelanda, Grey, Bolland y Gamble, con los que trabajaba desde 2008 en diversas publicaciones sobre su especialidad. Llamó la atención de todos cómo cambiaban los resultados de los metaanálisis cuando incluían los trabajos de Sato. De sus experimentos resultaba especialmente llamativo el elevado número de participantes, las bajas tasas de abandono y los grandes efectos de los tratamientos en casi todos los casos. Aquí comenzó la investigación en profundidad del grupo sobre el trabajo de Sato.

Según expone el artículo de *Science*: «Bolland extrajo las características de referencia de los 33 ensayos clínicos que Sato había publicado hasta ese momento, más de 500 variables en total, y calculó sus valores de p (*p-values*). Encontró que más de la mitad estaban por encima de 0,8. "Eso simplemente no debería suceder", dice. "Los grupos aleatorios fueron increíblemente similares". Solo había una explicación plausible, dice: Sato había fabricado datos para ambos grupos y los había hecho más similares de lo que nunca serían en la vida real».

Tras estos hallazgos, los cuatro investigadores (de prestigio todos ellos) decidieron ordenar todos los datos y difundirlos a la comunidad científica a través de un *paper*, creyendo que de esta forma «investigadores, revistas e instituciones reaccionarían, investigarían y los retirarían».

En marzo de 2013 enviaron el trabajo al editor de la *Journal of the American Medical Association* (JAMA), que era la revista de mayor impacto donde Sato había publicado. El editor jefe, Howard Bauchner, les comentó que antes de publicarlo contactaría con Sato y su institución si era necesario.

En abril de 2015, como las cosas de palacio van despacio, y las de la academia despacio por diez, dos años después del primer contacto —repito, ¡dos años después!—, el editor de JAMA comunicó a los cuatro investigadores que la institución de Sato no había respondido a sus peticiones, pero que iba a publicar una *expresión de preocupación*[226], como de hecho fue publicada, pero en la que no se hacía mención al nombre de los *whistleblowers*[227] ni al manuscrito que habían enviado con el argumento y los análisis de su alegación (vamos, que no iba a publicar el *paper* con la investigación sobre las anomalías en los trabajos de Sato).

Tras su rechazo y el batacazo que esto supuso para los miembros del equipo de Escocia y Nueva Zelanda, decidieron enviar el manuscrito a *JAMA Internal Medicine*, a *Journal of Bone and Mineral Research*, y a *Trials*, siendo rechazada su publicación en todos los casos.

No obstante, parecía que el ruido estaba provocando cierto efecto ya que en octubre de 2015 uno de los 33 trabajos incluidos en el informe fue retirado.

Los 4 investigadores no cesaron en su empeño y finalmente la revista *Neurology*[228] publicó el estudio el 6 diciembre de 2016 (con fecha de envío del 4 de diciembre de 2015), con el título *Systematic review and statistical analysis of the integrity of 33 randomized controlled trials*. Para la fecha ya habían sido retirados 10 de los 33 artículos incluidos en el estudio.

Al mes siguiente, en enero de 2017, Yoshihiro Sato muere (con rumores de suicidio). Según la entrevista que mantuvo a los pocos meses de la muerte el periodista de *Science*, Kai Kupferschmidt, con Satoshi Ogawa, abogado de Jun Iwamoto, el colaborador más importante de Sato (escribieron más de 130 artículos juntos), aunque la noticia había sido tratada con cautela, el abogado de Sato le había dicho que el difunto dejó una nota en la que decía: «Lo siento mucho por el señor Iwamoto. He decidido suicidarme».

Tras ser publicado el artículo en *Neurology*, la Hirosaki University formó un comité de investigación compuesto por tres expertos externos. A esta Universidad estaba afiliado Kei Satoh, que aparecía en 13 de los 33 *papers* del informe. El informe concluyó que de los 38 *papers* que Sato había escrito, encontró malas prácticas de investigación en 14. El coautor de Sato indicó que su misión en las publicaciones era solamente la corrección de los textos en inglés y que no tenía responsabilidad sobre los datos presentados. No obstante, renunció a un 10 % de su salario durante tres meses como acto de contrición.

Keio University abrió otra investigación sobre los trabajos de Jun Iwamoto, el coautor más habitual de Sato —que cuenta actualmente con 62 papers listados en la base de datos de Retraction Watch, pero hablar de Jun Iwamoto sería un caso adicional en el que no vamos a entrar, así que aquí dejamos el de Yoshihiro Sato: descanse en paz.

PREDIMED ≈ 2018

Muchos de nosotros conocemos el famoso estudio PREDIMED (Prevención con Dieta Mediterránea), buque insignia de la medicina preventiva y de salud pública española, que se llevó a cabo durante 6 años (alrededor del 2010) con casi 7800 participantes y que puso a España a la vanguardia de este tipo de estudios. Algunos lo consideran como «el mayor ensayo aleatorizado sobre dieta y salud realizado en Europa»[229].
Las conclusiones del estudio ponían en relieve las bondades de la dieta mediterránea como fuente de salud, especialmente el beneficio del aceite de oliva. En concreto: «El estudio de 2013 descubrió que las personas que consumían dieta mediterránea suplementada con aceite de oliva tenían un 30 por ciento menos probabilidades de ataque cardíaco, accidente cerebrovascular o muerte por causas cardiovasculares que las asignadas a una dieta baja en grasas; y las que siguieron una dieta mediterránea enriquecida con nueces tuvieron un riesgo un 28 por ciento menor»[230].

Científicamente el trabajo tuvo una gran repercusión internacional y desde el punto de vista de la gestión es sin duda un ejemplo a imitar que sacaba a relucir el potencial que tiene la colaboración entre distintas instituciones (en este caso españolas todas ellas).

En el proyecto participaron cientos de profesionales recopilando datos sobre el terreno, todos ellos piezas fundamentales en los hallazgos, aunque principalmente dos grandes investigadores hicieron la función de líder: Miguel Ángel Martínez-González (doctor en medicina, epidemiólogo, catedrático de Medicina Preventiva y Salud Pública en la Universidad de Navarra e investigador en nutrición, según Wikipedia) y Ramón Estruch Riva (doctor en medicina, consultor sénior del Servicio de Medicina Interna del Hospital Clinic (Barcelona) desde el 2002, Profesor Asociado de la Facultad de Medicina de la Universidad de Barcelona desde 1996, Miembro de Consejo Director del CIBER de Obesidad y Nutrición del Instituto de Salud Carlos III desde el 2006 y miembro del Advisory Board of the ERAB (European Foundation for Alcohol Research) de la Unión Europa desde el 2010[231]).

Todo era maravilloso hasta que en el 2013 el estudio tropezó con las técnicas del anestesiólogo británico John Carlisle[*] detectándose algunas inconsistencias. El propio Miguel Ángel Martínez-González decidió realizar una auditoria de todos los datos usados para el estudio en la que concluyeron que aproximadamente un 14 % de los participantes no habían sido asignados aleatoriamente a los grupos, lo que implicó que los resultados debían ser reconsiderados.

Numerosos artículos fueron retirados y vueltos a publicar posteriormente una vez realizados nuevos análisis.

La última mención que aparece en la base de datos de Retraction Watch es de la revista *The Lancet*, que republica el 1 de mayo de 2019 uno de los estudios que se realizaron[232].

La web de la Harvard T.H. Chan School of Public Health publicó en junio de 2018 un artículo resumen indicando lo que cambiaba y no cambiaba tras los reanálisis realizados[233]. Lo cierto es que, afortunadamente (como usuario de la dieta mediterránea ☺), las conclusiones generales del estudio se siguen manteniendo. Es posible seguir afirmando que tanto en el estudio original como en el recalculado la incidencia de enfermedades cardiovasculares en los grupos con dieta mediterránea era aproximadamente un 30 % más baja que en el grupo de control. Además, la conclusión general permanecía invariable: «En este estudio que involucró a personas con alto riesgo cardiovascular, la incidencia de eventos cardiovasculares mayores fue menor entre las asignadas a una dieta mediterránea complementada con aceite de oliva virgen extra o nueces que entre las asignadas a

---

[*]Sí, el mismo que publicó el estudio sobre los trabajos de Yoshitaka Fujii (lo vimos en la página 88) afirmando que era prácticamente imposible que los resultados presentados por el investigador hubiesen sido obtenidos de los grupos propuestos. Podemos conocer más sobre él en el Capítulo E, p. 241.

una dieta reducida en grasas».

He querido traer este caso a colación para subrayar la idea de que no siempre la retirada de un artículo implica que haya habido una intencionalidad manifiesta de defraudar por parte de los autores[*]. Incluso podemos encontrar autores con varios artículos retirados a sus espaldas sin haber tenido nunca nada que ver con un caso de fraude, sino simplemente por aparecer como coautor de alguien que sí lo ha cometido.

Afortunadamente PREDIMED ha demostrado su solidez y nos sirve de ancla para hacernos una idea de lo exquisitos que debemos ser poniendo nuestros resultados en el río del conocimiento científico, río del que otros beben y beberán durante los años que dure la humanidad.

Carlos López-Otín ≈ 2019

Mientras escribo estas palabras el caso de López-Otín está en plena efervescencia. Como supongo que ha sucedido siempre a lo largo de historia, en la arena de los escándalos sociales cuanto más alto es el copete del personaje protagonista mayor revuelo social se arma. No es lo mismo que me case yo que sea el Príncipe Felipe quien se casa, como no es lo mismo que publique una mentirijilla Pepito Pérez en la revista del instituto que López-Otín en *Nature Cell Biology*: socialmente qué posición ocupa el protagonista de una historia importa, y López-Otín es un personaje socialmente reconocido —algo que por cierto parece no desagradarle y llevar bastante bien a tenor de sus regulares apariciones en prensa.

En las últimas semanas la tragicomedia está de lo más ardiente, sobre todo si nos fijamos en las redes sociales de internet. Por un lado tenemos al bando de los defensores a ultranza de la inocencia y la bondad del científico (#otiners ☺), y por otro a los que si les dejasen lo echarían a la hoguera, pero lo cierto es que probablemente el caso no sea ni tanto ni tan calvo.
Como he argumentado en distintas partes de este capítulo, afortunadamente para la rutina de nuestras vidas las cosas no son puramente

---

[*]Volvemos a dar una vuelta de tuerca a este tema en el Capítulo D (p. 184).

120

blancas o estrictamente negras —si así lo fuesen con un bit tendríamos suficiente para codificarlas, ¡qué aburrido y sencillo sería todo! ☺—. Por suerte para nuestra diversión cerebral el comportamiento del hombre y la naturaleza suele estar envuelto en un infinito rango de grises y de colores*, y los acontecimientos no suelen ser ni tan malos como unos los trazan ni tan buenos como otros las pintan, sino que se quedan en algún punto entre ambos extremos.

Como también dije en algún otro lugar, no soy de la opinión de tachar completamente los aportes de un investigador a la ciencia porque en algún momento haya tenido mala conducta: nos podemos encontrar con investigadores que hicieron grandes aportaciones a la ciencia pero que en un punto determinado de su carrera, quizá precisamente por ese elevado nivel de autoexigencia, permitieron que la ambición se transformase en codicia, algo que hay que condenar pero sin entrar en el ataque personal —sobre todo porque en algunos casos nos estaríamos perdiendo aportes interesantes de muchos individuos (no descubro nada nuevo si digo que las personas más creativas suelen ser también las más mentirosas).

Por lo tanto, y vuelvo a machacar la idea que dije al inicio del capítulo, sería interesante en nuestros juicios no tachar a las personas, sino más bien sus comportamientos o actitudes. Y este es el punto de partida que propongo para adentrarnos en el caso de López-Otín: el respeto a un gran investigador y la alarma y la condena a unas malas conductas. Comencemos.

Carlos López-Otín (Huesca, 1958) cursó la licenciatura de química en la Universidad Complutense de Madrid donde también se doctoró en 1984. Pronto (1987) comenzó su carrera en la Universidad de Oviedo donde actualmente ocupa la posición de catedrático en el Departamento de Bioquímica y Biología Molecular[234]. En Web of Science encontramos de él indexados más de 400 artículos *peer reviewed* —el más citado, *The Hallmarks of Aging* de 2013, recibe 2693 citas—, tiene un h-index de 105 y recibe más de 50 000 citas**.

Lo primero que uno piensa al ver estas cifras es que estamos ante una gran eminencia investigadora de indudable valor para la cien-

---

*Lo de infinito si consideramos el dominio analógico, claro, en el dominio digital de nuestros dispositivos electrónicos los colores no son infinitos aunque nos lo parezcan.

**Como en otras ocasiones, para saber si esto es mucho o poco habitualmente comparo los datos con los de alguien conocido, como por ejemplo mi director de tesis Salvador Ruiz de Maya. Salvador cuenta en Web of Science (en las bases de datos a las que tengo acceso) con 15 artículos *peer reviewed* indexados, tiene un h-index de 6 y sus artículos reciben 127 citas.

cia, sobre todo si hacemos unas sencillas operaciones matemáticas para estimar su tasa de *papers* publicados por año: el primer artículo lo publicó en 1982, el último en 2019, es decir, 37 años de publicaciones. Si 450 artículos los dividimos entre 37 años, nos salen unos 12 artículos *peer reviewed* por año, con un pico de 31 publicaciones en 2013, según las estadísticas de Web of Science —la reflexión sobre qué implica escribir 31 artículos en un año la dejo para la intimidad de cada cual ☺, aunque ya comentamos algo al respecto (p. 47) cuando examinamos el caso de Jan Hendrik Schön y su alta tasa de publicación... Revisemos a continuación una cronología de los acontecimientos.

En abril de 2017 Otín y su equipo consiguen una ayuda (Advanced Grant) del European Research Council (ERC) por unos 2,5 millones de euros para desarrollar un proyecto sobre el envejecimiento de mecanismos moleculares.

En junio de 2017 comienzan los primeros comentarios en PubPeer sobre las anomalías en los artículos publicados por Otín y su equipo[235].

Alrededor de octubre de 2017 el equipo rector de la Universidad de Oviedo es conocedor de las anomalías de las investigaciones de López-Otín (que ellos llaman acoso contra el investigador). López-Otín manifiesta estar siendo víctima de un acoso. Las medidas tomadas, según el rector de la Universidad, Santiago García Grancia, fueron «examinar las acusaciones que estaban recibiendo contra las publicaciones del equipo de investigación de Otín [...] ofreciendo su apoyo al investigador y que Otín no solicitó nada más allá de apoyarle en sus planteamientos, que consideran correctos»[236] —no leemos nada de que en algún momento se haya creado una comisión de investigación ni interna ni externa.

A finales de 2017 el antes investigador biólogo molecular y ahora divulgador Leonid Schneider publicó en su web una entrada de blog donde exponía las dudas que diversos científicos estaban arrojando en la web PubPeer sobre ciertas publicaciones del equipo de López-Otín[237]. Una vez más las imágenes que acompañaban a los datos parecían estar manipuladas indebidamente (los famosos Western blots y otros análisis de geles, tan habituales en el mundo de la biología). Schneider comenzó a realizar desde entonces hasta ahora un férreo seguimiento del caso[238].

En junio de 2018 una «sorprendente infección» aniquiló a los más de 5000 ratones que Otín y su equipo usaron para las investigaciones —modificados genéticamente durante años para estudiar el cáncer y el envejecimiento[239]—. Algunos especulan ahora sobre la posible intencionalidad de esta aniquilación en su momento para eliminar las pruebas de las investigaciones.

También en junio de 2018, Otín se retira a la casa de su hija en Mallorca por recomendación de su psiquiatra, ya que se siente envuelto en un caso de acoso y muy afectado psicológicamente. Allí, en 28 días, escribe el libro *La vida en cuatro letras*.

Durante el 2018 el ruido y las dudas sobre los trabajos fueron en aumento hasta que las apreciaciones a los artículos llegaron a los oídos de los editores de la revista *Journal of Biological Chemistry* (JBC)— desconozco quién actuó como *whistleblower*, si lo hubo[240] y cómo fue el proceso de información a los editores.

Con fecha 26 de diciembre de 2018 los editores de la JBC publicaron la retirada de ocho artículos[241] en los que el español aparecía como investigador principal, por contener anomalías en las imágenes — aunque antes de esa fecha el científico ya aparecía como coautor de un artículo retirado y otro que contenía una expresión de preocupación.

El 28 de enero de 2019 el diario *El País* se hizo eco de la noticia — con un enfoque bastante tibio, según algunos— a través del siguiente titular: *Retiradas ocho investigaciones de uno de los científicos más prestigiosos de España*[242]. En el artículo, aunque las manipulaciones en las imágenes son evidentes e incluso posteriormente admitidas por el investigador, López-Otín denuncia ser víctima desde un año atrás de una persecución por la que algún grupo de científicos se había puesto a analizar con lupa los más de 400 artículos que ha publicado durante su carrera. Admite algunos errores menores que según él no afectan al resultado de las investigaciones.

Entre abril y marzo de 2019, según declaraciones del rector de la Universidad de Oviedo, el ERC (organismo que concedió la ayuda de 2,5 millones de euros) ha contactado con «la institución para solicitarles información tras la retirada de los artículos mencionados». Recordemos que el ERC es el organismo que concedió a Susana González, en septiembre de 2015, la ayuda de casi 1,9 millones de euros en una Consolidator Grant que posteriormente le retiró (julio de 2017) tras apreciar el incumplimiento de las bases de la ayuda al haberse demostrado las malas conductas en investigación (ver página 96 y 99) —tendremos que esperar unas semanas o meses para conocer qué pasa con la Advanced Grant de López-Otín.

El 4 de marzo de 2019 López-Otín regresa a la Universidad de Oviedo tras su estancia sabática en París, donde estuvo durante unos meses para «buscar una reparación mental intensiva»[243].

El 22 de abril de 2019 el investigador presenta su libro *La vida en cuatro letras* (que escribió durante los 28 días de retirada espiritual en Mallorca), en el que desde un punto de vista autobiográfico, con toques de filosofía budista y psicología positiva, narra sus vivencias y sentimientos durante este episodio de su vida en el que según manifiesta, tuvo momentos puntuales en los que pensó hasta quitarse la vida[244].

... y nada más qué contar por el momento. Hasta aquí llega el *timeline* de la historia —la bola de cristal para adivinar el futuro que compré la semana pasada en amazon aún no la he recibido ☺.

Las reflexiones que otros han hecho y que nosotros también podemos compartir son muchas. Por ejemplo, sobre las comisiones de investigación. En España carecemos de una Oficina de Integridad en Investigación de carácter nacional como puede ser la ORI en Estados Unidos, la UKRIO de Reino Unido, el TENK finlandés y tantas otras (hablamos sobre ellas en el Capítulo E, p. 213). En España no tenemos nada parecido a nivel estatal[*]. Así, los casos de malas prácticas se supone que deberían ser tratados por cada institución, pero como vemos en el capítulo Capítulo F sobre la situación en España, son muy escasas las instituciones que en algún momento han definido qué hacer o cómo actuar ante casos de posibles malas prácticas de investigación o violaciones de la integridad científica.

Aunque algunos centros de investigación de élite sí las tienen, como el IBEC en Cataluña (p. 256), las universidades habitualmente no cuentan con claros procedimientos establecidos a este respecto: en general para las universidades las malas prácticas de investigación entre sus afiliados parecen ser algo inexistente.

---

[*] El CSIC sí cuenta con un comité ético que incluye un subcomité de integridad; lo hemos visto en los casos de los otros investigadores españoles citados en este capítulo, pero con la particularidad de que aquellos estaban afiliados a la institución. El CSIC no investiga casos fuera de su ámbito.

Tal ecosistema nos provoca el espejismo de considerar perfectamente normal que para el caso de López-Otín no se haya creado —o al menos no encontremos referencias— una comisión de investigación o comité de integridad para investigar el caso. Lamentablemente hay muchísimo dinero en juego. López-Otín es un imán de subvenciones y la institución a la que está adscrito (Universidad de Oviedo) no querrá renunciar a los fondos. Ante tal conflicto de interés, y como hemos visto en otros casos, lo íntegro sería establecer una comisión de investigación externa y compuesta por miembros sin relaciones personales con el investigado. No sé si se hizo o no, pero atendiendo a las directrices internacionales en salvaguarda de la integridad investigadora es lo que se debería haber hecho.

En cuanto a la mala conducta cometida, la realidad es que el grupo de investigación liderado por López-Otín entre 1994 y 2006 parece haber utilizado la misma imagen en 23 publicaciones distintas (usaron el mismo grupo de control para todas estas investigaciones), algo que metodológicamente es un grave error y una violación a la integridad si no se reporta en los informes[245].

Según un investigador, que prefiere no dar su nombre, en declaraciones a *El País*:

«[...]
los errores detectados "son éticamente inaceptables, aunque no alteren significativamente las conclusiones" de los estudios. "Es un asunto binario: o manipulas o no manipulas. Y, si manipulas, aunque sea una manipulación torpe para ahorrar tiempo, está mal", zanja este científico. A su juicio, no obstante, "López Otín ha sido y sigue siendo un referente para la ciencia española, porque sus éxitos están fuera de toda duda"».

Francisco Villatoro comentaba en un podcast en el que reflexionaron sobre el tema[246]:

«[...]
El noveno artículo retirado está en *Nature Cell Biology*, como nos cuenta Leonid Schneider, "Spanish elites rally in support of data manipulation", For Better Science, 30 Jan 2019. Por cierto, Schneider comenta que los medios en España están defendiendo a López Otín más de la cuenta, como si la manipulación de las imágenes en las figuras de los artículos no fuera relevante para sus conclusiones, que son ciertas a pesar de la manipulación. En este sentido yo estoy de acuerdo con él, si hay manipulación de los casos de

control, los resultados no son confiables. Si las hipótesis han sido repetidas de forma independiente, el mérito de la hipótesis no puede ser para el falsificador de imágenes sino para los que repiten el análisis con rigor».

También encuentro interesante el análisis que Joaquín Sevilla hizo por Twitter, donde mostraba su preocupación por el posible mal endémico que tenemos en el sistema académico. No puedo reproducir aquí todos los tuits, pero invito a aquellos que tengáis acceso a internet a consultar el hilo aquí: https://twitter.com/Joaquin_Sevilla/status/1090292578346561537.

Otro artículo que analiza el caso desde un punto de vista bastante crítico y que maneja numerosas fuentes es el que escribieron el 7 de marzo de 2019 los chicos de la iniciativa #InvestigadoresEnParo en su web[*].

Muy probablemente el caso nos traerá alguna novedad adicional. Habrá que estar atentos.

---

[*]La dirección es https://investigadorenparo.wordpress.com/2019/03/07/el-science-washing-del-otin-gate/ (última consulta el 9-06-2019).

Parte II

Contextualizando la integridad en investigación

129

Capítulo C

Llamemos a las cosas por su nombre

En todo campo de investigación, como en todas las áreas de la vida, el nivel de detalle y perfilado aumenta conforme crece nuestro acercamiento a la materia[**]. Al principio vemos un bosque, luego vemos los árboles, luego las hojas de los árboles, luego la forma de cada hoja, y así podríamos seguir hasta llegar al nivel molecular. Probablemente si deseamos estudiar las naranjas (la fruta), en un nivel superior hablaremos sobre los datos de la naranja como un todo, su cultivo, su aspecto y otros conceptos generales, pero conforme vayamos profundizando nos daremos cuenta que tenemos distintos tipos de naranjas (navelina, navelate, powell, sanguina, valencia late, seedless...), cada una con sus particularidades especiales, que nos obligan a hablar de ellas de forma separada si deseamos afilar un poco más la sierra de nuestro conocimiento.

Hasta ahora hemos estado hablando de malas prácticas en investigación de manera general, como una idea abstracta sobre la que cada uno de nosotros en función de nuestro bagaje sociocultural y en función del entorno profesional donde nos movamos podemos tener diferentes apreciaciones. Incluso podemos encontrar determina-

---

[**] ¿Construal Level Theory? ☺.

das prácticas que en ciertos entornos puedan estar bien consideradas, mientras que en otros sean vistas como una violación de la integridad científica. Quizá por esto, por estas diferentes perspectivas que podamos tener y por aumentar la resolución y la precisión de nuestro enfoque, convendría echar un vistazo a la literatura y aclarar la terminología que podemos usar para referirnos a los distintos vectores que conforman la fuerza principal de este problema.

Comenzaré compartiendo mi historia personal. Al principio de nacer mi inquietud por las violaciones de la integridad en investigación, para referirme a este problema hablaba en términos de *ética* y a todas las malas prácticas que podemos considerar a su alrededor las llamaba *fraude científico*, pero no tardé en darme cuenta que la cuestión no era estrictamente ética y que no todo lo que se divisaba en esta pradera era fraude científico —un gran inicio de investigación: ser consciente de que la mayoría de tus supuestos son erróneos ☺.
En aquellos inicios me volvía loco buscando documentación sobre ética en investigación, me metía en los códigos éticos de las instituciones, contactaba con los comités de ética para recibir asesoramiento, pero la información que encontraba se refería más bien a aspectos relacionados con las investigaciones de la salud, la biología, experimentación con animales y este tipo de cosas[*]. Comencé a darme cuenta de que los libros sobre las malas prácticas de investigación que a mí me preocupaban estaban en otra estantería: mi inquietud no era la ética, sino la integridad. Veamos a continuación.

Ética vs. integridad

Revisando un poco la literatura, de forma muy resumida, podemos considerar que bajo el concepto de ética en investigación incorporamos aspectos desde la perspectiva de los principios morales, mientras que la integridad en investigación mantiene la perspectiva de los estándares profesionales[1]. Esto implica que los aspectos éticos, al estar relacionados con la moral, podrán diferir entre distintas culturas. Según Heide Lain[2], «la integridad en investigación surgió como una discusión separada de la ética de la investigación durante la década de 1980 como reacción a la investigación de escándalos

---

[*]En el Capítulo E (p. 214) vemos con más detalle la diferencia entre los comités de ética y los comités de integridad.

FIGURA C.1: Conducta responsable en investigación = Ética en investigación + Integridad en investigación. Adaptado de Steneck (2006)

por mala conducta, y desde entonces ha sido incluida en numerosos códigos de conducta».

Steneck (el gurú y padre contemporáneo de la integridad en investigación, no pararemos de citarle a partir de ahora), ya se planteó esta reflexión hace más de diez años[3] y propuso la diferenciación entre ambos constructos unidos por uno superior, la Conducta Responsable de Investigación (RCR, por sus siglas en inglés). Lo intento representar en la figura C.1.

No es mi intención entrar en el análisis etimológico o establecer una red nomológica de ambos constructos —recomiendo el citado artículo de Steneck para quien quiera tener una visión más profunda de la diferenciación entre los términos—, me conformo con dejar la nota avisando de que en esta área de conocimiento ambos conceptos son diferentes. Aclarado entonces que el foco de este ensayo no lo ponemos sobre la ética, sino sobre la integridad —o más bien, sobre la ausencia de ella—, pasemos a ordenar los conceptos.

Conducta Responsable de Investigación

La temática principal alrededor de la que gira este ensayo es la integridad en investigación: los códigos a los que nos referimos son códigos de *integridad*, los organismos serán oficinas o agencias de *in-*

134

tegridad y las violaciones que vemos son contra la *integridad*. Por lo tanto, quiero dejar claro que el concepto clave es *integridad en investigación* en forma positiva y en forma negativa *malas prácticas de investigación*.

No obstante, existe un concepto superior (visto en la figura C.1, p. 133.) que no está de más considerar porque lo podremos ver en la literatura de la temática: la Conducta Responsable de Investigación (Responsible Conduct of Research —RCR). Básicamente, este concepto hace mención al conjunto de prácticas en el entorno de investigación que pueden ser consideradas como responsables —la idea es parecida a la que en empresa tenemos con la Responsabilidad Social Corporativa: ser bueno en nuestro trabajo y ser bueno con los demás.

Como suele ocurrir habitualmente con cualquier término, resulta difícil encontrar una definición consensuada sobre qué es la RCR; de hecho, como en otras cuestiones éticas, podemos encontrarnos variaciones en función de cada cultura. Aún así, por tomar un ejemplo, vamos a ver qué se cuentan sobre el término en Finlandia, donde afortunadamente poseen una agencia nacional que se preocupa por los temas de integridad en investigación: el TENK [*]. Estos colegas publicaron en 2013 el libro *Guidelines about Responsible Conduct of Research and Procedures for Handling Allegations of Misconduct in Finland*[4] donde se considera como conducta responsable en investigación aquella en la que (traduzco literalmente del inglés):

1. La investigación sigue los principios que están respaldados por la comunidad investigadora, es decir, integridad, meticulosidad y precisión en la conducción de la investigación y en el registro, presentación y evaluación de los resultados de la investigación.
2. Los métodos aplicados para la adquisición de datos, así como para la investigación y evaluación, se ajustan a criterios científicos y son éticamente sostenibles. Al publicar los resultados de la investigación los resultados se comunican de manera abierta y responsable como es intrínseco a la difusión del conocimiento científico.
3. El investigador toma debidamente en cuenta el trabajo y los logros de otros investigadores respetando su trabajo, citando sus publicaciones de manera apropiada y otorgando a sus logros el crédito y el peso que merecen, al llevar a cabo su propia investigación y publicar sus

---

[*]Consejo Consultivo Finlandés sobre Integridad en Investigación (TENK por sus siglas en finés). Vemos más sobre el TENK en el Capítulo E (p. 217).

resultados.

4. El investigador cumple con los estándares establecidos para el conocimiento científico en la planificación y realización de la investigación, en el informe de los resultados de la investigación y en el registro de los datos obtenidos durante la investigación.

5. Se han adquirido los permisos de investigación necesarios y se ha llevado a cabo la revisión ética preliminar que se requiere para ciertos campos de investigación.

6. Antes de comenzar la investigación o reclutar a los investigadores, todas las partes dentro del proyecto o equipo de investigación (el empleador, el investigador principal y los miembros del equipo) acuerdan los derechos, responsabilidades y obligaciones de los investigadores, los principios relacionados con la autoría y las preguntas relacionadas con el archivo y el acceso a los datos.

7. Las fuentes de financiación, los conflictos de intereses u otros compromisos relevantes para la realización de la investigación se anuncian a todos los miembros del proyecto de investigación y se informan al publicar los resultados de la investigación.

8. Los investigadores se abstienen de todas las situaciones de evaluación y toma de decisiones relacionadas con la investigación, cuando hay razones para sospechar un conflicto de interés.

9. La entidad investigadora se adhiere a las buenas prácticas de personal y administración financiera y tiene en cuenta la legislación de protección de datos.

Habitualmente la RCR trasciende el entorno estrictamente investigador —me refiero a la dinámica investigar > analizar > publicar— para ocuparse también de cuestiones de formación y de relación entre los distintos actores del ecosistema investigador (relaciones/obligaciones institucionales, relaciones entre investigadores en formación y los responsables de equipo, relaciones entre compañeros investigadores...). Podríamos decir de forma muy general que la RCR es el conjunto de normas, habitualmente plasmadas en códigos de conducta, que pretenden ser una guía para que nuestras acciones se mantengan dentro de la integridad investigadora.

Para una revisión profunda sobre RCR recomiendo el libro-guía que Nicholas H. Steneck hizo para la Office of Research Integrity (ORI)[*] en 2007 titulado *Introduction to the Responsible Conduct of Research* (disponible de forma abierta en HTML y PDF)[5].

---

[*] Si has empezado a leer por este capítulo y aún no te suena qué es la ORI, hago una revisión sobre ella en el Capítulo E (p. 198).

Integridad en investigación

Aquí tenemos nuestro núcleo: la integridad en investigación (*research integrity*) o también nombrada a veces como integridad científica. Como en el caso de la RCR resulta difícil encontrar una definición estándar sobre qué entendemos por integridad en investigación, por lo que voy a usar el truco de exponer la visión de distintas organizaciones y que cada cual sintetice su propia sobre lo que es ☺.

Las primeras referencias que comenzamos a encontrar respecto al término *research integrity* son del año 2004 en el entorno del gobierno federal norteamericano, que como veremos en la sección dedicada a la Office of Research Integrity (Capítulo C, p. 198) están en este menester desde hace décadas[*].

En concreto, la siguiente definición la encontramos en la RFA (*request for application*) que el US Department of Health and Human Services publicó el 6 de agosto de 2004 para dotar de ayudas a aquellas iniciativas que les aportasen investigación empírica que les permitiese seguir avanzando en la construcción de políticas de integridad en investigación[6]. El texto entendía la integridad como:

«[...]

- el uso de métodos honestos y verificables para proponer, realizar y evaluar investigaciones;

- informar de los resultados de la investigación con especial atención al cumplimiento de las normas, reglamentos, directrices y

- seguir los códigos o normas profesionales comúnmente aceptados».

En 2006 Steneck hacía referencia a este mismo texto considerando que integridad en investigación quedaba definida como «la posesión y la adhesión firme a los estándares profesionales, tal como describen las organizaciones profesionales, instituciones de investigación, y, cuando sea relevante, el gobierno y el público»[7].

Aunque por supuesto se han seguido aportando definiciones con posterioridad, quizá el documento clave fue el que brotó en 2010 de la 2ª Conferencia Mundial sobre Integridad en Investigación: la *Declara-*

---

[*]Ya en 1981, por iniciativa de Albert Gore, comenzaron a construir políticas activas para la salvaguarda de la integridad en investigación y la lucha contra las malas prácticas en investigación.

ción de Singapur sobre la Integridad en Investigación[8]. La declaración define como principios de la integridad en investigación los de:

«[...]

- honestidad en todos los aspectos de la investigación;
- responsabilidad en la ejecución de la investigación;
- cortesía profesional e imparcialidad en las relaciones laborales y
- buena gestión de la investigación en nombre de otros.»

Además de estos principios, la declaración lista los 14 aspectos que fueron considerados fundamentales y que podían ser utilizados independientemente de los países, las culturas o las disciplinas del conocimiento para salvaguardar la integridad en la investigación. Aunque vemos en detalle la declaración en el Capítulo E (p. 209), listo a título de ejemplo las tres primeras responsabilidades:

«[...]

1. Integridad: Los investigadores deberían hacerse responsables de la honradez de sus investigaciones.
2. Cumplimiento de las normas: Los investigadores deberían tener conocimiento de las normas y políticas relacionadas con la investigación y cumplirlas.
3. Métodos de investigación: Los investigadores deberían aplicar métodos adecuados, basar sus conclusiones en un análisis crítico de la evidencia e informar sus resultados e interpretaciones de manera completa y objetiva.
4. ...»

Si nos quedamos en Europa, por ejemplo, el TENK en 2013 se refirió a la integridad en investigación como «un término que enfatiza la honestidad y la integridad que todos los investigadores deben adoptar en sus investigaciones»[9].

Un análisis etimológico del concepto lo obtenemos del trabajo publicado en 2016 por María Casado[*] y otros colegas con el nombre de *Declaración sobre la integridad científica en investigación e innovación responsable (UNESCO)*[10], donde exponen como principios estructurales

---

[*]Directora del Centro de Investigación Observatorio de Bioética y Derecho de la Universidad de Barcelona y titular de la Cátedra UNESCO de Bioética de la Universidad de Barcelona.

de la integridad científica los de verdad, rigor y objetividad, independencia, neutralidad, cooperación y honestidad, transparencia y justicia, compromiso y responsabilidad social.

En 2018 la Federación Europea de Academías de Ciencias y Humanidades (ALLEA, por sus siglas en inglés)[*] publicó el *Código de Conducta para la Integridad en Investigación*[11]. En este código son citados como puntos clave de la integridad: la honestidad, objetividad, confianza, apertura y accesibilidad, imparcialidad e independencia, derecho al cuidado, justicia y responsabilidad con respecto al futuro.

Un reciente estudio[12] sobre las políticas de integridad en investigación y malas prácticas de 18 universidades europeas en 10 países diferentes, observó dos grandes tipos de guías de integridad, por un lado, aquellas que exaltan más el papel de la integridad como un valor a respetar, y por otro aquellas que se centran más en detallar las malas prácticas o comportamientos y la forma de atajarlas.

Como vemos no existe una definición estándar de integridad en investigación, aunque la idea general queda más o menos clara. En resumen y de forma sencilla, podríamos decir que la integridad en investigación define unos estándares sobre cómo debería ser la investigación desde el punto de vista ético-legal, recordándonos aquellos principios que deberíamos respetar o aquellos grandes pilares que deberían estar en la base de nuestras investigaciones.

Malas prácticas en investigación

Es evidente que los principios de integridad en investigación no son siempre respetados. Cuando en alguna circunstancia alguien viola estos estándares hablamos de malas prácticas de investigación[**] (*research misconduct* o *scientific misconduct*), que es de lo que al fin y al cabo va este ensayo.

---

[*]Vemos más sobre ALLEA en el Capítulo E (p. 210).
[**]Usaremos de forma indistinta en la traducción de *research misconduct* la expresión *malas prácticas en investigación* o *malas conductas en investigación*.

Como nos ha pasado en el caso de la integridad en investigación, para las malas prácticas tampoco encontramos un consenso sobre cómo definirlas —qué pena que los organismos de normalización ANSI, ISO, IEEE... no estén en todas las disciplinas, con lo bien que nos vienen en la ingeniería ☺—, así que una vez más voy a usar el truco de compartir distintas definiciones para que cada cual se construya su versión del concepto —van desde una definición escueta, hasta el diseño de completos *frameworks* (marcos de trabajo).

Quizá la propuesta más extendida sea la que a principio de siglo fijó la US Office of Science and Technology Policy (OSTP)*, que aunque inicialmente nació solamente para ser incorporada por todas las agencias gubernamentales de aquel país, se ha convertido en una referencia mundial tomada por otros organismos[13].

Esta definición la podemos ver en un montón de sitios a lo largo de todo el planeta; la que cito a continuación en particular es la adaptación de la norma que la US National Science Foundation (NSF) realizó y quedó publicada en el título 45, capítulo 6 del Registro Federal (vemos más sobre la 45 CFR 689 en el Capítulo E, p. 229)[14]. Traduzco literalmente del inglés:

«[...]

- Malas prácticas de investigación [*research misconduct*] quiere decir fabricar [o inventar], falsificar o plagiar en propuestas o investigaciones financiadas por la NSF, en revisiones de las propuestas de investigación enviadas a la NSF o en informes sobre resultados de investigación financiados por la NSF.

---

*El 14 de octubre de 1999 fue publicada por la OSTP la propuesta de definición de malas prácticas en investigación que tendría que ser incorporada a todas las agencias gubernamentales (https://clintonwhitehouse3.archives.gov/WH/EOP/OSTP/html/misconduct.html). Tras recibir 237 paquetes de recomendaciones de modificación, el período de consulta fue cerrado el 13 de diciembre de 1999. El 6 de diciembre del 2000 fue publicada la orden en el registro federal, siendo de obligado cumplimiento para todas las agencias en el plazo de un año (ver US Office of Science and Technology Policy (OSTP), 2000).
A pesar de su uso extendido, o quizá por esto, recientemente se ha abierto una reflexión (en el ámbito anglosajón) sobre la conveniencia de ampliar el rango de prácticas consideradas como malas prácticas de investigación (*research misconduct*), para incluir aspectos tales como acoso sexual, sabotaje, uso engañoso de las estadísticas y falta de divulgación de un conflicto de intereses significativo (Resnik, 2019).

- La fabricación [o invención]* es inventar datos o resultados y registrarlos o informarlos.

- La falsificación es manipular materiales, equipos o procesos de investigación, o cambiar u omitir datos o resultados para que la investigación no esté representada con precisión en el registro de la investigación.

- Plagio es la apropiación de las ideas, procesos, resultados o palabras de otra persona sin dar el crédito apropiado.

- Para los fines de esta sección el término investigación incluye propuestas presentadas a la NSF en todos los campos de la ciencia, ingeniería, matemáticas y educación así como los resultados de dichas propuestas.

- No se considera mala conducta de investigación errores honestos o diferencias de opinión.

Estas tres prácticas (fabricación, falsificación y plagio) son popularmente agrupadas bajo las siglas FFP y así nos referiremos a ellas en numerosas ocasiones.

Como podemos leer en el libro *On Being a Scientific*[15] (traduzco literalmente del inglés):

«[...]
Una distinción crucial entre falsificación, fabricación y plagio (a veces llamado FFP) y error o negligencia es la intención de engañar. Cuando los investigadores engañan intencionadamente a sus colegas falsificando información, elaborando resultados de investigación o utilizando las palabras e ideas de otros sin dar crédito, están violando estándares de investigación fundamentales y valores sociales básicos. Estas acciones son vistas como las peores violaciones de los estándares científicos porque socavan la confianza en la que se basa la ciencia».

Pero aquellos lectores inquietos estarán pensando en algunas prácticas de investigación que sin ser consideradas falsificación, fraude o plagio, sí que son mal vistas por la comunidad —consideradas poco íntegras—, como por ejemplo exagerar los resultados obtenidos, reportar solamente aquellos hallazgos positivos en los experimentos pero ocultar los negativos, vender las hipótesis como enunciadas desde el principio de la investigación cuando en realidad lo fueron tras el análisis de los resultados, e innumerables vicios y costumbres que

---

*El término inglés *fabrication* quizá podría ser traducido al castellano más bien por *invención*, aunque también por *fabricación*.

en algunos entornos pueden ser vistos con normalidad pero que analizados en frío atentan contra los códigos de integridad. Parece, por lo tanto, que el abanico de prácticas que violan los principios de integridad va más allá de las FFP. Sigamos, pues, profundizando un poco más.

La Comisión de Ciencia y Tecnología de la Cámara de los Comunes del Reino Unido, por ejemplo, expone en el *6th Report Research Integrity (HC 350)*[16], publicado en julio de 2018, respecto a las prácticas que violan la integridad en investigación (traduzco literalmente de la página 8 del informe):

«[...]
Nuestra investigación se centró en comprender y categorizar el problema de investigaciones o investigadores que no cumplen con las expectativas —esto es, donde hay una falta de integridad en la investigación—. Dentro de esto, la evidencia escrita que recibimos nos animó a distinguir entre:

- Malas prácticas de investigación (*research misconduct*), definidas a menudo por "falsificación, fabricación y plagio" (FFP), dentro de las cuales consideramos maquillar datos o resultados, manipular materiales, equipos o procesos de investigación, o cambiar u omitir datos o resultados;

- "prácticas cuestionables de investigación" (QRPs, por sus siglas en inglés), un grupo mucho más amplio de faltas, diseño de investigación deficiente y otras prácticas poco saludables —algunas de las cuales pueden haber sido implementadas ignorando las posibles consecuencias para la integridad de la investigación más que por un intento consciente de engañar; y

- errores tales como errores de cálculo o mediciones incorrectas que pueden comprometer el registro de la investigación».

Así pues, efectivamente, parece que las prácticas que violan la integridad en investigación pueden ser clasificadas en una gama más amplia que la exclusiva de las FFP: damos la bienvenida a las Prácticas Cuestionables de Investigación (QRPs).
No obstante, esta división de la británica comisión no es novedosa, ya que algo muy similar fue propuesto en 1992 por la US National Academy of Sciences y publicado en el libro *Responsible Science: Ensuring the Integrity of the Research Process, Volume I*[17]. En este caso, nos decían en la sección de definiciones (traduzco literalmente del inglés):

«[...]

Mala conducta en ciencia (*misconduct in science*). La mala conducta en ciencia se define como fabricación, falsificación o plagio proponiendo, realizando o reportando investigación. Mala conducta en ciencia no incluye: los errores de juicio; los errores grabando, seleccionando o analizando datos; diferencias de opinión que impliquen la interpretación de los datos ni la mala conducta no relacionada con los procesos de investigación.

Fabricación es inventar los datos o los resultados, falsificación es cambiar los datos o los resultados y plagio es usar las ideas o palabras de otras personas sin dar el crédito apropiado.

[...]

Prácticas cuestionables de investigación. Las prácticas cuestionables de investigación (*Questionable Research Practices*) son acciones que violan los valores tradicionales de la industria de la investigación y que pueden dañar el proceso de investigación. Sin embargo, actualmente no hay un amplio acuerdo ni un estándar sobre qué tipo de acciones deben ser consideradas bajo este paraguas.

[...]

Otras malas conductas. Ciertas formas de comportamiento inaceptable claramente no son exclusivas de la ciencia, aunque pueden ocurrir en un laboratorio o entorno de investigación. Tales comportamientos, que están sujetos a sanciones legales y sociales de aplicación general, incluyen acciones como el acoso sexual y otras formas de acoso a individuos; mal uso de los fondos; negligencia grave por parte de personas en sus actividades profesionales; vandalismo, incluida la manipulación de experimentos de investigación o instrumentación y violaciones de las regulaciones gubernamentales de investigación, como las relacionadas con materiales radiactivos, la investigación con ADN recombinante y el uso de sujetos humanos o animales. Las relaciones entre la industria y la universidad, y la posibilidad resultante de conflictos de interés, también plantean problemas que requieren atención especial».

Tomando de nuevo al TENK finlandés como ejemplo, ellos acometen la definición de los comportamientos que atentan contra la integridad de la investigación desde el punto de vista de la conducta responsable de investigación (RCR) —que vimos dos secciones atrás—. Estas conductas que atentan contra la RCR las dividen en tres grupos: por un lado definen las malas prácticas de investigación (*research misconduct*), por otro el desprecio por la conducta responsable de investigación (*disregard for the responsible conduct of research*) y finalmente otras prácticas irresponsables.

En el primer grupo (malas prácticas de investigación) consideran una categoría adicional al *estándar internacional*, a saber (traduzco literalmente del inglés):

«[...]

- La fabricación se refiere a informar a la comunidad de investigación de observaciones que han sido inventadas. En otras palabras, las observaciones fabricadas no se han realizado utilizando los métodos que se afirman en el informe de investigación. Presentar resultados inventados en un reporte de investigación también se considera fabricación.

- La falsificación (tergiversación) se refiere a modificar y presentar observaciones originales de manera deliberada de forma que los resultados basados en esas observaciones están distorsionados. La falsificación de los resultados se refiere a la modificación o selección infundada de los resultados de investigación. La falsificación también se refiere a la omisión de resultados o información que son esenciales para las conclusiones.

- El plagio, o préstamo no reconocido, se refiere a representar el material de otra persona como propio sin referencias apropiadas. Esto incluye planes de investigación, manuscritos, artículos, otros textos o partes de ellos, materiales visuales o traducciones. El plagio incluye la copia directa, así como la copia adaptada

- La apropiación indebida (*misappropriation*) se refiere a la presentación ilegal del resultado, idea, plan, observación o datos de otra persona como una investigación propia».

Para el grupo de las prácticas que *desprecian la conducta responsable de investigación* indican:

«[...]
El desprecio por la conducta responsable de la investigación se manifiesta como negligencia grave y descuido durante el proceso de investigación. Este tipo de comportamiento puede identificarse cuando los investigadores participan en:

- denigrar el papel de otros investigadores en publicaciones, tal como negarse a mencionarlas, y referirse a resultados de investigaciones anteriores de manera inadecuada o inapropiada;

- informar de los resultados de la investigación y los métodos de manera descuidada, que resulte en afirmaciones engañosas;

- publicar los mismos resultados de investigación en forma ostensible como resultados nuevos y novedosos (publicación redundante, también conocida como autoplagio);

- engañar a la comunidad de investigación de otras maneras».

Y finalmente, en el grupo de otras prácticas irresponsables incluyen:

«[...]

- manipular la autoría, por ejemplo, incluyendo en la lista de autores a personas que no han participado en la investigación, o a tomar crédito por el trabajo producido (lo que se conoce como autores fantasma);
- exagerar los logros científicos y académicos propios, por ejemplo, en un CV o en su traducción, en una lista de publicaciones o en una página web;
- ampliar la bibliografía de un estudio para aumentar artificialmente el número de citas;
- retrasar el trabajo de otro investigador, por ejemplo, a través de la revisión por pares arbitrados;
- acusar maliciosamente a un investigador de violaciones de RCR obstaculizando inapropiadamente el trabajo de otro investigador;
- engañar al público en general al presentar públicamente información engañosa o distorsionada sobre los propios resultados de la investigación o la importancia científica o aplicabilidad de esos resultados».

Probablemente con estas pocas referencias tengamos suficiente para crearnos nuestra propia idea sobre qué prácticas o conductas suelen ser consideradas como una violación de la integridad científica. A pesar de las pequeñas diferencias conceptuales que puede haber entre distintos países u organismos, observamos unas líneas comunes que podrían definir una escala o continuo entre la integridad pura y las prácticas más aberrantes.

El continuo del comportamiento en investigación: RCR ⇔ QRP ⇔ FFP

La idea de este continuo la propuso Steneck en la revista *Science and Engineering Ethics* en 2006 (citada párrafos arriba).

Según este planteamiento, representado en la figura C.2 (p. 145), nos moveríamos desde el ideal de comportamiento de investigadores e instituciones, integrado frecuentemente bajo el concepto de RCR, hasta la fabricación, falsificación y plagio, consideradas como peores prácticas —algunos autores[18] toman estas tres prácticas para definir el concepto de *fraude científico*, que aunque no ha sido aludido hasta ahora, también es de uso común—. En medio quedarían las prácticas

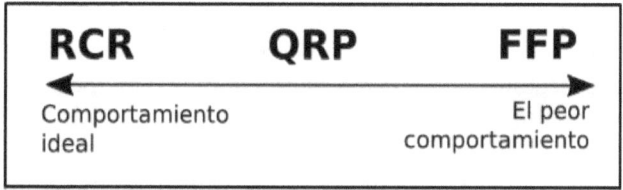

FIGURA C.2: Continuo del comportamiento íntegro en investigación. Adaptado de Steneck (2006)

cuestionables de investigación (QRPs), cuya calificación de gravedad depende de las áreas del conocimiento o incluso de los equipos de investigación dentro de la misma área (podemos encontrar algunas prácticas que sean vistas con buenos ojos en algunos entornos y totalmente desaprobadas en otros)[19].

Por lo tanto, queda claro que en el extremo positivo tenemos la RCR o conducta responsable de investigación (dentro de la que ubicábamos la ética en investigación y la integridad en investigación), en el extremo negativo tenemos el fraude científico o las prácticas de FFP (fabricación, falsificación y plagio), y en medio tenemos una amplia zona donde podremos catalogar muchas de las malas prácticas que tientan a los investigadores cada día y a las que vamos a tratar de poner nombre en la siguiente sección.

Una vuelta de tuerca a las prácticas cuestionables de investigación (QRPs)

Antes de entrar en materia me gustaría mencionar una cosa: el concepto QRP está próximo a su muerte ☺.
No, ahora en serio, aunque QRP es un concepto ampliamente aceptado por la literatura, es cierto que la reedición del *Responsible Science: Ensuring the Integrity of the Research Process, Volume I* (visto en la página 141), ahora titulado *Fostering Integriy in Research*[20], tras 18 años de evolución del término, de la industria científica y de la sociedad, propone una clasificación más ajustada a los patrones actuales. La nueva propuesta cambia el nombre de las *Questionable Research Practices* por el de *Detrimental Research Practices* (DRPs) —con algunos mati-

ces adicionales—. No obstante, como la adopción del término DRP aún no es clara, lo dejaremos aquí como simple nota anecdótica para aquellos lectores que quieren estar a la última en todo ☺, aunque nosotros seguiremos trabajando con el concepto de QRP.

Creo que esta vuelta de tuerca a las prácticas cuestionables de investigación es la parte de este capítulo que más valor aporta; pondremos nombre y apellidos a prácticas que probablemente nosotros (o algún conocido nuestro), desarrollemos en nuestro trasiego diario sin ser conscientes de que *eso que hacemos* atenta contra la integridad en investigación y contra el comportamiento que como científicos otros esperan de nosotros. Para ello voy a usar el mismo truco que en las secciones anteriores: presentar distintas publicaciones que abordan el tema para que cada cual pueda construir su propia visión a partir de ellas: principalmente vamos a ver distintos listados con propuestas de prácticas cuestionables de investigación. Comenzamos.

La primera mención al término QRP

Según expone George C. Banks y sus colegas en el artículo *Questions About Questionable Research, Practices in the Field of Management: A Guest Commentary*[21], la primera mención que encontramos sobre las QRPs es del año 1958, en el *Code of Professional Ethics and Practices of Public Opinion Researchers*, donde «sus miembros son llamados a suscribirse a las normas impuestas en todas partes por los hombres de ciencia [...] y nunca permitirse conscientemente caer en prácticas cuestionables de investigación para conseguir resultados predeterminados o para "probar" un "caso"».

En este mismo trabajo Banks aprecia, y añadimos a las definiciones dadas en las secciones anteriores, que la literatura reciente tiende a considerar las QRPs «como aquellas prácticas en el diseño, en el análisis o en los informes que son cuestionadas debido a la posibilidad de que hayan sido realizadas con el fin de presentar evidencia sesgada a favor de una afirmación».

Esta es una definición que personalmente me gusta bastante, que unida a las de la sección anterior, nos dan una idea suficiente sobre cómo definir el término. Aclarado esto, vamos a pasar ya a abordar de forma clara y concisa acciones o comportamientos concretos que pueden ser considerados prácticas cuestionables de investigación.

El listado de QRPs en el Código Europeo de Conducta para la Integridad en la Investigación de ALLEA

Veamos en primer lugar, por ejemplo, el listado de QRPs propuesto en el *Código Europeo de Conducta para la Integridad en la Investigación* de ALLEA[22], que sin pretender ser exhaustivo y con un matiz un tanto genérico, puede servirnos como primera lente de aumento en el microscopio que usamos para observar nuestro fenómeno particular. Las prácticas que lista son las siguientes (traduzco literalmente del inglés):

«[...]

- Manipular la autoría o denigrar el papel de otros investigadores en las publicaciones.

- Volver a publicar partes sustanciales de publicaciones propias anteriores, incluidas las traducciones, sin reconocer o citar debidamente el original («autoplagio»).

- Citar de forma selectiva para mejorar los propios resultados o para complacer a los editores, los revisores o los colegas.

- Retener resultados de la investigación.

- Permitir que los patrocinadores pongan en peligro la independencia en el proceso de investigación o en la presentación de resultados con el fin de introducir sesgos.

- Ampliar de manera innecesaria la bibliografía de un estudio.

- Acusar a un investigador de conducta indebida u otras infracciones de forma maliciosa.

- Tergiversar los logros de la investigación.

- Exagerar la importancia y la relevancia práctica de los resultados.

- Retrasar u obstaculizar inadecuadamente el trabajo de otros investigadores.

- Emplear la experiencia profesional propia para alentar a que se incumpla la integridad de la investigación.

- Ignorar supuestos incumplimientos de la integridad de la investigación cometidos por terceros o encubrir reacciones inadecuadas a conductas indebidas u otro tipo de incumplimientos por parte de las instituciones.

- Establecer publicaciones o brindar apoyo a publicaciones que no cumplen el proceso de control de calidad de la investigación ("publicaciones abusivas")».

Aunque este listado de ALLEA es bastante completo y concreta más que una simple definición las prácticas que pueden ser consideradas como cuestionables, me gustaría aumentar un poco más el zoom y traer ejemplos más concretos aún sobre cuáles son las prácticas cuestionables de investigación más extendidas.

El listado de malas prácticas de Martinson, Anderson y de Vries en *Nature* (2005)

Una de las investigaciones pioneras en intentar evaluar la presencia de las malas prácticas en la industria científica fue la que Brian C. Martinson y sus colegas publicaron en 2005 en la revista *Nature* (en el Capítulo D, p. 168, comentamos con detenimiento el artículo). Para realizar el estudio, tras mantener numerosas sesiones grupales con investigadores de las principales universidades de Estados Unidos, seleccionaron aquellas malas prácticas que consideraban como más perjudiciales para el registro científico o para las instituciones involucradas (los propios centros de investigación o los organismos financiadores). En total fueron 16: las 10 primeras realmente graves para el ecosistema y las seis últimas, aunque graves, menos dañinas. Fueron las siguientes (traduzco literalmente del inglés):

«[...]

1. Falsificar o «cocinar» datos de investigación.
2. Ignorar los aspectos importantes de los requerimientos de las personas participantes.
3. No divulgar adecuadamente la participación en empresas cuyos productos se basan en la investigación de uno.
4. Relaciones con estudiantes, sujetos de investigación o clientes que pueden ser interpretadas como cuestionables.
5. Usar ideas de otros sin obtener permiso o dar crédito.
6. Uso no autorizado de información confidencial en relación con la propia investigación.
7. No presentar datos que contradicen una propia investigación previa.
8. Eludir ciertos aspectos menores de los requerimientos de las personas participantes.
9. Pasar por alto el uso de datos cuestionables o de interpretaciones cuestionables que otros hacen.
10. Cambiar el diseño, la metodología o los resultados de un estudio como respuesta a la presión de una fuente de financiación.

11. Publicar los mismos datos o resultados en dos o más publicaciones.

12. Asignar inapropiadamente los créditos de autoría.

13. Retener detalles de la metodología o los resultados en artículos o propuestas.

14. Usar diseños de investigación inadecuados o inapropiados.

15. Eliminar observaciones o puntos de datos de los análisis basados en la intuición de que eran inexactos.

16. Mantener registros inadecuados relacionados con los proyectos de investigación».

Como podemos apreciar no es un listado exclusivo de QRPs, sino que también incluye las FFP.

Las listas de Leslie y sus colegas en 2012

En 2012 Leslie K. John y sus colegas publicaron el artículo[23] titulado *Measuring the Prevalence of Questionable Research Practices With Incentives for Truth Telling*, en el que medían la presencia de las QRPs a través de cuestionarios respondidos por más de 2000 investigadores del campo de la psicología (este artículo es el más citado en la temática de las QRPs). No vamos a entrar ahora a interpretar la publicación, que lo haremos en otro capítulo (p. 175), sino que lo saco a colación para poner la lupa sobre la lista de QRPs que ellos consideraron para incluir en los cuestionarios del estudio. Los ítems que conformaban el cuestionario fueron los siguientes (traduzco literalmente del inglés):

«[...]

1. En un *paper*, no fueron reportadas todas las variables dependientes de un estudio.

2. Decidir si recopilar más datos después de ver si los resultados fueron significativos.

3. En un *paper*, no fueron reportadas todas las condiciones del estudio.

4. Dejar de recopilar datos antes de lo esperado porque se encontró el resultado que uno esperaba.

5. En un *paper*, redondear un valor p (por ejemplo, reportar que un *p-value* de 0,054 es menor a 0,05).

6. En un *paper*, selectivamente reportar estudios que «funcionaron».

7. En un *paper*, decidir si excluir datos después de analizar el impacto en los resultados.

8. En un *paper*, reportar un hallazgo inesperado como previsto desde el principio.

9. En un documento, afirmar que los resultados no se ven afectados por variables demográficas (por ejemplo, el género), cuando uno no está realmente seguro (o sabe que lo hacen).

10. Falsificar datos».

Además de esta encuesta principal para la investigación realizaron otra secundaria con 25 ejemplos de QRPs. Los ítems no aparecen publicados en el *paper* pero escribí un correo electrónico a Leslie quien accedió muy amablemente a enviarlos para poder compartirlos con vosotros, así que aquí tenemos más situaciones que podríamos considerar como QRPs (traduzco literalmente del inglés):

«[...]

1. Volver a ejecutar un experimento que no funcionó, obtener un resultado significativo y no informar que el primer estudio no funcionó.

2. No informar de todas las condiciones del estudio en un reporte.

3. No informar de las variables dependientes que mostraron efectos nulos o efectos que contradijeron la hipótesis de uno.

4. Decidir si recopilar más datos después de ver si los resultados son significativos.

5. Detener la recopilación de datos antes de lo planeado porque no se encontraron los resultados que se estaban buscando.

6. Reportar un hallazgo inesperado como que se había predicho desde el principio.

7. Falsificar datos.

8. Eliminar casos (muestras) basándose en un criterio no planificado después de ver los resultados.

9. Reportar que un *p-value* marginalmente significativo fue significativo (por ejemplo, obtener 0,06 y reportar 0,049).

10. No informar sobre las condiciones experimentales que mostraron efectos nulos o efectos que contradecían las hipótesis de uno.

11. No obtener una nueva aprobación del Comité de Ética después de haber hecho cambios significativos en el experimento.

12. Cambiar los estímulos en medio de la ejecución de un experimento y no reportarlo en los informes posteriores.

13. No mantener seguros los datos que contienen información de identificación (por ejemplo, no guardarlos en un lugar cerrado).

14. Realizar un experimento sin la autorización del Comité de Ética.

15. Realizar un experimento sin la autorización del Comité de Ética y reportar que sí se obtuvo.

16. Evitar que una persona participe en un estudio porque uno cree que la persona no proporcionaría evidencia en apoyo a su hipótesis.

17. Decidir a qué condición asignar un sujeto en un experimento "aleatorio".

18. Excluir datos (por ejemplo, los últimos 10 sujetos) solamente para que los resultados sean significativos.

19. Reportar en un informe que un asistente del experimento era "ciego" a las hipótesis de investigación cuando en realidad no lo era.

20. Ignorar las violaciones de los modelos asumidos (por ejemplo, normalidad en la distribución) cuando los resultados fueron consistentes con la hipótesis de uno.

21. No hacer el *debriefing* (contar finalmente a los participantes en qué consiste la investigación) con los participantes del experimento cuando estaba garantizado.

22. Dejar que los codificadores de datos conozcan las hipótesis antes de hacer que codifiquen los datos.

23. Reportar una interpretación de los datos en la que uno realmente no cree.

24. Usar una idea de investigación de alguien (por ejemplo, un colega o un estudiante) y no reconocerlos adecuadamente.

25. Decidir si excluir valores atípicos después de ver cómo su exclusión afecta a los resultados del contraste de hipótesis».

Como vemos, ya nos acercamos mucho más a comportamientos y prácticas concretas, que es lo que pretendíamos —¿en cuántas de estas has estado implicado alguna vez? ☺.

La lista de 2016 de George C. Banks y sus colegas en la *Journal of Management*

Me gustó el trabajo de revisión que George C. Banks y sus colegas[24] publicaron en 2016 en la *Journal of Management* en el que entre otras cosas ordenan en una tabla las QRPs más habituales en el campo de la gestión, incluyendo para cada una de ellas una lista de *papers* que la investigan. Consideraron las siguientes (traduzco literalmente del inglés):

«[...]

1. Reportar hipótesis selectivamente: cuando las hipótesis no estadísticamente significativas dejan de ser reportadas frente a las que sí lo son.

2. Excluir datos a posteriori: un investigador realiza los análisis estadísticos para probar las hipótesis y los resultados iniciales no son estadísticamente significativos. Después de eliminar unos potenciales *outliers* algunos de los resultados iniciales pasan a ser significativos.

3. HARKing (Hypothesizing After Results are Known) o «hipotetizar después de que se conozcan los resultados» se da cuando un investigador analiza los datos y posteriormente elabora y reporta las hipótesis sugiriendo que los hallazgos fueron establecidos a priori —en lugar de que fueron identificados a posteriori.

4. Incluir variables de control selectivamente: ocurre cuando el investigador realiza múltiples análisis para probar la misma hipótesis, agregando o eliminando cada vez distintas variables de control, para reportar finalmente solo aquellas variables que permiten alcanzar un resultado estadísticamente significativo.

5. Falsificación de datos: fabricar un conjunto de datos en lugar de participar en una recolecta real.

6. Redondear el *p-value*: reportar que un *p-value* de 0,054 es p<0,05 en lugar de p=0,05».

Y efectivamente, por propia experiencia puedo dar fe de que estas prácticas son comunes en el mundo de la investigación en gestión —yo mismo las sufrí durante mi periodo de investigador en formación (el investigador principal de nuestro equipo era un auténtico maestro en estas veredas).

Si no tiene nombre no existe

Pero aún podemos meter otra lente en el microscopio y acercarnos aún más al espécimen para escrutar cada una de sus partes y tratar de ponerles nombre, porque si algo no tiene nombre, parece no existe

☺. Mencionemos, pues, ciertos términos que se usan en el argot para referirse a algunas de estas prácticas[*]:

- *Intentional bias in research*: podemos encontrar algunas publicaciones de hace varias décadas que se refieren al problema de las prácticas cuestionables de investigación de esta forma, sesgos en investigación, reflexionando sobre los sesgos que los investigadores introducen en sus investigaciones bien de forma intencional o bien de forma inconsciente[25].

- *Fudging, massaging* o *cooking*: estas prácticas estarían consideradas dentro de la categoría de fraude científico falsificación (o invención). Consiste en someter los datos (muestras de los experimentos) a distintos filtros hasta conseguir aquellos resultados que deseamos.

- *Drylabbing*[26]: reportar experimentos que nunca fueron realizados.

- *Cherry picking data*[27]: conocido en español como *Falacia de la evidencia incompleta*, es poner la atención en aquellos datos que parecen confirmar nuestra hipótesis de partida, ignorando aquellos que parecen contradecirla.

- *Salami publication* o *salami slicing* o *bologna* o *trivial publication*[28]: consiste en dividir una investigación principal en pequeñas partes menos relevantes, publicando las pequeñas partes en lugar de la principal con el fin de aumentar el número de publicaciones.

- *Publication Bias*[29]: sucede cuando decidimos publicar una investigación en función de si el resultado ha sido significativo o no. Estudios con y sin resultados significativos pueden aportar conocimiento y contar ambos con metodologías excelentes, sin embargo, las primeras son tres veces más numerosas que las segundas.

- *Verification Bias*: «continuar repitiendo un experimento hasta obtener los resultados deseados, o excluir sujetos o resultados ex-

---

[*]Permitidme usar el nombre de los términos en inglés ya que son el estándar en la industria y su traducción no aportaría valor (metería ruido y no cumpliríamos el principio de parsimonia ☺).

perimentales no deseados», lo leemos en el informe de la comisión de Stapel (ver unos párrafos a continuación).

- *Data dredging, data fishing, data snooping, p-hacking*[30] o *data butchery*: todos estos términos hacen referencia a un uso incorrecto del análisis de datos para encontrar patrones en los datos que pueden presentarse como estadísticamente significativos cuando, de hecho, no hay un efecto subyacente real. Esto se consigue realizando muchas pruebas estadísticas en los datos y solo prestando atención a aquellas que obtienen resultados significativos, en lugar de establecer una hipótesis única sobre un efecto subyacente antes del análisis y luego realizar una prueba única para ello[31].

Puestas en contexto

El cerebro del lector con experiencia en el mundo de la investigación estará hiperactivo en este momento recordando decenas de situaciones en las que se ha visto envuelto de una u otra forma en alguna de estas malas prácticas —no él, sino un amigo, claro ☺—, pero quizá, el menos familiarizado con este mundo tenga alguna dificultad para imaginar un contexto en el que estos comportamientos son desarrollados. Por eso voy a crear unos enlaces entre estas malas prácticas y un par de casos que vimos en el Capítulo B, para facilitar la recreación mental.

El primer enlace es con el reciente caso del investigador de la Cornell University Brian Wansink. El año pasado, durante las semanas en las que se destapó el caso, un medio de comunicación relataba[32]:

«[...]
Una de las razones de la discrepancia es el *p-hacking*, la práctica tabú de cortar y cortar en dados un conjunto de datos para lograr un patrón de aspecto impresionante. Puede tomar varias formas, desde ajustar las variables para mostrar el resultado deseado, hasta simular que un hallazgo prueba una hipótesis de partida; en otras palabras, descubrir una respuesta a una pregunta que solo se hizo después del hecho. En la investigación en psicología, un resultado generalmente se considera estadísticamente significativo cuando un cálculo llamado valor p es menor o igual a 0,05. Pero el masaje

excesivo de datos puede terminar con un valor de p inferior a 0,05 por casualidad aleatoria, lo que hace que una hipótesis parezca válida cuando en realidad es una casualidad».

Como vemos en el capítulo donde analizamos el caso, el propio Wansink bromeaba con personas de su equipo sobre su capacidad para conseguir obtener resultados significativos de datos inicialmente inservibles, haciendo también referencia expresa al *salami slicing* y a otras prácticas de dudosa integridad. Propongo al lector volver a leer el caso (p. 109) e identificar en las publicaciones de Wansink todas las malas prácticas, no le resultará difícil.

El segundo enlace que quiero crear es con el caso de Diederik Alexander Stapel (lo vimos en la página 67 del Capítulo B). El informe final de la comisión de investigación de uno de los casos de fraude científico más sonados de la historia (recordemos que Stapel ocupa la tercera posición el Retraction Watch Leaderboard), hacía la siguiente reseña respecto a los sesgos de publicación (traduzco literalmente del inglés):

«[...]
Una de las reglas más fundamentales de la investigación científica es que un experimento debe ser diseñado de forma tal que los hechos que pueden refutar la hipótesis de investigación tengan al menos la misma probabilidad de surgir que los hechos que confirmen la hipótesis. Las violaciones de esta regla fundamental, como continuar repitiendo un experimento hasta obtener los resultados deseados, o excluir sujetos o resultados experimentales no deseados, inevitablemente tienden a confirmar las hipótesis de investigación y esencialmente hacen las hipótesis inmunes a los hechos. [...] Esto es lo que podemos denominar sesgos de verificación (*verification bias*). [...] El sesgo de verificación no es lo mismo que el comúnmente llamado sesgo de publicación (*publication bias*), que es el fenómeno el que los hallazgos negativos o débiles que no confirman claramente las expectativas teóricas, si es que se obtuvieron, no son publicados y por lo tanto no se encuentran habitualmente en las revistas, aunque se hubiesen obtenido de experimentos perfectamente ejecutados. El sesgo de verificación se refiere a algo más serio: el uso de procedimientos de investigación que de alguna "repriman" los resultados negativos».

Aunque el siguiente fragmento del caso Stapel está reproducido también en la página 72, quiero incluirlo aquí de nuevo por su gran expresividad y ejemplaridad contextual —prototipo de la primera f de las FFP—. No tiene desperdicio. Atención:

«[...]

[Stapel] insistió en que amaba la psicología social pero se había sentido frustrado por el desorden de los datos experimentales, que rara vez conducían a conclusiones claras. Su obsesión de por vida con la elegancia y el orden, dijo, lo llevó a confeccionar resultados elegantes que las revistas encontraban atractivos. "Era una búsqueda de la estética, de la belleza, en lugar de la verdad", dijo. Describió su comportamiento como una adicción que lo llevó a realizar actos de fraude cada vez más audaces, como un drogadicto que busca un lugar más grande y mejor.

En sus primeros años de investigación, cuando supuestamente recopiló datos experimentales reales, Stapel escribió artículos que presentaban relaciones complicadas y desordenadas entre múltiples variables. Pronto se dio cuenta de que los editores de revistas preferían la simplicidad. "En realidad te están diciendo: 'Deja esto fuera. Hazlo más simple', me dijo Stapel. En poco tiempo se esforzaba por escribir artículos elegantes.

[...] El experimento, y otros similares, no le dieron a Stapel los resultados deseados, dijo. Tuvo la opción de abandonar el trabajo o rehacer el experimento. Pero ya había pasado mucho tiempo en la investigación y estaba convencido de que su hipótesis era válida. "Dije: ¿sabes qué?, voy a crear el conjunto de datos", me dijo.

Sentado en la mesa de su cocina en Groningen, comenzó a escribir números en su computadora portátil que le darían el resultado que quería. Sabía que el efecto que estaba buscando tenía que ser pequeño para ser creíble; incluso los experimentos de psicología más exitosos rara vez producen resultados muy significativos. La matemática tenía que hacerse en orden inverso: los puntajes de atractivo individual que los sujetos obtenían en una escala de 0-7 tenían que ser tales que Stapel obtendría una pequeña pero significativa diferencia en los puntajes promedio para cada una de las dos condiciones que comparaba. Compuso puntuaciones individuales como 4, 5, 3, 3 para sujetos a los que se les mostró la cara atractiva. "Traté de hacerlo al azar, lo que, por supuesto, fue muy difícil de hacer", me dijo Stapel.

Al hacer el análisis al principio Stapel terminó obteniendo una diferencia entre condiciones mayor que la ideal. Volvió y retocó los números otra vez. Tomó unas pocas horas de prueba y error repartidas en unos pocos días para obtener los datos correctos.

Dijo que se sentía terrible y aliviado. Los resultados se publicaron en *The Journal of Personality and Social Psychology* en 2004. "Me di cuenta de que podemos hacer esto", me dijo.»

Probablemente tras leer este capítulo la perspectiva sobre alguno de nuestros métodos de trabajo haya cambiado. ¿Dónde está tu límite de integridad?

Capítulo D

Mala conducta científica: ¿leyenda urbana o realidad?

Recuerdo la tarde que quedé para tomar café con el profesor Pascual Pérez-Paredes. Pérez-Paredes es una persona a la que admiro muchísimo, un comunicador excelente que consigue enganchar en sus clases desde el primer momento. Lo conocí en las cursos de comunicación científica en lengua inglesa que hice durante mis años de doctorado. Fui un afortunado, porque al poco tiempo tuvimos la mala suerte en España de dejarle marchar a la Universidad de Cambridge (UK) y ahora son los estudiantes de la mejor universidad del mundo (según algunos *rankings*), los que tienen el privilegio de escuchar sus lecciones.

Aproveché que Pascual se dejó caer unos días por Murcia para conversar con él sobre mi experiencia durante el doctorado, y cómo no, regalarle un ejemplar del libro que escribí[1] contando mis aventuras y desventuras con las malas prácticas de investigación durante mi época de investigador en formación (doctorado).

Francamente no me sorprendió el comentario de Pascual, ya que en más cafés con más investigadores, el sentir enraizado parecía ser el mismo que el suyo: «Angel, desgraciadamente las prácticas que estás denunciando son mucho más comunes de lo que imaginas, lo que pasa que nadie habla abiertamente sobre ello, es un tema tabú en la academia» —me dijo Pascual y otros muchos académicos con los que conversé durante aquellos meses.

En esta misma línea mostraba su preocupación Miguel García Guerrero, presidente del Comité de Ética del CSIC en aquel momento, durante una entrevista de 2016[2]. En palabras de García, en Estados Unidos, por ejemplo, donde encontramos el ecosistema de referencia en la preocupación por la integridad científica (algo que queda patente durante todo este ensayo), se considera que puede existir entre un 1 y un 2 % de defraudadores. En España, sin embargo, son prácticamente inexistentes los órganos que se encargan de velar por la integridad y mucho menos los habilitados para recibir denuncias e investigar los posibles casos que puedan surgir —continua reflexionado el investigador—, además, aunque los datos que se publican a escala global son muy escasos, todo apunta a pensar que «los casos que se denuncian son una fracción muy pequeña respecto a los reales, la punta del iceberg».

De una u otra forma, la realidad es que desde hace siglos hasta ahora la ciencia ha contado con mentirosos entre sus filas, desde unos simples mentirosillos, hasta unos auténticos mercenarios de las publicaciones (ejemplos en el Capítulo B), pero en las últimas décadas, con la aparición de internet, muchos más científicos pueden ver el trabajo de muchos más científicos a escala global. Hace treinta años, en España, por ejemplo, si querías leer una revista académica concreta probablemente tenías que hacer un viaje al departamento de alguna gran universidad de Madrid o Barcelona que estuviese suscrito a ella, o llamar por teléfono a algún colega para que te hiciese el favor de sacar una copia (por un ojo de la cara) y que te la enviase por correo postal, lo que da una muestra de los pocos lectores sobre los que las publicaciones podían impactar. Ahora esto ya no es así y gracias a internet (y a Sci-Hub, por supuesto ☺) tenemos en nuestro escritorio a golpe de clic los artículos de prácticamente cualquier parte del mundo.

El objetivo de este capítulo

¿Cuál es el porcentaje de mentirosillos?, ¿y el de publicaciones *descuidadas*? ¿Un uno, un dos, un cuatro, un seis...? Muy probablemente tu mente es tan científica como la mía —si estás leyendo esto...— y por lo tanto no se conforma con crearse una *opinión de oídas*: quiere datos que le permitan contrastar las afirmaciones. Así que este es el objetivo del capítulo: intentar recopilar información que nos permita estimar la magnitud del problema y hacernos una idea sobre cuántas son las manzanas que deberían estar fuera de la caja por los gusanitos que tienen dentro. Comenzamos.

El sentir general

No pensemos que la opinión de García Guerrero leída unos párrafos atrás es una perspectiva particular desde España. Por ejemplo, en un evento que organizó la revista *British Medical Journal* (BMJ) y el Comité de Ética de Publicaciones (COPE)[3] para presentar los resultados de una investigación que concluía que uno de cada ocho investigadores en Reino Unido había presenciado malas prácticas en investigación[4], uno de los oradores del evento, Malcolm Green, exsubdirector de la facultad de medicina del Imperial College London, dijo que «para cada caso de fraude que se detecta, hay una docena o más que no se detectan». Aunque quizá lo más grave, como comentó Fiona Godlee, editora en jefe de la BMJ, eran las informaciones que había recibido sobre las recomendaciones dadas a jóvenes académicos para que «se reservasen sus preocupaciones con el fin de proteger sus carreras, sintiéndose intimidados a no publicar sus hallazgos [de malas prácticas] por miedo a la cancelación de sus contratos». Elizabeth Wager, presidenta de COPE, añadió que en muchos casos las instituciones no cooperan para aclarar los casos de malas prácticas, negándose a investigar adecuadamente las faltas de investigación.

Ambas afirmaciones ponen sobre la mesa los dos vectores que probablemente más presionan para que las malas prácticas no sean perseguidas o sacadas a la luz y por lo tanto parezcan ser menos habituales de lo que en realidad son. Por una parte, el interés de las propias instituciones por tapar los casos de malas prácticas entre sus filas por el peligro de perder fondos económicos; y por otra, la persecución o *marca como chivato* que el denunciante (en inglés se usa el término *whistleblower*) de una mala práctica deberá soportar en el futuro —de ahí la importancia de proteger la identidad de los denunciantes como así lo vemos ya en los protocolos de persecución y denuncia de malas prácticas de las instituciones más avanzadas.

Pero no solo las instituciones —mediocres— presentan resistencia a admitir o investigar las malas prácticas, también parece existir este desinterés por parte de los editores, como la bióloga investigadora de Standford, editora de *uBiome* y activista de la integridad en investigación Elisabeth Bik experimientó hace poco tiempo. En 2016 Bik y otros colegas publicaron la investigación[5] en la que habían analizado más de 20 000 artículos académicos publicados entre 1995 y 2014 en 40 revistas diferentes, encontrando que casi el 4 % (unos 800) contenían imágenes manipuladas. Tras este sorprendente hallazgo Bik decidió contactar con las revistas implicadas, pero solamente un tercio de ellas dieron alguna respuesta al cabo de dos años[6] —quizá esta decepción es la motivación que haya llevado a Elisabeth Bik, lo anunció hace un par de semanas, a tomarse «al menos» un año sin empleo y sueldo para dedicarse totalmente a la lucha contra esta lacra (vemos más sobre ella en el Capítulo E, p. 243).

Esto en las ciencias biomédicas, pero en otras disciplinas como la Psicología la facilidad con la que es posible obtener datos significativos de fuentes sin efectos iniciales podría llegar a desanimarnos totalmente. En 2011 Simmons y sus colegas[7] publicaron en *Psychological Science* un petrificante estudio en el que mostraban qué fácil resulta para los investigadores obtener datos significativos a partir de muestras sin efectos aparentes, con el sencillo uso de diferentes técnicas cuestionables de investigación, tales como explorar múltiples variables dependientes o covariables informándolas solamente cuando los resultados resultan significativos[8] —algo por otra parte que yo conocí muy bien durante el desarrollo de mi tesis doctoral—. Pero tampoco es algo nuevo. En el caso de Stapel (p. 67) leímos cómo él mismo mostraba a todos su método y de hecho comentaba que sentía desánimo por la facilidad con que los datos podían ser cocinados sin aparentemente importar demasiado a nadie.

El *Cheating in Science* de 1976

Aunque podamos pensar que la preocupación por las malas prácticas es algo actual, no es así. Durante la fase de documentación encontré un artículo de revista científica fechado en 1976 titulado *Cheating in Science*, de Ian St James-Roberts[*9], en el que presentaban los resultados que habían obtenido de la encuesta realizada a los lectores de la revista *New Scientist*, quienes recibieron unos cuestionarios para ser devueltos tras ser cumplimentados. El autor advierte de las deficiencias metodológicas de la investigación, llena de puntos débiles, pero pensó que era interesante publicar los datos obtenidos como primera cata sobre la problemática y por deferencia a los lectores que se habían molestado en contestar. En la encuesta se preguntaba sobre los sesgos intencionales en investigación[**]. El 99 % de los que respondieron habían tenido conocimiento de algún sesgo intencional en su campo y el 66 % conocía más de un caso. Los tipos de malas prácticas más frecuentemente reportadas fueron: masaje de datos (74 %); manipulación inadecuada de los experimentos (17 %); fabricación completa de los experimentos (17 %) e interpretación deliberadamente errónea de los resultados (2 %). Como vemos, pues, la mentira en la investigación no es asunto novedoso.

Antes de ponernos los guantes y tomar el bisturí para diseccionar la ciencia pura y dura (veremos a continuación distintas investigaciones realizadas para intentar medir cuán existente es el fraude), me gustaría compartir con vosotros un poco de filosofía reflexiva en torno a *lo malo* de hacer mala ciencia —aprovechando que ahora, mientras escribo, es de noche y la probabilidad de que las musas vengan a visitarnos es mayor. Como diría Ana Guerra y Aitana:

En un chico malo no, no, no
Pa' fuera lo malo no, no, no
Yo no quiero nada malo no, no, no
En mi vida malo no, no, no ☺.

---

[*]Escribí un correo electrónico a Ian, que sigue ejerciendo la profesión como profesor emérito en la Thomas Coram Research Unit, UCL Institute of Education, University College London, para ver si podía facilitarme una copia del artículo. Ian me respondió ese mismo día agradeciéndome mi interés pero disculpándose por no poder facilitármela: en aquella época las copias electrónicas no existían y la copia impresa que de él mantenía la había perdido.

[**]*Intentional bias in research*. Ver la página 153 para más información sobre esta denominación.

¿Por qué es perjudicial para la sociedad hacer mala ciencia?

Más temprano que tarde, todo taller o curso de introducción a la investigación termina citando aquella frase que dice: «si he podido ver más allá es porque me encaramé a hombros de gigantes»[*]. La metáfora representa perfectamente el avance del conocimiento científico. La ciencia, y con ella la sociedad, avanza gracias al conocimiento acumulativo. Los investigadores jóvenes construyen sobre lo que sus antecesores construyeron, incluso en innovaciones disruptivas (aquellas totalmente novedosas que poco tienen que ver con lo conocido hasta ese momento), el conocimiento previo juega siempre un papel fundamental.

Cada vez que como investigadores ponemos a disposición de la comunidad científica las experiencias que hemos tenido en nuestro campo, estamos contribuyendo al registro científico. Como indicaba la Comisión Levelt del caso de Diederik Stapel[**] en su informe final del 28 de noviembre de 2012, la ciencia en sí misma es un proceso acumulativo que tiene como objetivo buscar la verdad a través de un ciclo que alterna permanentemente el desarrollo de teorías o hipótesis y su contraste empírico, un proceso acumulativo que se puede ver seriamente interrumpido por la interferencia de datos fraudulentos o información falsa, siendo esta una de las razones por las que «los investigadores científicos y las instituciones implicadas tienen el deber de poner fin a esa interferencia».

Cuando un científico hace públicas sus investigaciones y resultados, está poniendo sus hallazgos a disposición de la comunidad para que el resto de miembros puedan utilizarlos en sus propias investigaciones. Además, si el descubrimiento anunciado es relevante, como pudo ser el caso de la replicación de células madre de Woosuk Hwang (ver página 49), también motivará que equipos de otras partes del mundo inviertan recursos en replicarlo para adquirir esa habilidad. Teniendo en cuenta este planteamiento, podemos imaginarnos la magnitud de recursos (tiempo y dinero) que pueden llegar a ser despilfarrados si una investigación relevante, que es usada como hombros de gigante, fue fraudulenta en su elaboración, interpre-

---

[*]Por algunos atribuida a Isaac Newton, aunque su origen está en debate[10].
[**]Lo vemos en el Capítulo B, página 67.

tación o publicación.

Los que hacemos programación (lo reconozco y pido disculpas: yo lo hago en la intimidad ☺), podríamos usar la metáfora del código. Cuando nos ponemos a construir un programa no suele ser habitual arrancar desde una página en blanco, sino que lo usual es tomar trozos de código de distintas partes, bien nuestro propio código de desarrollos anteriores o bien código que otros programadores han compartido para su uso por la comunidad, es decir, lo normal es construir un nuevo programa a partir de otros ya existentes. Imaginemos que durante nuestro camino de construcción utilizamos código corrompido que alguien —o nosotros mismos— diseñó. En el mejor de los casos esto nos generará más de un dolor de cabeza hasta encontrar dónde está el error y poderlo subsanar (quizá incluso tengamos que reprogramar todo el código, con la consecuente pérdida de tiempo y dinero), y en el peor de los casos, si no nos damos cuenta a tiempo y el software termina integrándose en un avión, o en un tren de pasajeros, quizá podría ocasionar la muerte de muchas personas. Lanzar píldoras corrompidas al río del conocimiento puede resultar altamente contaminante y peligroso.

Pero no solo es una cuestión de tiempo/dinero. Francamente, hay campos de investigación donde el coste de mentir no es demasiado elevado para la sociedad (que alguien diga que unos restos arqueológicos son de hace un millón de años, en lugar de decir que tienen setecientos mil años, supongo que no hace mucho daño), pero mentir en otros campos sí puede ser realmente costoso. Mentiras en las investigaciones que afectan al ecosistema natural, como las relacionadas con el cambio climático, o aquellas relacionadas con la salud de las personas pueden tener un coste elevado para nuestro tiempo. Publicar una investigación afirmando que las vacunas pueden ser peligrosas (ver el caso de Andrew Wakefield en la página 61), o que tal o cual fármaco es mejor o peor durante el proceso de anestesia de pacientes (ver el caso de Scott S. Reuben o de Joachim Boldt en las páginas 58 y 65 respectivamente), o los elevados conflictos de intereses en áreas tan críticas de investigación como la del cáncer, o en investigaciones relacionadas con la nutrición y alimentación de las personas, puede tener consecuencias muy negativas para el interés general de la sociedad.

Como vemos entonces, las malas prácticas en investigación no son solamente una cuestión de ética o moral, sino que realmente tienen un impacto económico y social en nuestras vidas —y es por lo tanto una cuestión contra la que deberíamos reaccionar.

La medida de las malas prácticas —o las malas prácticas sin medida

Aunque todo el mundo las asume como existentes, no resulta fácil poner una cifra a las malas prácticas de investigación —esto es como cuantificar la economía sumergida, que no existe un registro donde amablemente las personas que trabajan en negro declaren que así lo hacen y no por ello deja de existir (en España se estima que la economía sumergida representaría un 18 % del PIB[11]).

Creo que es necesario advertir desde el principio un par de cosas. La primera: que *estas cosas* no se miden, se estiman; la segunda: que tenemos que estar muy atentos al instrumento de estimación que se ha utilizado. En la literatura, en informes o en titulares de prensa, encontraremos referencias a fuentes que usan distintos artilugios para intentar poner una cifra a la preponderancia del fenómeno, por lo que deberemos estar atentos a qué es lo que exactamente se está midiendo cuando alguien se refiera a «que el fraude científico aumenta o disminuye o está presente en tal o cual porcentaje».

Encontraremos, por ejemplo, encuestas realizadas a científicos en las que se les pregunta en primera persona sobre si ellos han cometido alguna vez malas prácticas; también encontraremos otras donde se les pregunta si han observado a alguien de su entorno cometer malas prácticas y también sobre si creen que otros cometen malas prácticas. Otro tipo de trabajos que intentan estimar la presencia de las malas prácticas son aquellos que analizan directamente las publicaciones (a través de distintos algoritmos) y obtienen la probabilidad de que los datos presentados sean o no falsos.

El número de publicaciones retiradas (con o sin el retracto de sus autores) también lo podemos encontrar como fuente indicativa sobre la presencia de malas prácticas en un determinado campo, aunque esta cifra es muy relativa, ya que su variación podría estar relacionada más con el énfasis que *el sistema* pone en censurar estas prácticas que con la propia presencia de las mismas —a igual número de malas prácticas en dos campos o momentos distintos de medida, uno puede ser mayor que otro porque el celo en detectarlas haya sido diferente, no porque el número de malas prácticas en sí haya sido distinto.

A lo largo de esta sección vamos a ver distintos estudios que han intentado inferir, con uno u otro método, la presencia de las malas prácticas en los entornos de investigación. Como acabamos de indicar más arriba, hemos de tener en cuenta que la mayoría de los datos expuestos a continuación están basados bien en encuestas que pueden tener un sesgo a la baja o bien en los pocos datos que pueden llegar al dominio público; además, sabemos que por la estructura del sistema (motivaciones personales, presiones jerárquicas, redes clientelares, pautas sociales...) el nivel de denuncias de malas prácticas es muy bajo, lo que nos invitaría a pensar que muchos de los resultados considerados infravaloran la realidad, y que la existencia de malas conductas podría ser mucho más preponderante que lo mostrado por los estudios.

No es el objetivo de este ensayo hacer una revisión meticulosa de la literatura y comenzar a citar artículos para llenar el apartado de bibliografía como si de una competición se tratase (por cierto, práctica esta considerada como QRP ☺). Vamos a seguir la estrategia que hemos mantenido hasta ahora: comentar unos pocos artículos clave que nos aportan distintas perspectivas (y que se han encargado de hacer la revisión por nosotros) para que cada cual tome la información que considere y pueda crearse su propio juicio al respecto.

Si te preguntamos si mientes, ¿dirás la verdad? Estudios basados en encuestas

Si quieres lee solo esto y salta al capítulo siguiente ☺

Yo no soy periodista. Los periodistas tienen la habilidad de sintetizar la información clave en poco espacio. Yo me enrollo demasiado. Como no quiero ser un ladrón de tiempo para ti si no te interesa demasiado la temática de esta sección te propongo una solución rápida: puedes leer el siguiente extracto del maravillo reciente artículo[*]

---

[*] 31 de enero de 2019.

de periódico de Javier Jiménez en Xataka[12] y saltar directamente al siguiente capítulo (¡un atajo! ☺). El artículo aporta las fuentes académicas de todos los datos, así que es información de la buena*. Copio aquí un extracto con distintas fuentes de datos sobre la presencia de las malas prácticas en el entorno de investigación:

«[...]

Digo que es profundo [el fraude], pero lo cierto es que las estimaciones varían muchísimo. En Estados Unidos, hay una horquilla entre el 0,001, según los datos confirmados por el Gobierno, y el 10-20 % de "serias deficiencias" detectadas por la FDA americana entre el 77 y el 90 —y que llevaron a ser condenados por mala praxis a un 2 % de los investigadores clínicos supervisados por dicha agencia federal.

Otros indicadores que suelen usarse son los artículos retirados de revistas científicas, los que nos situarían entre el 0,02 y el 1 %.

Si preguntamos a los mismos investigadores, la cosa se complica. Cuando les preguntamos a los científicos por su propia conducta solo un 1,97 % de los científicos reconocieron haber fabricado o falsificado datos al menos una vez y un 33,7 % reconocieron haber realizado algún otro tipo de práctica cuestionable. Pero cuando les preguntamos por la conducta de sus colegas, las cifras ascendían a un 14,12 % y 72 % respectivamente. Un 72 % de los científicos reconocen haber visto prácticas cuestionables. Ahí es nada».

Si tienes internet te invito a leer el artículo original; si se te queda corto será un placer que sigas leyendo este capítulo ☺.

Los científicos se portan mal —Martinson, Anderson y de Vries en *Nature* (2005)

El sociólogo especializado en comportamientos de la salud cardiovascular Brian C. Martinson y sus colegas «tuvieron la gallardía» (☺) en 2005 de publicar en *Nature*[13] el estudio que habían realizado tres años atrás preguntando a investigadores sobre sus comportamientos en cuanto a las malas prácticas de investigación. Según los autores, este fue el primer estudio empírico con una muestra potente llevado a cabo para intentar medir la predominio de las malas prácticas, que hasta esa fecha se consideraba entre el 1 y el 2 %[14], según los

---

*Ejem..., bueno, que la información sea académica no quiere decir que sea buena, como bien estamos descubriendo a lo largo de este ensayo.

datos manejados por distintas agencias del gobierno de los Estados Unidos (como hemos leído unos párrafos atrás). Antes de presentar los resultados vamos a ver algunas de las claves del artículo para ser conscientes de lo que se esconde detrás de las cifras:

- La encuesta fue enviada a investigadores basados en Estados Unidos que estaban financiados por el National Institute of Health.
- La muestra usada es de 3247 cuestionarios.
- En la fase de diseño, a través de grupos de discusión, se seleccionaron las 16 prácticas[*] consideradas como más dañinas para el registro científico, aquellas que podían ser seriamente sancionables por atentar contra la integridad de la ciencia.
- Los participantes debían responder en el cuestionario para cada una de las 16 prácticas «sí» o «no» habían participado en ella durante los últimos 3 años.

Atendiendo a las respuestas de los participantes existe un grupo de comportamientos, seis de los dieciséis (entre ellos falsificación y plagio), cuya frecuencia está por debajo del 2 % —es decir, menos del 2 % de la muestra *confesó* haber estado involucrado en esos comportamientos en alguna ocasión durante los últimos tres años, un porcentaje consistente con la estimación que se manejaba en otros estudios. Sin embargo, hasta nueve malas prácticas fueron admitidas por encima del 5 % de los encuestados. Las prácticas más reconocidas fueron las siguientes:

- 27,5 %: Mantener registros inadecuados relacionados con los proyectos de investigación.
- 15,5 %: Cambiar el diseño, la metodología o los resultados de un estudio como respuesta a la presión de una fuente de financiación.
- 15,3 %: Eliminar observaciones o puntos de datos de los análisis basados en la intuición de que eran inexactos.
- 13,5 %: Usar diseños de investigación inadecuados o inapropiados.
- 12,5 %: Pasar por alto el uso de datos cuestionables o de interpretaciones cuestionables que otros hacen.

---

[*]En el Capítulo C (página 148) vimos el listado con las 16 prácticas; tal vez te resulte interesante ir a esa página para interpretar los resultados y volver después aquí.

- 10,8 %: Retener detalles de la metodología o los resultados en artículos o propuestas.
- 10,0 %: Asignar inapropiadamente los créditos de autoría.

En conjunto, el 33 % de los encuestados admitió haber estado involucrado en al menos una práctica cuestionable en los últimos tres años.

Además, en el estudio también midieron por un lado las respuestas de investigadores júnior y por otro las de investigadores sénior, resultando que aquellos con más años de experiencia admitían haberse involucrado más frecuentemente en malas prácticas de investigación —recordemos que son encuestas y estamos evaluando respuestas a encuestas; por lo tanto debemos tener en cuenta que, por ejemplo, es posible que los investigadores sénior no cometiesen *realmente* con mayor frecuencia malas prácticas de investigación, pero que sí *admitiesen* cometerlas con mayor frecuencia (puede haber diferencia en la predisposición a admitir un mal comportamiento entre los júnior y los sénior por la posición profesional inestable de los primeros y cómoda de los segundos).

Por supuesto que los resultados deben ser tomados con cautela, ya que como en la mayoría de estudios donde son usados los autocuestionarios como instrumento de medida, y sobre todo en aquellos donde se intentan medir comportamientos sensibles (aquellos con connotaciones morales o comportamientos mal vistos socialmente), sabemos que puede haber un hueco entre el comportamiento real del sujeto y el comportamiento que el sujeto admite tener; por ejemplo, podríamos pensar que el hecho de obtener un porcentaje más bajo en los comportamientos más graves, no se deba a que realmente sea un comportamiento menos frecuente, sino que podría deberse a que los participantes están menos dispuestos a admitir estos comportamientos. Es por esto que estas medidas habitualmente son consideradas muy optimistas, intuyendo que la realidad puede ser bastante más cruda. Más adelante volveremos a comentar esta problemática en la medida de este tipo de variables.

La visión de Steneck en 2006

Si hay una persona que ha dedicado gran parte de su vida a la divulgación de la integridad científica y a la observación de la evolución de las malas prácticas en investigación es Nicholas H. Steneck[*][15]. Encontramos a Steneck como autor o promotor de diferentes iniciativas en el marco que la integridad en investigación; por ejemplo, fue el autor del libro *Introduction to the Responsible Conduct of Research* publicado por la ORI en 2007 y que cito en diversas ocasiones durante este ensayo.En 2006 publicó un artículo *peer reviewed*[16] donde hacía una revisión del estado de la problemática en aquel momento, que considero ideal como segunda aproximación para intentar ponderar la magnitud de las malas prácticas en investigación.

En su revisión Steneck presenta multitud de estudios que intentaron hasta aquella fecha medir la presencia de las malas prácticas en el entorno de investigación[**]. Los primeros datos hacen referencia al número de investigaciones resueltas por la ORI (y otras agencias gubernamentales) donde los investigados resultaron culpables. Aproximadamente entre 1995 y 2005 la media de casos tratados estuvo entre 20 y 30 al año; considerando la base de unos dos millones y medio de investigadores obtendríamos una tasa del 0,001 % de investigadores fraudulentos (en Estados Unidos). No obstante, otras métricas estiman esta cifra en el 0,01 %, aunque ambas parecen estar muy lejos de la realidad, ya que otros trabajos (citados en el artículo de Steneck) han puesto de manifiesto que los investigadores, a pesar de conocer las malas prácticas suyas y de otros, habitualmente no las denuncian. Como Steneck afirma «el argumento de que la mala conducta en la investigación es "poco frecuente" no está respaldado por pruebas sólidas».

El autor continúa aportando cifras de diferentes estudios que intentan cuantificar la magnitud del problema y que no nos deberían dejar indiferentes; creo que pueden resultar interesantes para nuestro propósito por lo que reproduzco un extracto a continuación (traduzco literalmente del inglés):
«[...]

---

[*]Hablo más sobre él en el Capítulo E (p. 232).
[**]Como pongo de manifiesto en otras partes de este ensayo, Estados Unidos fue pionero en la lucha contra las malas prácticas científicas, por lo que es normal que los primeros datos sobre las mismas procedan de este país.

Aunque las primeras encuestas de mala conducta tuvieron sus defectos, cuando fueron combinadas con otra evidencia deberían haber suscitado sospechas de que la mala conducta en investigación no es tan rara como argumentan algunos. En aquel momento, era bien sabido que las tasas reportadas de mala conducta académica en estudiantes de grado, incluso en programas profesionales como escuelas de ingeniería o en escuelas con código de honor, estaba por encima del 50 % [..]. En 1992 Kalichman reportó que más de un tercio (36 %) de un grupo de estudiantes graduados y estudiantes de postdoc encuestados dijeron que habían observado algún tipo de mala conducta en investigación. Kalichman también informó que el 15 % de los encuestados dijo que fabricaría o falsificaría información si esto ayudase a obtener una subvención o a publicar un artículo. Estos niveles fueron similares en investigaciones realizadas por Brown en 1998 y Geggie en 2001, usando los mismos instrumentos de medida. Más del cinco por ciento de los participantes (5,7 %) en la encuesta de Geggie admitieron que ellos mismos habían cometido alguna mala conducta en el pasado.

En los últimos años se ha acumulado más evidencia que parece poner el nivel de ocurrencia de prácticas serias de mala conducta cerca del 1 %. El 51 % de 422 miembros de la International Society of Clinical Biostatistics encuestados manifestó haber tenido conocimiento íntimo de al menos un caso de mala conducta grave en los últimos diez años; el 31 % había participado en un proyecto en el que "se cometió fraude o estaba a punto de llevarse a cabo"; al 13 % de los encuestados se le había pedido en algún momento que apoyasen el fraude. [...] Un tercer estudio, presentado en 2004 en la Research Conference on Research Integrity[17] reportó que 8 de 800 (1 %) envíos a la revista The Journal of Cell Biology incluían imágenes digitales manipuladas inapropiadamente. [..] La cifra del 1 % parece emerger también en un estudio financiado por el NIH de Martinson y colegas [...] los hallazgos iniciales publicados en Nature nuevamente ubican el nivel de ocurrencia de las malas prácticas de investigación más graves en alrededor del 1 % o más. De los aproximadamente 3300 investigadores que participaron, el 0,5 % admitió haber "falsificado" o "cocinado" datos de investigación mientras que el 1 % afirmó haber usado "las ideas de otros"».

El artículo prosigue aportando más cifras de más investigaciones, aunque, más allá de la cifra concreta, lo que parece importante remarcar es que las malas prácticas son más comunes de lo que en principio podríamos esperar de los científicos —que recordemos son los profesionales que en España mejor valoramos en las encuestas (como comentaba el 18 de marzo de 2019 en mi twitter: https://twitter.com/aabrilru/status/1107696091577962496 ☺).

No obstante, aunque las cifras concretas no nos importen demasiado, vamos a ver algunos estudios más, como el tan citado metaanálisis que Daniele Fanelli realizó en 2009.

Daniele Fanelli y su metaanálisis de 2009

Una de las publicaciones más referenciadas en el ámbito de la preponderancia de las malas prácticas de investigación, así como una de las publicaciones más citadas de la Public Library of Science (PLoS), con más de doscientas cincuenta mil visitas, es el metaanálisis[*] que publicó Daniele Fanelli[**] con el título *How Many Scientists Fabricate and Falsify Research? A Systematic Review and Meta-Analysis of Survey Data* (*¿Cuántos científicos fabrican y falsifican datos? Una revisión sistemática y un metaanálisis de datos de encuestas*)[18].

Debido a que vamos a encontrar muy a menudo los datos de este artículo citados de forma escueta, creo que resultaría interesante desgranar un poco la metodología utilizada para ir más allá del titular o las conclusiones que habitualmente citan muchos, con el fin de entender qué se esconde detrás de la cifra. Veamos:

- Para comenzar con la selección de publicaciones a considerar en el metaanálisis se realizó en varios idiomas una búsqueda de artículos que incluyeran palabras clave relacionadas con la mala conducta en investigación (research misconduct, research integrity, fabrication...).
- De las 3276 referencias obtenidas inicialmente, para el metaanálisis fueron seleccionados 21 artículos.
- La fecha de publicación de los estudios seleccionados estaba comprendida entre 1988 y 2005.
- Se incluyeron solamente artículos basados en encuestas cuantitativas que evaluaban cuántos investigadores habían cometido malas prácticas en investigación o habían observado a colegas cometerlas.

---

[*]Para aquellos no familiarizados con el término aclaro: un metaanálisis no es un experimento o estudio directo del fenómeno de interés, sino que es un estudio donde se analizan qué han dicho sobre el fenómeno otros estudios. O de otra forma, es un estudio donde se toman muchos otros estudios y se analiza cuáles han sido los resultados y así poder obtener unas conclusiones más robustas sobre el fenómeno.

[**]Podemos saber más sobre el investigador en el Capítulo E (p. 232).

- La investigación se centró en aquellos comportamientos que pueden falsificar o sesgar el conocimiento científico, tales como la fabricación de datos, la no publicación intencional de resultados, la falsificación..., dejando aparte otras prácticas como el plagio o el mal comportamiento profesional, que aunque consideradas como malas no dañan propiamente el registro científico.

Los resultados obtenidos fueron los siguientes:

- De media, un 1,97 % de científicos admite haber fabricado, falsificado o modificado datos o resultados al menos una vez.
- Un 33,7 % admite haber realizado alguna vez otras prácticas tales como «borrar puntos de los datos basados en un sentimiento visceral» o «cambiar el diseño, la metodología o los resultados del estudio como respuesta a la presión de la fuente de financiación».
- Si lo que se pregunta es sobre el comportamiento de otros compañeros —no de uno mismo— es el 14 % el que indica que estas prácticas (fabricación de datos, falsificación o modificación) han sido cometidas por otros. En cuanto a las otras prácticas menos graves, el 72 % contesta que otros compañeros sí las han realizado.

Resulta interesante observar que aproximadamente el 2 % de los científicos admite haber fabricado, falsificado o modificado datos o resultados alguna vez, pero el 14 % admite que otros compañeros sí lo han hecho. Preguntar sobre el comportamiento de otros en investigaciones que pueden cuestionar la moralidad del entrevistado es algo típico en psicología[19]. Recuerdo que Dan Ariely hacía una referencia a esto en su libro *The (Honest) Truth About Dishonesty* (capítulo 2B, Golf), a propósito del experimento que realizaron con golfistas en el que también usaban esta técnica de preguntar por el comportamiento de otros; la razón de preguntar por el comportamiento de otros, decía Ariely, era porque «pensábamos que [los participantes] mentirían si preguntábamos directamente por su tendencia de comportarse de forma poco ética. Preguntando por el comportamiento de otros, esperábamos que los participantes se sintieran libres para decir la verdad sin el sentimiento de estar admitiendo un mal comportamiento de sí mismos». Así que, desafortunadamente, quizá deberíamos considerar como tasa más realista la segunda que la primera.

De nuevo encontramos la cifra del 2 % (no es que crea en la numerología, por supuesto ☺) que coincide con las observaciones de Saphiro en 1992[20] que recordaba que las auditorias realizadas por la Administración de Alimentos y Fármacos de Estados Unidos (FDA) encontraron entre 1977 y 1990 deficiencias y fallos en un 10~20 % de los estudios —lo que implicó que un 2 % de los investigadores clínicos fueron juzgados como culpables de faltas científicas graves.

Malas prácticas en Psicología: el trabajo de Leslie K. John, Loewenstein y Prelec en 2012

Tengo la sensación —no datos objetivos— de que la Psicología es una de las ramas donde más estudios se han realizado en cuanto a la presencia de las malas prácticas de investigación, aunque mi perspectiva está sesgada porque llevo años estudiando psicología y esto provoca una asimetría en mi juicio. Yo diría que los psicólogos tienen una capacidad especial de autoanálisis y quizá por eso podríamos pensar que hay muchos más estudios de psicólogos sobre psicólogos. Me estoy acordando ahora de aquel chiste que decía algo así como: «Se encuentran dos psicólogos por el pasillo y le dice el uno al otro: —¿Qué tal Antonio? Te veo bien —y acto seguido él mismo se pregunta—, ¿y yo, cómo me veo? —marchándose por el pasillo reflexionando sobre la cuestión ☺.

Leslie K. John, del Departamento de Marketing de la Harvard Business School, George Loewenstein, de la Carnegie Mellon University, y Drazen Prelec, afiliado a la Sloan School of Management y al MIT, publicaron en 2012 un *paper*[21] en el que encuestaron a más de 2000 psicólogos para tratar de medir su implicación en malas prácticas de investigación (QRPs)*. Además, midieron el efecto de un incentivo por decir la verdad (se harían donaciones a organizaciones de caridad en función de «cuánto de verdad» fuese la respuesta), con el que, combinándolo con otras variables, trataban de neutralizar la dificultad de ponderar exactamente en autocuestionarios** la presen-

---

*En el Capítulo C (p. 149) anticipamos este trabajo al presentar las listas de QRPs que en él utilizaron para evaluar la implicación en ellas de los participantes. Puede ser interesante volver a consultarlas para tenerlas frescas mientras descubrimos la investigación.

**Se considera autocuestionario a aquel cuestionario que rellena el propio participante sin la ayuda de una segunda persona.

cia de un comportamiento cuando este puede tener connotaciones de inmoralidad —en la sección anterior anticipamos ya esta problemática.

¡Atención, *spoiler*! ☺: es inquietante comprobar que para algunas QRPs consideradas casi el 100 % de los participantes admitió haberlas realizado alguna vez.

Sin la intención de analizar todos los pormenores de la publicación, sí que vamos a ver las claves del artículo que considero más interesantes, para que cuando consideremos los resultados sepamos qué es lo que se esconde detrás de los números. A saber:

- En el experimento principal los participantes fueron preguntados sobre las 10 malas prácticas de investigación consideradas como más usuales (solo reportar estudios que funcionan, no reportar todas las condiciones del estudio, falsificar datos...).
- Se les pedía puntuar cada QRP desde tres puntos de vista: 1) si ellos las habían cometido (*self-admission rate*); 2) el porcentaje de otros psicólogos que creían que las habían cometido (*prevalence estimate rate*) y 3) entre los psicólogos que las habían cometido, el porcentaje que admitiría haberlo hecho (*admission estimate*).
- A los psicólogos que admitían haber practicado alguna QRP, se les pedía que puntuasen si pensaban que hacerlo estaba justificado.
- También se les pedía que puntuasen el grado de integridad de investigadores en otras instituciones, en su institución, de los estudiantes, de sus colaboradores de equipo y de sí mismos.

Considerando los datos de aquellos que fueron incentivados para decir la verdad, y considerando solamente las respuestas a los ítems que evaluaban a uno mismo (*self-admisión rate*), quitando el ítem de falsificación —para poderlo comparar con los datos del estudio de Fanelly de años atrás[22]— obtenemos que el 36,6 % de los participantes admitió haber participado alguna vez en comportamientos cuestionables de investigación; en la condición de control (donde no se les ofrecía el incentivo por decir la verdad), la media bajaba al 33,3 % (este dato sí, similar al obtenido en el metaanálisis de Fanelly en 2009). Además, entre los participantes que completaron la encuesta en la condición con incentivo para decir la verdad, el 94 % admitió haber estado implicado al menos una vez en alguna mala práctica.

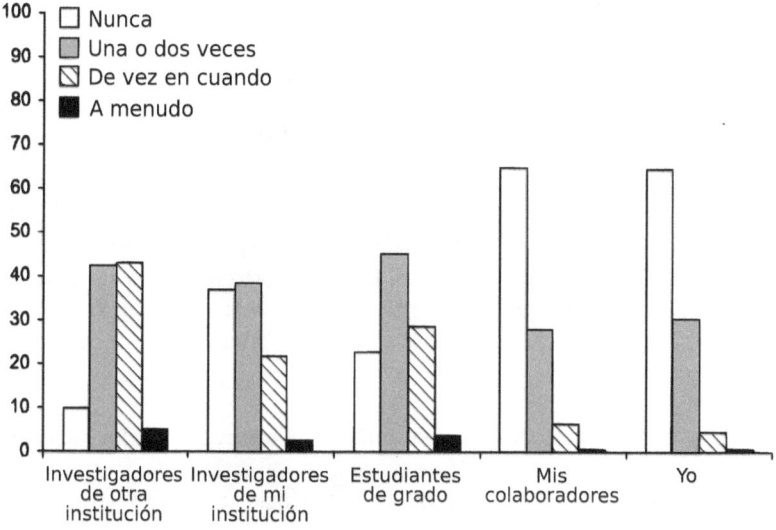

FIGURA D.1: Distribución de respuestas sobre dudas concernientes a la integridad en función de varias categorias de investigadores. Figura adaptada de John, Loewenstein y Prelec (2012)

Me hizo bastante gracia la diferencia en las respuestas en función de si se preguntaba por las malas prácticas de uno mismo o bien de otros con distintos grados de proximidad (lo vemos en la figura D.1). El artículo no indica si las diferencias obtenidas fueron significativas o no, pero la gráfica es divertida. Podríamos interpretarla como: yo soy un santo y casi nunca miento, ahora, ojito con los de otras universidades porque esos sí que son unos bichos de cuidado ☺.

Otro dato que llama la atención (o no), es el distinto punto de vista que los investigadores tienen sobre el daño que determinadas prácticas pueden causar: la implicación de los investigadores en evitar las distintas QRPs no es idiosincrática. Entre los investigadores hay un consenso fuerte sobre la relativa falta de ética de ciertos comportamientos, pero la perspectiva varía cuando se trata de poner la línea sobre si el comportamiento de uno mismo está bien o mal (referido en la p. 527 del artículo).

No obstante, los resultados de este experimento deberían ser tomados con cautela, ya que metodológicamente el experimento pudo contener errores que inflasen la prevalecencia estimada del problema[23] .

El análisis por triangulación de Banks (2016)

Banks y sus colegas[24] publicaron en 2016 una revisión de trabajos que habían analizado la problemática de las QRPs sobre todo en el campo de las ciencias sociales*. El título elegido fue de lo más sugerente: *Editorial: Evidence on Questionable Research Practices: The Good, the Bad, and the Ugly* (*Editorial: Evidencia de prácticas cuestionables de investigación: El bueno, el feo y el malo*).

Para dar consistencia a lo resultados utilizaron un método de triangulación que tomaba investigaciones que habían usado tres fuentes de datos diferentes: observación de publicaciones, análisis sensitivo y encuestas a investigadores.

Con un análisis de 64 estudios esta publicación cumple perfectamente con el objetivo que nos planteamos al inicio de esta sección, responder a la pregunta «¿son las malas prácticas en investigación realmente un problema?». El artículo está rebosante de referencias a estudios que han intentado responder a esta pregunta por uno u otro método, así que recomiendo su consulta a aquellos lectores más interesados**.

Tan solo voy a listar aquí las principales observaciones que encontraron (traduzco literalmente del inglés algunas de ellas):

- De los 64 estudios analizados, 58 (91 %) indicaban que habían encontrado una evidencia severa de QRPs en sus hallazgos (es decir, que realmente las malas prácticas existen en la industria de la ciencia).
- Las QRPs más comunes fueron las de HARKing*** y la de reportar selectivamente los resultados, con preferencia por aquellos

---

*Según los autores, sobre las ciencias sociales recaen especiales niveles de crítica; además, al estar centrado el estudio en este tipo de ciencias, que usan metodologías diferentes a las ciencias naturales, los resultados no deberían ser extrapolados a las segundas. En concreto, los campos en los que las publicaciones incluidas en el estudio se mueven son: psicología, gestión empresarial, comunicación, educación, ciencias políticas, economía, sociología, contabilidad y otras.

**Lo tenéis en abierto en el repositorio de la editorial. Aquí: https://link.springer.com/article/10.1007/s10869-016-9456-7.

***Ver definición en el Capítulo C (p. 152).

que son estadísticamente significativos.

- Las tasas de presencia de QRPs actuales están probablemente subestimadas.
- Los estudios basados en las observaciones de las QRPs generalmente ilustran tasas más altas que los basados en autoinformes.
- Los estudios no basados en autoinformes, tales como los de observación del comportamiento o análisis sensitivos, también proveen una consistente evidencia de la implicación de los investigadores en malas prácticas de investigación.
- Los editores y los revisores parecen jugar un papel importante en la incidencia de las QRPs.
- La implicación en las QRPs no parece variar según el rango académico del investigador.
- La inmensa mayoría de investigación en QRPs se ha centrado principalmente en prácticas que afectan a los *p-values*, por lo que sería necesaria más investigación de otro tipo.

Observamos que el estudio refrenda la intuición que veníamos arrastrando sobre los autoinformes y es que, efectivamente, parece confirmar que las cifras de presencia de malas prácticas arrojadas por los estudios basados en autoinformes son optimistas, es decir, realmente las malas prácticas son superiores a lo que los investigadores declaran en las encuestas. Además, en general, las cifras de estimación de malas prácticas que se manejan también parecen quedarse cortas respecto a la su presencia real.

El *big data* para detectar malas prácticas

Al principio del capítulo comentamos que íbamos a considerar principalmente tres formas de estimar la presencia de las malas prácticas en la industria científica: 1) mediante encuestas o autocuestionarios, preguntando directamente a los investigadores; 2) analizando directamente las publicaciones en búsqueda de malas prácticas y 3) contando el número de artículos que se retiran. Vistos algunos ejemplos de las primeras, vamos a considerar ahora un par de referencias sobre estudios que tratan de estimar la presencia de malas prácticas a través de su detección directa en las publicaciones (ahora que lo pienso, ¿no es esto lo que deberían hacer los revisores de los *papers*? —me pregunto).

Una de cada veinticinco imágenes publicadas en biomedicina contiene errores

En las disciplinas relacionadas con la biología la información aportada por imágenes suele ser una pieza clave en las investigaciones (imágenes de microscopio, resonancias magnéticas, escáneres, fotografías de cultivos, Western blots...), y cómo no una dulce tentación para aquellos investigadores que hicieron pellas en las clases de integridad científica y pasaron más de una tarde en Youtube viendo vídeos sobre Photoshop ☺.

No sé si lo sabéis, pero los ordenadores no son demasiado buenos analizando imágenes. Son buenos analizando datos ya digitalizados —obviamente— pero el análisis de imágenes lo tienen complicado (¡y mucho más complicado el vídeo!), aunque el tema ha mejorado en los últimos años. El Captcha de Google, por ejemplo, ese jueguecito de pinchar en imágenes que a veces nos sale cuando queremos darnos de alta o entrar con nuestro usuario y contraseña a una página web «para asegurarse de que no somos un robot», nació como recurso para utilizar unos pocos segundos de millones de personas para identificar *cosas* en las imágenes (coches, escaparates, flores, personas, señales de tráfico...) e ir enseñando a las máquinas poco a poco sin que las personas se diesen cuenta —cada vez que hacemos un Captcha estamos enseñando a una máquina ☺.
Facebook, por ejemplo, emplea a cientos de personas por todo el mundo con la dedicación exclusiva de revisar imágenes estáticas y vídeo subido por sus usuarios porque los ordenadores aún no son lo suficientemente buenos para discriminar si una imagen (o vídeo) es ofensiva o no. Por esta complicación adicional —analizar imágenes— el siguiente trabajo tiene un valor especial.

Al principio del capítulo (p. 162) citamos el artículo que en 2016 Elisabeth M. Bik, Arturo Casadevall y Ferric C. Fang publicaron en la revista *mBio*, un robusto estudio en el que analizaron 20 621 artículos *peer reviewed* publicados en 40 revistas científicas entre 1995 y 2014. Al poco de ser publicado, la revista *Nature* se hizo eco del estudio dando la voz de alarma sobre la elevada tasa de imágenes con problemas que habían detectado[25].
Bik y sus colegas encontraron que el 4 % de los artículos estudiados contenían imágenes inapropiadas; bien es cierto que no todas las manipulaciones erróneas debían ser consideradas como intencionales,

ya que entre ellas podrían encontrarse errores involuntarios, pero aún así, la cifra resultó llamativa. La revista con más imágenes erróneas publicadas (un 12 %) fue la *International Journal of Oncology* y la que menos la *Journal of Cell Biology*, con un 0,3 %. Como ya comentamos, los autores contactaron con las revistas para informar sobre las deficiencias detectadas; al cabo de dos años habían recibido contestación de un tercio de ellas (por lo que podemos deducir que dos tercios de las revistas o son más lentas que el caballo del malo o consideraron que manipular las imágenes es algo tan carente de importancia que no merecía la pena ni dar una respuesta).

Ante este escenario parece inevitable hacerse esta pregunta: ¿cuál es entonces el trabajo de los revisores? Todos los artículos que se analizaron estaban contenidos en revistas con un proceso de revisión por pares, y aún así, las imágenes manipuladas fueron publicadas. Parece que la revisión por pares no es un procedimiento infalible.

El método de estimación de John Carlisle y el de Nick Brown y James Heathers

Me temo que revisar publicaciones para encontrar errores no es un trabajo demasiado motivador. Hace unos meses *The Guardian* publicaba un artículo[26] ilustrado con una foto de un grupo de policías muy bien equipados en el que su autor, Mike Marinetto, reflexionaba sobre si algún día llegaríamos a ver unidades anticorrupción (como la policía de asuntos internos) dentro de la academia, por el galopante problema de fraude al que la ciencia se estaba enfrentando. Aunque esta función no se haya profesionalizado aún —y sinceramente espero que no tengamos que llegar a verlo nunca—, es cierto que algunas personas han asumido parte de ese papel con sus aportaciones desinteresadas a la comunidad (en algún momento las llamamos los *watchdogs* de la ciencia[*]). De una u otra forma creo que no se trata de un trabajo agradable, investigar las malas prácticas que tus propios compañeros realizan, por eso personalmente estoy muy agradecido a las personas que dedican parte de su tiempo a esta labor que tanto bien hace a la humanidad: limpiar de falso conocimiento el registro científico.

---

[*]Hablamos sobre ellos en el Capítulo E (p. 237).

En los últimos años, aprovechando la capacidad de procesamiento de los ordenadores y gracias a la habilidad de estos investigadores para hacer programas capaces de manejar grandes cantidades de datos (¡viva el *big data*!), ha aparecido una nueva vía para identificar investigaciones potencialmente fraudulentas por contener datos fabricados o falsificados. Probablemente John Carlisle[*] pasó desapercibido cuando leímos su nombre en el caso de Yoshitaka Fujii y de PREDIMED (pp. 88 y 118, respectivamente). Entre 2012 y 2013 Carlisle sometió numerosas investigaciones a un método matemático-estadístico aplicable a experimentos donde las hipótesis son contrastadas por las diferencias encontradas entre los grupos de sujetos investigados al someterlos a diferentes tratamientos. La clave de este contraste experimental es que los sujetos (ratones, bacterias, personas o cualquier otro elemento que vaya a ser pasto de nuestra inquietud) deben ser asignados de forma aleatoria a los grupos —es lo que se conoce como prueba controlada aleatorizada (RCT, por sus siglas en inglés: *randomized controlled trial*)—. Lo que hace el método es *calcular*, a partir de los datos reportados, la probabilidad de que los sujetos del experimento fuesen asignados en su momento realmente de forma aleatoria o no.

En la práctica que un experimento no pase el test puede encendernos un pilotito naranja de alarma que nos indique que los sujetos no se asignaron, efectivamente, de forma aleatoria a los diferentes grupos (consciente o inconscientemente) o bien un pilotito rojo intenso y parpadeante que nos indique que los sujetos fueron directamente inventados (en cuyo caso estaríamos ante un fraude científico de fabricación de datos).

En 2017 Carlisle publicó en la revista *Anaesthesia*[27] un trabajo en el que había incluido 5087 artículos fechados entre el 2000 y el 2005 publicados en ocho revistas diferentes. Para realizar el trabajo analizó la distribución de más de 70 000 medias de casi 30 000 variables —ahora comprenderéis por qué asocio estas técnicas al *big data*, ¿verdad? ☺.

Entre otros hallazgos, el estudio encontró que al menos el 2 % de los estudios analizados contenían datos falsos o fraudulentos. El descubrimiento fue tan sorprendente, y el método tan fácil de implementar (en estudios puntuales), que la propia revista *Anaesthesia* decidió incorporarlos en sus mecanismos rutinarios de revisión a partir de

---

[*]Podemos leer más sobre él en el Capítulo E (p. 241).

ese momento[28].

Otro ejemplo de esta función de *policía de asuntos internos* lo encontramos en la labor de la curiosa pareja de investigadores Nick Brown y James Heathers. Quizá nos suene su nombre porque leímos sobre ellos en el reciente caso de Brian Wansink (Capítulo B, p. 110) y volveré a aludirlos en el apartado dedicado a los *watchdogs* del Capítulo E (p. 238). Brown y Heathers idearon un método (el GRIM) que evolucionaron poco después (el SPRITE), que permite hacer una especie de ingeniería inversa y calcular la probabilidad de que los datos de medias y desviaciones estándar reportados en un estudio provengan efectivamente de las muestras indicadas.

En 2016 publicaron un estudio en la revista *Social Psychological and Personality Science*[29] en el que encontraron que 36 de los 260 artículos analizados contenían al menos un valor erróneo (lo que equivale al 13,8 %) y 16 más de uno —artículos todos ellos que habían pasado por un proceso de revisión por pares.

Como vemos, cuando uno se pone a rascar, los ejemplos de investigaciones que contienen fraude o prácticas cuestionables de investigación parecen aflorar.

Midiendo los retractos

La tercera forma posible que hemos considerado para medir la prevalencia de las malas prácticas en investigación es a través del número de artículos retirados, aunque como veremos a continuación, esta cifra tampoco es un indicativo demasiado conveniente para estimar la tasa real de presencia de malas prácticas.

Por supuesto que lo deseable sería que todos las investigaciones donde sus autores han usado malas prácticas no fuesen publicadas y, en caso de que lo hiciesen, fuesen retiradas al poco tiempo por su potencial peligro de corromper el registro científico. Si esto fuese así, es decir, que todas las investigaciones donde se han usado malas prácticas fuesen detectadas y retiradas, el número de artículos retirados sería un buen indicativo para estimar la presencia de las malas prácticas en esta industria. Pero la vida es complicada y los factores que pueden estar detrás del incremento o disminución de este número

son diversos[*]: ¿los pares de revisores son más o menos duros durante el proceso de aceptación?; ¿los estándares de exigencia de transparencia de las revistas son más o menos altos?; ¿la costumbre en un
determinado campo de investigación es más o menos estricta con las
malas prácticas?... Estos múltiples factores que pueden intervenir en
la retirada de las publicaciones hacen que la traducción directa entre
número de artículos retirados y presencia de las malas prácticas en
un determinado entorno sea complicada.

Además, como ya comenté en el caso de PREDIMED (Capítulo B,
p. 119), me gustaría apostillar que la retirada de un artículo no debería ser considerada automáticamente como causa para denostar a
un investigador, ya que un artículo puede ser retirado no solo por
transportar prácticas fraudulentas entre sus párrafos, sino también
por contener errores no intencionados —de hecho, la no intencionalidad o el desconocimiento del error es el argumento habitualmente
más utilizado por los autores para su exculpación.

Teniendo todo esto en consideración y aunque el número de artículos retirados no sea una estimación clara y directa sobre la presencia de las malas prácticas en el entorno de investigación, su relación
con la temática es más que evidente, por lo que vamos a pasar a desgranar algunas referencias al respecto.

Retraction Watch

Si buscamos una referencia en el mundo de los retractos, esa referencia es Retraction Watch. Esta organización sin ánimo de lucro
se encarga de poner luz sobre los casos de malas prácticas científicas
que han derivado en publicaciones retiradas. Desde hace unos años
tratan de capturar los artículos que las editoriales retiran para darles
luz y ponerlos en una base de datos donde puedan ser consultados
fácilmente por la comunidad. La base de datos cuenta ya (a finales
de 2018) con más de 18 000 artículos retirados[30]. En el Capítulo E
(p. 201) podemos leer más detalles sobre qué es Retraction Watch y
su historia.

---

[*]Al *ceteris paribus* creí verlo una vez en sueños ☺.

La visión de *Science* en octubre de 2018

Un meticuloso estudio acompañado de ilustrativos gráficos que analiza la evolución de las publicaciones retiradas —que aquellos lectores más apasionados que tengan la oportunidad (y conexión a internet) no deberían dejar de consultar[*]—, es el que la revista *Science* publicó a finales de 2018[31]. El estudio toma los datos brutos de la base de datos de Retraction Watch y a través de una intensa y preciosa minería de datos, los convierte en información que podemos considerar para elaborar nuestro juicio sobre las malas prácticas. Entre todos los hallazgos y observaciones presentadas destaco las siguientes:

- Los países con comunidades científicas pequeñas parecen tener un mayor problema con los artículos retirados (ver figura D.2).
- Gran parte del aumento en el número de artículos retirados parece reflejar la mejora de la supervisión de las revistas.
- Pero la evidencia sugiere que más editores deberían intensificar sus esfuerzos.
- Relativamente pocos autores son los responsables de un número desproporcionado de publicaciones retiradas.
- Aunque el número absoluto de publicaciones retiradas anuales ha crecido, la tasa de aumento (publicaciones retiradas dividido entre el número de publicaciones totales) ha disminuido (ver figura D.3).
- Una publicación retirada no es siempre señal de un mal comportamiento.
- Irónicamente, el estigma asociado al *retracted* puede hacer que la literatura sea más difícil de limpiar.

El incremento en el número de publicaciones retiradas entre los años 2001 y 2010 está en línea con un estudio realizado en 2012 por Grieneisen y Zhang[32], que tomando como base 4449 artículos *peer reviewed* retirados entre 1928 y 2011, concluyeron, entre otras, que el número de artículos retirados se había multiplicado por 19 en la primera década del siglo XXI, e incluso tras ajustar la cifra con el incremento global de la literatura durante ese período, el número se había multiplicado por 11.

---

[*]De acceso libre en https://www.sciencemag.org/news/2018/10/what-massive-database-retracted-papers-reveals-about-science-publishing-s-death-penalty.

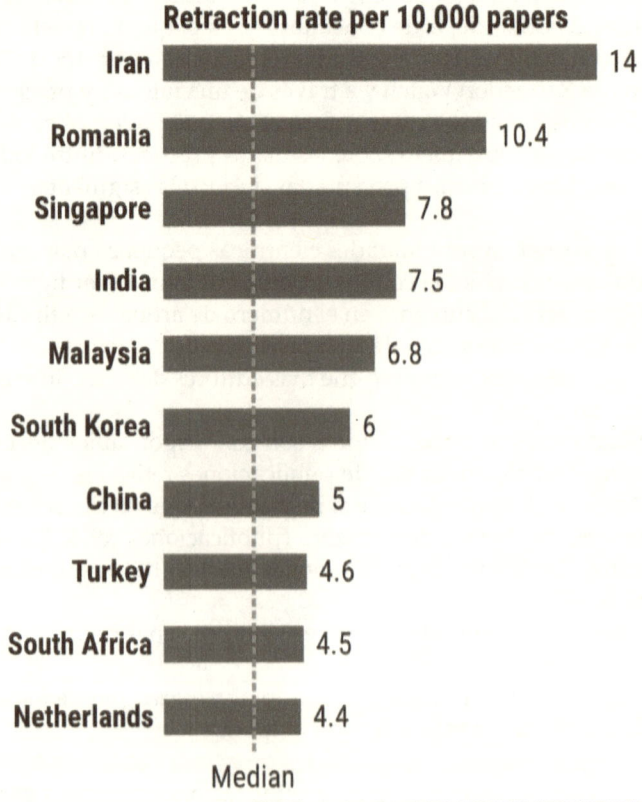

Countries with the highest retraction rates

FIGURA D.2: Países con las tasas más altas de artículos retirados. Hay que tener en cuenta singularidades como el caso de Rumanía, donde la existencia de una tasa tan alta se debe especialmente a un grupo de investigadores (grupo PANDORA) altamente motivados en la identificación del fraude en investigación. Figura tomada de Brainard y You (2018)

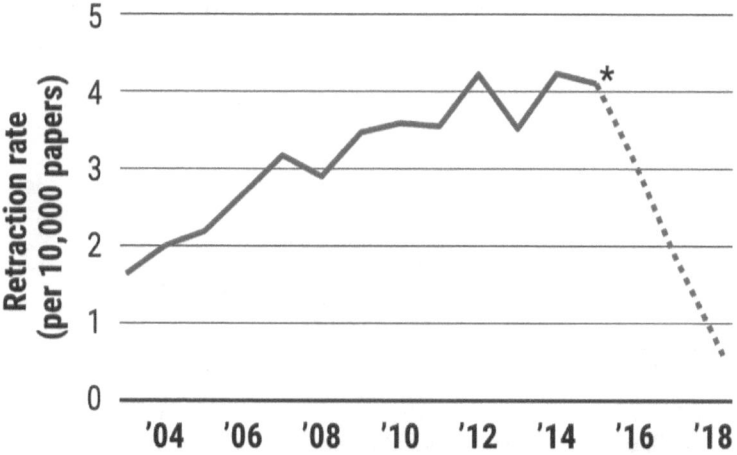

*The rate appears to decline after 2015, but numbers are almost certainly incomplete because of delays in publishing retractions.

(GRAPHIC) J. YOU/*SCIENCE*; (DATA) RETRACTION WATCH AND NSF; **METHODOLOGY**

FIGURA D.3: Evolución de la tasa de artículos retirados entre el 2004 y el 2015. «Aunque el número de publicaciones retiradas se disparó después de 1997, el porcentaje aumentó más lentamente y se estabilizó después de 2012». Figura tomada de Brainard y You (2018)

Dando robustez a la intuición que venimos arrastrando, los autores ponen sobre la mesa la reflexión que hacíamos al inicio del capítulo sobre la debilidad de usar el número de publicaciones retiradas como indicativo de la presencia de las malas prácticas, ya que un incremento en el número de artículos retirados podría deberse no a un aumento de publicaciones defectuosas sino, por ejemplo, a una mejora en la supervisión editorial. Por otra parte, llama la atención la baja tasa de publicaciones retiradas; tomando de la figura D.2 el país donde la tasa es mayor, Irán, obtenemos que tan solo 14 artículos *peer reviewed* de cada 10 000 (un 0,14 %) han sido retirados, un dato muy inferior a la preponderancia del fraude estimada por otros indicadores, pero que está en la línea (entre el 0,001 % y el 2 %) de lo que Javier Jiménez reportaba en el artículo de Xataka que referenciamos al principio del capítulo (p. 168).

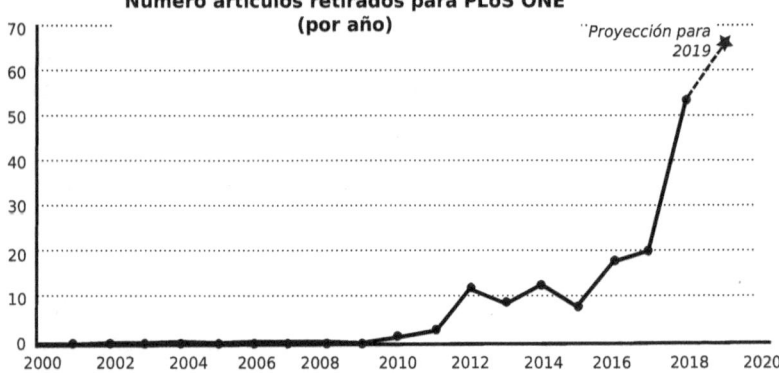

FIGURA D.4: Número de artículos retirados cada año en la revista PLoS ONE. Gráfica originalmente realizada por Alison Abritis. Adaptada para este ensayo desde Oransky (2019)

La estimación de Claxton en 2005

Es cierto que las tasas de artículos retirados parecen estar muy lejanas a los indicadores obtenidos mediante otros métodos (autoinformes o detección proactiva de artículos con irregularidades). Por ejemplo, Larry D. Claxton publicó en 2005 un estudio sobre los artículos retirados que había encontrado en la base de datos PubMed; él obtuvo una frecuencia de 0,02 %, «lo cual conduce a especular con que entre el 0,02 % y el 0,2 % de los *papers* en la literatura son fraudulentos» —afirma en la publicación.

La manipulación de imágenes

Mientras hago el repaso previo a la publicación de este ensayo —esto indica que lo que voy a contar es muy caliente— Retraction Watch ha publicado un interesante e impactante artículo[33] donde, entre otros datos, es mostrada la evolución en el número de publicaciones retiradas para la revista PLoS ONE en los últimos años (Figura D.4). La gráfica puede resultar alarmante a primera vista. La causa de esta anomalía, afortunadamente, no es que los investigadores biomédicos que publican en esta revista se hayan vuelto unos mentirosos de forma repentina. La razón tiene nombre de mujer: Elisabeth Bik, la microbióloga de la que hablábamos a principio de este capítulo (p. 162) que desde hace unos años ha puesto su esfuerzo en sacar a la luz la agresiva práctica de la manipulación de imágenes en las publicaciones relacionadas con la biología (vemos más sobre ella en el Capítulo E, p. 243). Parece que la manipulación de imágenes se está convirtiendo en una de las fuentes de malas prácticas más habituales en la industria (o al menos, es la práctica que los medios técnicos actuales nos permiten detectar mejor).

Como resumen de la sección, podríamos concluir que según las distintas perspectivas que hemos considerado, el número de publicaciones retiradas es un indicativo que debemos tomar con cautela si pretendemos usarlo para estimar la incidencia de las malas prácticas en investigación. Parece haber un consenso en que el incremento en años pasados de la tasa de artículos retirados no se debe a que más científicos cometan malas prácticas, sino a un aumento de los mecanismos de la concienciación sobre este mal y de los mecanismos de control, punto de vista compartido también por Fanelli en su artículo de 2013 *Why Growing Retractions Are (Mostly) a Good Sign*, donde como su propio título indica, argumentaba a favor de que el aumento del número de publicaciones retiradas no es malo, sino una buena señal para la industria de la ciencia[34].

La crisis de replicación

Las personas somos buenas observando los efectos: medimos el calentamiento global, vemos que la fruta se pudre, observamos que desde hace unos días el coche echa humo negro por el tubo de escape o sentimos que nuestra compañera de trabajo hoy está más feliz de lo habitual. Pero igual que somos bastante buenos observando efectos, en adivinar las causas no lo somos tanto, sobre todo porque habitualmente cuando algo pasa no lo hace por una sola causa, sino que son diversas las circunstancias que puede haber detrás —y manejar varias variables de forma simultánea obliga a nuestro perezoso Sistema 2[*] a entrar en acción, algo que no nos gusta un pelo.

---

[*]Así llama Daniel Kanheman a los procesos cerebrales que se activan cuando necesitamos resolver una tarea que requiere un pensamiento concreto, frente al Sistema 1, que es el que normalmente tenemos activado y nos conduce por la vida en piloto automático.

No es que pretenda aquí y ahora diseñar un modelo SEM de ecuaciones estructurales y debatir sobre si las variables que vamos a considerar son reflectivas o normativas, ¡Dios me libre! ☺, pero sí que podríamos acercarnos al problema de la crisis de replicación[35] considerándola como un efecto que cuenta con las malas prácticas de investigación como uno de sus factores causales de mayor peso, o dicho de otra forma: las malas prácticas de investigación (algunas) tienen como consecuencia que los experimentos no pueden ser reproducidos.

Esto es algo que no debe sorprendernos. Lógicamente si un investigador fabrica los datos de un experimento o utiliza análisis inadecuados o sesga las muestras o no reporta todas las circunstancias que acaecieron durante un experimento, difícilmente podrán replicarlo otros investigadores.

De todas formas, como decimos, la crisis de replicación que estamos viviendo no solo puede estar causada por malas prácticas realizadas de forma consciente por los investigadores, sino que también podríamos contar con otros factores inconscientes y sin maldad, como podría ser la falta de formación (desconocimiento de la metodología experimental o de los métodos estadísticos/matemáticos de análisis) o los bajos estándares de calidad, lo que inevitablemente tiende a introducir ruido en el sistema —la ciencia descuidada o *sloppy science* a la que nos referimos en otras secciones del ensayo.

Alrededor de la crisis de replicación algunos autores hablan también sobre el conocido como *decline effect* (efecto de disminución), que consiste en la tendencia de un efecto a disminuir con los sucesivos intentos de replicación[36] y que también podría estar enraizado en las malas prácticas de investigación.

Como hemos hecho en las secciones anteriores, voy a citar dos o tres trabajos que abordan el tema para que cada cual pueda crearse su opinión al respecto. Comenzamos.

Impactante: Es más probable que un resultado sea falso que verdadero

Probablemente el trabajo más citado en este campo del problema de replicación sea el de John P. A. Ioannidis* que lleva por título *Why Most Published Research Findings Are False* (*Por qué la mayoría de las investigaciones publicadas son falsas*)[37]—el título sin duda tiene gancho ☺—. En realidad no se trata de un estudio basado en encuestas u observacional, sino que Ioannidis propone un modelo empírico-matemático en el que a partir de unas variables del entorno infiere la probabilidad de que las investigaciones sean verdaderas o falsas. Según indica, «las simulaciones muestran que para la mayoría de diseños y configuraciones experimentales [en la actualidad], es más probable que un resultado sea falso que verdadero».

Nature 2016: el 70 % ha fallado reproduciendo algún experimento pero mantienen la fe en el sistema

La revista *Nature* publicó en 2016 un estudio basado en encuestas[38] en el que obtuvieron las respuestas de 1576 investigadores de diversas disciplinas. El cuestionario planteaba cuestiones sobre la experiencia con la replicación de experimentos (vemos parte de los resultados en la figura D.5). Más del 70 % afirmaron haber fallado alguna vez al intentar reproducir algún experimento; el 52 % opinaba que «hay una significativa crisis de reproducibilidad». Además, alrededor del 31 % creían que el hecho de fallar al intentar reproducir el resultado publicado significa que probablemente el resultado esté mal, pero la mayoría decía seguir confiando en la literatura.

---

*Según su perfil de Google Scholar, su posición actual es de Professor of Medicine/Health Research & Policy/Biomedical Data Science/Statistics en Standford University. Sus artículos reciben más de 200 000 citas y tiene un índice i10 de 816. Su artículo más citado recibe más de 41 000 referencias. Para saber si esto es mucho o poco, podemos compararlo, por ejemplo, con Manel Esteller, uno de los diez investigadores más importantes de España; Esteller recibe 90 317 citas y posee un índice i10 de 467.

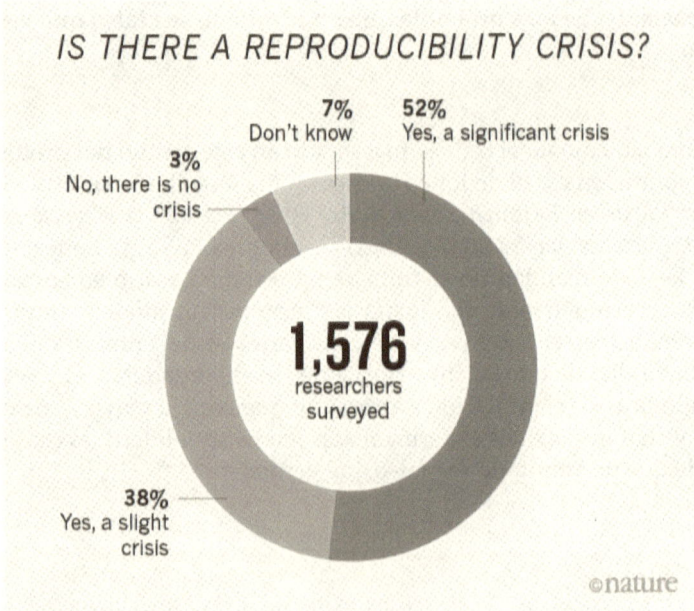

FIGURA D.5: ¿Hay una crisis de replicación? (*Nature*). Figura tomada de Baker (2016a)

La crisis de replicación en Psicología

Quizá uno de los estudios más citados sobre la crisis de replicación en el campo de la Psicología (casi 3000 citas le otorga Google Scholar hoy) sea el que un grupo de 270 investigadores bajo la firma de *Open Science Collaboration* publicaron en 2012 en la revista *Science* con el título *Estimating the reproducibility of psychological science*[39]. El estudio consistía en intentar replicar los resultados de otros experimentos para observar en qué medida era posible conseguirlo. Los autores seleccionaron 100 experimentos de tres revistas de psicología y se pusieron manos a la obra para replicar los resultados.

La publicación del estudio destaca, entre otros hallazgos, que:

- los efectos obtenidos en las réplicas fueron en magnitud la mitad que en los experimentos originales;

- el 97 % de los experimentos originales contenían resultados significativos, sin embargo, en las réplicas se obtuvieron datos significativos en el 36 % de ellos, y todo esto «a pesar de haber usado diseños potentes y haber contado con los materiales originales (cuando estuvieron disponibles)» y
- solamente un 39 % pudieron ser replicados sin ambigüedad.

Datos que vienen a reforzar la hipótesis sobre la profunda crisis de utilidad que la industria de las publicaciones académicas está sufriendo.

Para rizar más el rizo, incluso esta misma publicación que habla de la crisis de replicación no parece escaparse al error ni a la polémica. En 2016, Daniel T. Gilbert y otros colegas publicaron un comentario sobre el trabajo[40] en el que apuntaban que el estudio de 2012 contenía diversos fallos de análisis que incluso invitaban a pensar que las conclusiones eran justo las contrarias, punto de vista que los propios autores del primero se encargaron de rebatir, también en *Science*, agradeciendo su aportación pero defendiendo la posición primera[41].

Esta situación nos recuerda que la ciencia casi siempre está sujeta a polémica. Recuerdo a un profesor, en mi época de investigador en formación, que nos decía que en ciencia nunca debíamos poner la mano en el fuego por ninguna afirmación ya que muy frecuentemente encontraríamos publicaciones que dijesen lo afirmado y también lo contrario ☺.
De una u otra forma intentar replicar los trabajos es una actividad sana para la Ciencia, aunque debería intentar hacerse desde el punto de vista constructivo. En este sentido se manifestaba el nobel Daniel Kahneman en 2014[42], en una reflexión en la revista *Social Psychology* donde invitaba a replantear el trabajo de «los replicadores», incidiendo en la necesidad de que los investigadores que se encargan de intentar replicar los estudios de otros colaborasen estrechamente con los autores originales con la finalidad de evitar interpretaciones erróneas. «Los autores, cuyo trabajo y reputación están en juego, deben tener derecho a participar como asesores en la replicación de su investigación» —afirma Kahneman en su publicación.

Invito al lector más interesado (y con conexión a internet) a realizar en Google Scholar la búsqueda de *crisis of reproducibility* o *crisis of replicability* y obtendrá una rica fuente de información (alrededor de

30 000 artículos) que puede aportarle diversos puntos de vista adicionales sobre la cuestión. Me atrevo a recomendar un par: en el ámbito de la Psicología recomiendo la edición especial de la revista *Perspectives on Psychological Science* (*volume 7, issue 6*)*, que en 2012 publicó un número especial con 23 artículos *peer reviewed* tratando la cuestión; en *Nature* podemos consultar un especial web (de octubre de 2018) con enlaces a decenas de artículos de la editorial que tratan este tema**.

¿Qué te parece cómo está el patio? ☺.

---

*Disponibles todos los artículos en abierto en la dirección https://journals.sagepub.com/toc/ppsa/7/6 (consultada el 11/04/2019).

**Lo encontramos en la dirección https://www.nature.com/collections/prbfkwmwvz/ (consultado el 11/04/2019).

196

Capítulo E

Quién es quién: la gestión de la integridad en investigación

engo muchas manías, lo reconozco —es lo que tiene vivir solo durante tanto tiempo ☺—. Una de ellas es visitar el punto más alto de cada nuevo lugar en el que voy a residir durante un tiempo. La altura nos permite tomar una perspectiva diferente —el profesor John Keating nos proponía subirnos sobre la mesa del escritorio para conseguir un nuevo punto de vista sobre la vida, ¡oh capitán, mi capitán!—. El punto más alto nos concede la oportunidad de mirar a nuestro alrededor y hacernos una composición del entorno donde tendremos que desarrollar y poner en práctica nuestras habilidades para sobrevivir lo mejor posible (de eso se trata, ¿no?), nos permite crearnos un esquema general, como un tablero de juego sobre el que luego iremos colocando poco a poco las piezas; veremos que allí hay una fábrica, al otro lado la ciudad, luego un enorme parque, a pocos kilómetros distinguimos otra ciudad…

Esto pasa con el entorno físico, pero también intento hacer lo mismo con el mundo de las relaciones entre personas. Cuando visito un nuevo entorno social (una nueva empresa, una oficina, un grupo de amigos, el grupo de compañeros de clase...), intento abstraerme durante algunos intervalos de tiempo para tratar de analizar las relaciones existentes entre los distintos integrantes del grupo observado: ¿quién es el líder?, ¿qué rol representa cada uno?, ¿cuál es la dinámica del grupo?; y luego paso a analizar a los individuos: ¿qué personalidad tiene Perico?, ¿cuáles son sus fortalezas?, ¿podré ayudarle en algo?, ¿podrá ayudarme él a mí?

Algo parecida es la estrategia que uso cada vez que comienzo o que tengo que explicarle a alguien un nuevo proyecto: tomamos distancia, aumentamos el zoom, e intentamos ser conscientes de las distintas piezas que componen el sistema y de la relación entre ellas antes de participar en él. Comprender un sistema —¡todo es un sistema! ☺— requiere de una visión global, conocer sus componentes y, cómo no, las relaciones existentes entre ellos.

Y eso es lo que vamos a hacer a continuación: identificar quién es quién en el mundo de la integridad en investigación, su papel y las relaciones que mantienen para conformar el sistema. Comenzamos.

ORI: The Office of Research Integrity

Como comento en más de una ocasión a lo largo del ensayo, Estados Unidos parece estar a la cabeza en las iniciativas para promocionar la integridad en investigación y combatir las malas prácticas*,

---

*Una muestra puede ser el programa de ayudas por más de un millón de dólares con el que en el año 2000 dotó para aquellas iniciativas que aportasen conocimiento empírico sobre la integridad de investigación en ciencia[1]. Otra muestra de la importancia que en Estados Unidos se le otorga a la integridad científica y sus violaciones, es la referencia expresa a las malas prácticas en investigación que aparece en el *Code of Federal Regulations*, que es el código (revisado anualmente) que deben seguir todos los departamentos y agencias del Gobierno Federal. El CFR está formado por 50 títulos referentes a todas las áreas de la regulación federal; cada título se divide en capítulos, que habitualmente llevan el nombre de la agencia emisora; los capítulos se dividen en partes, subpartes y secciones. En total, el CFR está formado por 2599 partes (que pueden estar divididas en decenas de secciones) revisadas todas ellas de forma anual con un calendario prefijado. En concreto, la definición de lo que se considera mala conducta en investigación la encontramos en el título 45 (Public Welfare), capítulo 6 (National Science Foundation), parte 689 (Research misconduct), sección 1 (Definitions).

desde que en 1981 Albert Gore (sí, el famoso vicepresidente de Clinton y activista del cambio climático), puso el acento sobre el problema mientras era presidente del Investigations and Oversight Subcommittee of the House Science and Technology Committee.

De aquellas semillas nacieron los brotes que años después darían como fruto la Office of Research Integrity (ORI) —quizá la principal referencia mundial en el movimiento de la integridad científica y la lucha contra las malas prácticas de investigación—, que se encarga de promocionar las buenas prácticas en investigación, de salvaguardar la integridad científica y de investigar los casos de malas prácticas que sean detectados en su ámbito de actuación.

Este organismo es un ente público del gobierno federal que forma parte del Servicio Público de Salud (United States Public Health Service —PHS), dentro del Departamento de Salud y Servicios Humanos (Department of Health and Human Services).

Como parte del gobierno federal hace suya la definición de fraude en investigación (*fabrication, falsification and plagiarim*) que la Office of Science and Technology Policy (OSTP)[3] definió a principio de la década del 2000 y que vimos ya en el Capítulo C (p. 139).

Es importante destacar que aunque sus recomendaciones y esfuerzo por la integridad en investigación son globales y permeables, su *jurisprudencia* se limita solamente a aquellas investigaciones que han sido financiadas con fondos federales del Servicio Público de Salud (norteamericano).

Como disponen de una página web muy completa[4] tampoco quiero estar aquí escribiendo sobre su misión y su historia cuando es fácil consultarlo, así que más bien voy a compartir con vosotros algunas curiosidades y cosas prácticas que me han llamado la atención.

En primer lugar vuelvo a insistir en que aunque las referencias a la ORI son omnipresentes, los casos de malas prácticas que investigan tienen que estar relacionados con proyectos que han recibido financiación pública del PHS.

Los procesos de investigación son abiertos habitualmente por informaciones que la oficina recibe de otras instituciones o de terceros a título particular —terceros que en la literatura los conocemos como

---

El código (en su parte 689) no solo define qué se considera malas prácticas en investigación dentro de la administración federal, sino que dicta las políticas generales y responsabilidades de los diferentes actores, el rol que deben jugar las instituciones o el procedimiento a seguir en caso de detección de mala conducta[2].

whistleblowers (ver p. 245).

Si encuentran indicios suficientes, abren una investigación. Al final de la investigación el investigado puede quedar libre de toda carga (son muchas las investigaciones que se abren en las que finalmente no se encuentra culpa del investigado y terminan cerrándose) o bien ser sancionado[*]. Anualmente publican el listado de casos investigados[5] y además la conclusión final de cada informe, incluyendo las sanciones impuestas al investigador; son publicadas en el Federal Register para el conocimiento de todos los entes o individuos con interés en el asunto.

En cuanto a las sanciones propuestas por la ORI, suelen ser la retirada del derecho del investigador a participar en investigaciones financiadas con fondos del PHS, a ser contratado para proyectos que disfruten de algún tipo de financiación del PHS, inhabilitaciones temporales o definitivas para ejercer su profesión (por ejemplo, en el caso de los médicos, se les puede retirar la licencia para ejercer totalmente o en alguna especialidad en particular), y sanciones de este estilo. En la página 43 del Capítulo B reproduzco literalmente un ejemplo de resolución (el del caso de Sherman Smith), donde podemos leer literalmente el informe de aquel caso incluyendo las sanciones impuestas al investigador.

Aparte de su función sancionadora la ORI realiza una importante labor divulgativa, educativa y de concienciación. Cuenta con múltiples recursos en el ámbito de la Conducta Responsable en Investigación (Responsible Conduct of Research —RCR) a disposición de los interesados (vídeos interactivos, infografías, manuales...); además, tiene publicaciones recapitulativas de gran interés[**]. Por ejemplo, aquí encontramos dos importantes libros de referencia que cito en algún momento durante este ensayo; el primero es el de Nicholas Steneck *ORI Introduction to the Responsible Conduct of Research*[6] y el segundo es el famosísimo *On Being a Scientist* del Committee on Science, Engineering and Public Policy, la National Academy of Science, la National Academy of Engineering, y el Institute of Medicine of the National

---

[*]En el capítulo dedicado a las *manzanas podridas*, tenemos la oportunidad de ver múltiples casos donde la ORI tomó parte; por ejemplo, ahora recuerdo el de Thereza Imanishi-Kari y David Baltimore (p. 39), el de Anil Potti (p. 64), el de Mark D. Hauser (p. 74), el de Sherman Smith (p. 42) o el de tantos otros que presentamos en el Capítulo B.

[**]Visitar el apartado de la web: RCR Resources > General Resources (https://ori.hhs.gov/index.php/general-resources (visitado el 13-04-2019).

Academies[7].

Las directrices que marca la ORI podrían servir de ejemplo para otras organizaciones sobre cómo implementar una estructura para el fomento de las buenas prácticas en investigación y cómo establecer mecanismos para identificar y denunciar las malas, habilitando vías seguras para salvaguardar los intereses y derechos legítimos de todos los implicados —por ejemplo, protegiendo la identidad de aquellos individuos que se deciden a denunciarlas para evitar que puedan producirse futuras represalias sobre ellos.

Este ejemplo de la ORI en Estados Unidos nos sirve para darnos cuenta de que aunque tal vez en nuestro entorno más cercano la integridad científica no sea una cuestión que esté presente, es un tema de suma importancia en otros entornos más evolucionados o con más experiencia investigadora que en el que nosotros nos podamos desenvolver.

Nuestra obligación como profesionales es fijarnos en los más altos estándares, si aspiramos a alcanzar la excelencia, claro.

Retraction Watch

La hipercomunicación de la sociedad que nos toca vivir en el siglo XXI (global y al alcance de gran parte de la población mundial) ha traído de la mano la oportunidad para que el impacto de personas individuales sin grandes presupuestos que en otros tiempos no dejarían de tener una influencia local, pueda alcanzar una escala global —lo siento chicas, no me estoy refiriendo a Justin Bieber y su éxito mundial gracias a los vídeos que su madre subía a Youtube, sino a Retraction Watch y sus inicios como un blog para dar visibilidad a los artículos que las editoriales retiraban por contener incorrecciones ☺—. Internet, sin duda, ha cambiado las reglas de juego de la economía y de la sociedad.

El 3 de agosto de 2010 Ivan Oransky y Adam Marcus[8] escribieron su primer post en el blog al que dieron por nombre Retraction Watch (en aquel momento alojado bajo un subdominio gratuito de Wordpress). La motivación inicial del blog era dar luz a los artículos que las editoriales retiraban (con retractación o no de sus autores), que habitualmente pasaban desapercibidos para la inmensa mayoría de la comunidad, que continuaba citándolos y basándose en ellos sin ser conscientes de sus inexactitudes.

La idea era excelente. El hecho de que un artículo sea retirado es muy importante para la comunidad y especialmente para el registro científico, así que vinieron a cubrir una necesidad no satisfecha hasta ese momento. Hemos de tener en cuenta que el día que aparece publicada la retirada de una publicación, más que un final de trabajo marca un principio; cuando algo así sucede, cualquier *listado de cómo proceder* debería incluir como tarea inmediata la limpieza del registro científico y la revisión de las investigaciones que han podido quedar contaminadas por la influencia de la retirada, de ahí la importancia de conocer aquellas publicaciones que han sido retiradas por contener inexactitudes, no por su impacto individual, sino por el efecto contagio que la mala o descuidada ciencia pudo generar.

Desde el nacimiento de la iniciativa el éxito pareció garantizado (como sucede con los productos que vienen a satisfacer una necesidad latente no cubierta); aquel mismo año saltó a la luz el caso de Anil Potti y Joseph Nevins (lo analizamos en la página 63 del Capítulo B) donde Retraction Watch jugó un papel importante dando luz al caso.

En algún punto desde su nacimiento hasta ahora (no he buscado exactamente cuándo), Ivan y Adam dieron una forma más seria al proyecto y junto a otros participantes crearon The Center For Scientific Integrity, una organización sin ánimo de lucro[9] con base en Nueva York que da soporte legal al proyecto Retraction Watch.

En la actualidad el proyecto se financia con fondos privados de varias fundaciones[10]; sus recursos son utilizados para pagar la infraestructura tecnológica y el salario de media jornada de la encantadora Alison (con la que he tenido el placer de comunicarme por email en varias ocasiones, atendiéndome siempre con una sonrisa de tecla a tecla ☺).

La Retraction Watch Database

Aproximadamente desde 2015, aparte de su función como blog difusor de los artículos retirados de las revistas, vienen alimentando una gran base de datos de artículos retirados (y artículos marcados con *corrección* o con *expresión de preocupación*) que desde octubre de 2018 está accesible para al público[11]. Como decía el artículo de *Science*[12] publicado para su presentación en sociedad, la base de datos «incluye más de 18 000 artículos y *abstract* de conferencias que han sido retirados desde antes de 1970 (incluye incluso un artículo de Benjamin Franklin de 1756). No es una ventana perfecta dentro del mundo de los retractos. No todos los editores, por ejemplo, «publicitan o etiquetan claramente los artículos que han retirado o explican por qué lo hicieron. Y determinar el autor responsable de los defectos fatales también puede ser difícil».

El Retraction Watch Leaderboard

La base de datos de Retraction Watch contiene datos muy ricos ansiosos por ser convertidos en información. Una aplicación práctica es el *ranking* que mantienen[13] con los 35 investigadores que más artículos retirados tienen (aunque la lista es relativa, ya que por ejemplo John Darsee no aparece al tener registrados tan solo 17 artículos *peer reviewed* en la Web Of Science, que es desde donde se alimentan). Así, una primera aproximación cuantitativa a las *manzanas podridas* más destacadas en el mundo científico podría ser la consulta de esta lista, aunque como decimos es inexacta.

Wikipedia también mantiene un listado de investigadores con un pasado relacionado con las malas prácticas de investigación[14], agrupados por área de conocimiento, aunque tampoco es exhaustiva.

El Retraction Watch Leaderboard español

Al conocer el Retraction Watch Leaderboard general la primera inquietud que vino a mi mente de niño (por lo curiosa), fue preguntarme quiénes serían los españoles con más artículos retirados, así

Lista RetractionWatch con afiliación «España» a 17/03/2019 (por @aabrilru)	
nombre	cuantos
Jose Luis Calvo-Guirado	20
Jesus A Lemus	15
Rafael Arcesio Delgado-Ruiz	13
Guillermo Blanco	13
Maria Piedad Ramirez-Fernandez	10
Jose Eduardo Mate-Sanchez del Val	10
Carlos Lopez-Otin	10
Antonio Garcia de Herreros	10
Mireia Dunach	9
Ignacio Rodriguez-Crespo	9
Milena Penkowa	7
Inmaculada Navarro-Lérida	7
Alberto Álvarez-Barrientos	7
Xabier Agirre	6
Jose Roman-Gomez	6
Javier Grande	6
Felipe Prosper	6
Antonio Torres	6
Antonio Jimenez-Velasco	6
Victor Quesada	5
Susana Miravet	5
Susana Gonzalez	5
Ramon Estruch	5
Jordi Salas-Salvado	5

FIGURA E.1: Listado de investigadores españoles con más artículos retirados. Elaboración propia desde la base de datos de Retraction Watch con datos anteriores al 17-03-2019

que me puse manos a la obra.

Hay que elaborar un poco la información pero en menos de 20 minutos podemos hacernos con el *ranking* partiendo de una sencilla consulta a la propia base de datos. En la figura E.1 vemos los primeros de la lista. La base de datos permite filtrar los artículos por el país de afiliación de los autores. Ojo porque los artículos pueden tener más de una entrada para el campo país, es decir, un artículo puede tener asociados varios países. Por esta misma razón el listado tiene un error metodológico: contiene autores de otros países además de España. Para depurarlo habría que hacer un trabajo manual y asociar la nacionalidad a cada autor, algo que me he permitido hacer solamente con los veintitantos primeros —el esfuerzo de hacerlo con mil y pico sería mayor que el beneficio obtenido, así que lo dejo para aquellos con una motivación/necesidad mayor que la mía en este momento ☺*.

El primero de la lista es José Luis Calvo-Guirado, investigador del área de odontología afiliado a la Universidad Católica de Murcia (UCAM); su caso parece estar envuelto en bastante polémica. Algunos de los investigadores de esta lista los hemos tratado en el Capítulo B pero la mayoría no. Animo al lector motivado a consultar por sí mismo cuáles fueron las irregularidades que estos investigadores cometieron para que sus artículos fuesen retirados —aquellos que os animéis a dedicarle tiempo, si queréis, podéis enviarme los casos y los incluimos en la siguiente edición del libro ☺.

Para estar al día de los *escándalos* en el mundo de la ciencia sin duda Retraction Watch es una de las cuentas a las que seguir en Twitter (@retractionwatch).

PubPeer

Creo que no somos suficientemente conscientes de la revolución que ha supuesto para la humanidad la construcción de internet, sobre todo a partir de la fase que algunos llamaron 2.0, momento en el que a la *audiencia*, pasiva hasta entonces, se le dio la capacidad de poder generar también contenido para poder compartirlo e interactuar con el resto —algo que hoy vemos tan normal, pero que hace apenas 10 años era el tema *top* en las conferencias más disruptivas a las que asistía asiduamente en mi época de Madrid.

En esta maravillosa época de la historia donde el azar nos ha situado a cada uno de nosotros más de la mitad de la población mundial tiene acceso a internet[15], lo que significa que unos 3900 millones de personas en el mundo tienen la capacidad de poder generar, desde un dispositivo cada vez más económico, algún tipo de contenido o comentario que puede ser visto potencialmente por, al menos, esas mismas 3900 millones de personas en cualquier otra parte del mundo (o incluso más si consideramos que algunos contenidos generados en internet terminan migrando a otros medios como TV, radio,

---

*El CSV con la lista completa puede ser descargado del material complementario disponible en la web manzanaspodridas.com.

libros, prensa escrita...). Sin duda estamos ante un nuevo paradigma que está transformando la sociedad —y si no que se lo digan a los de la industria de la música, de los periódicos, al sector del taxi, a las agencias de viajes, a los comercios detallistas o al nacimiento de los modelos de *compartir los gastos de lo que tengo* (comparto mi coche en BlaBlaCar, mi casa en AirBnB, e incluso podría compartirme a mí mismo, a mi mujer o a mi marido en Tinder ☺).

En este caldo de cultivo nació en 2012, de la mano de Brandon Stell, George Smith y Richard Smith, la iniciativa PubPeer[16], una web donde los científicos comentan publicaciones académicas en las que han encontrado algún tipo de matiz que merece la pena ser comentado, sobre todo, aunque no solo, cuando existen indicios de malas prácticas. Funcionalmente es algo tan sencillo como un foro optimizado para el comentario de los artículos de investigación. Legalmente este juguete en el que tres amigos invertían su tiempo libre evolucionó hacia una fundación sin ánimo de lucro que se mantiene gracias a aportaciones privadas.

En los últimos años el destape de gran parte de los casos de malas prácticas se ha originado en PubPeer. Algún investigador abre un hilo con sus sospechas sobre alguna publicación y la mecha queda prendida.
Abrir un hilo sobre una publicación es muy sencillo. La web permite buscar cualquier *paper* a través de diversos campos (DOI, título...); una vez encontrado el paper tan solo tenemos que darle a agregar un comentario (con la posibilidad de subir imágenes), y nuestro comentario quedará registrado. Los comentarios pueden ser realizados de forma anónima. Precisamente esta posibilidad de poder comentar anónimamente es criticada por los detractores del servicio, pero poder comentar de forma anónima es una directriz recomendada por las buenas prácticas en integridad científica y de lucha contra las malas prácticas de diferentes códigos de integridad —con la finalidad de mantener protegida la identidad de los *whistleblowers* (informantes o alertadores).

En el Capítulo B vemos referenciada a la web PubPeer como origen del destape de numerosos casos, por ejemplo, el de los españoles Susana Gonzalez (p. 94) y Carlos López-Otín (p. 119).

COPE: Committee on Publication Ethics

En el ecosistema científico las revistas *peer reviewed* han sido tradicionalmente un importante actor capaz de modular el avance de la ciencia; no en vano, décadas atrás, las revistas eran el soporte más aceptado para alojar el registro científico y transportar el conocimiento de un lugar a otro del mundo. Afortunadamente, de nuevo gracias al desarrollo de internet, esto ya no es así. El conocimiento ya no necesita de un intermediario (la editorial) para ser transmitido entre los miembros de una comunidad (como la música no necesita de las discográficas para llegar del intérprete a sus fans, o los libros de las editoriales para llegar a los lectores), y cada vez más los investigadores deciden publicar sus hallazgos en repositorios alternativos, de libre difusión al estilo de ArXiv[17] o en revistas abiertas siguiendo la filosofía *open science*.

La saturación del mercado de las editoriales ha alcanzado tal magnitud que incluso tenemos nuevos invitados a la fiesta: las revistas predatorias, esas que a cambio de dinero (puede ser alrededor de mil euros), publican tu investigación. Por otra parte, aunque tiene sus virtudes, las críticas sobre la eficacia del sistema de revisión por pares también son numerosas; encontramos revistas donde han sido publicadas investigaciones que al cabo del tiempo tuvieron que ser retiradas por contener fallos, disgusto del que no se libra ni las revistas *top* como *Science* o *Nature*, como hemos visto en capítulos pasados, lo que plantea una cuestión: ¿hasta qué punto es eficaz el sistema de revisión por pares?

Para intentar atajar el problema de las malas prácticas en el mundo editorial, en 1997 un grupo de editores del campo de la medicina de Reino Unido vieron la necesidad de establecer un manual de buenas prácticas que sirviese como guía a las revistas. Y así nació el Comité de Ética en Publicación (COPE, por sus siglas en inglés). Uno de los primeros objetivos del comité fue publicar un código ético que definiese un estándar para las editoriales sobre cómo afrontar su trabajo de forma ética y cómo lidiar con las faltas. El primer código fue publicado en 2004 y el más reciente es de 2017, en el que se ha puesto especial énfasis en cómo luchar contra las malas prácticas de investigación y publicación.

El código se constituye en torno a un núcleo de diez asuntos clave que las editoriales deberían manejar de forma clara y poner a la luz de sus distintos grupos de interés[18]. Estas áreas clave son: alegaciones de mala conducta; autoría y coautoría; quejas y apelaciones; conflictos de interés; manejo de los datos y de la reproducibilidad; supervisión ética; propiedad intelectual; gestión de la revista; proceso de revisión por pares y tratamiento de asuntos postpublicación y correcciones.

Lo interesante del código COPE es que va más allá de un simple código ético o de buenas prácticas (como puede ser el de ALLEA que veremos después, por ejemplo), sino que guía a las editoriales mediante flujogramas sobre cómo deberían implementar las buenas prácticas recomendadas. Por supuesto que esta guía también podría servir como punto de arranque para aquellas organizaciones que estén considerando implantar un sistema para gestionar las malas prácticas en investigación.

World Conferences on Research Integrity

Aproximadamente en el año 2000 en la ORI se despertó un especial interés por promover extramuros su visión sobre la integridad científica. Dotó presupuesto (25 000 $) para la celebración de un evento de ámbito mundial que tratase de unir esfuerzos y establecer lazos comunes de trabajo entre Estados Unidos y el resto del mundo. Esta semilla germinó en las World Conferences On Research Integrity (WCRI)[19], cuya primera edición fue celebrada en Lisboa en el año 2007.

De hacer realidad la iniciativa se encargaron el archiconocido para los lectores de este ensayo Nicholas H. Steneck (vemos más sobre Steneck en la página 232) y Tony Mayer. En honor a ellos en el congreso de este año 2019 que se va a celebrar en Hong Kong dentro de un par de semanas, va a inaugurarse la sesión plenaria Steneck & Mayer Lecture, que estará programada para todas las siguientes ediciones —supongo que mientras tengan fuerzas los fundadores[20] ☺.

Como comentamos más arriba, de este congreso han partido importantes iniciativas internacionales para la salvaguarda de la integridad en investigación entre las que me gustaría destacar especialmente la Declaración sobre Integridad en Investigación de Singapur.

Singapore Statement on Research Integrity

La segunda edición del WCRI, celebrada el 2010 en Singapur, reunió a profesionales de más 50 países. Sin duda fue un gran año por el esfuerzo de los más de 340 conferenciantes que debate a debate consiguieron alumbrar el borrador de un documento clave para unificar internacionalmente los estándares de la integridad en investigación[21]: la Singapore Statement on Research Integrity.
La Declaración de Singapur es un breve documento (una página)[22] donde quedaron definidos los principios y aspectos clave que la comunidad científica consideró que debían formar parte de la columna vertebral de las iniciativas para la promoción y la salvaguarda de la integridad en investigación. Creo interesante listar a continuación los 14 aspectos clave sobre los que se pronuncia, entrando en el detalle de los dos puntos referentes a las malas prácticas de investigación, nuestro núcleo de interés en este ensayo[23]. A saber:

1. Integridad.
2. Cumplimiento de las normas.
3. Métodos de investigación.
4. Documentación de la investigación.
5. Resultados de la investigación.
6. Autoría.
7. Reconocimiento de publicaciones.
8. Revisión por pares.
9. Conflicto de intereses.
10. Comunicación pública.
11. Denuncia de prácticas irresponsables en la investigación: Los investigadores deberían informar a las autoridades correspondientes acerca de cualquier sospecha de conducta inapropiada en la investigación, incluyendo la fabricación, falsificación, plagio u otras prácticas irresponsables que comprometan su confiabilidad, como la negligencia, el listado incorrecto de autores, la falta de información acerca de datos contradictorios, o el uso de métodos analíticos engañosos.
12. Respuesta a prácticas irresponsables en la investigación: Las instituciones de investigación, las revistas, organizaciones y agencias profesionales que tengan compromisos con la investigación deberían contar con procedimientos para responder a acusaciones de falta de ética

u otras prácticas irresponsables en la investigación así como para proteger a aquellos que de buena fe denuncien tal comportamiento. De confirmarse una conducta profesional inadecuada u otro tipo de práctica irresponsable en la investigación, deberían tomarse las acciones apropiadas inmediatamente, incluyendo la corrección de la documentación de la investigación.

13. Ambiente para la investigación.

14. Consideraciones sociales.

Este es un ejemplo más donde la comunidad remarca la necesidad de que, por un lado, los investigadores informen de las malas prácticas de investigación cuando las detecten, y por el otro, las organizaciones las investiguen cuando las conozcan (protegiendo a aquellos que de buena fe las denunciaron). Recomiendo encarecidamente a los lectores descargarse este código para tenerlo siempre a mano —¡es un página! y está disponible también en español ☺.

ALLEA y el Código Europeo de Conducta para la Integridad en Investigación

ALLEA (All European Academies) es una Federación Europea de Academias de Ciencias y Humanidades. No es un organismo dependiente de ningún estado o entidad pública, sino que se financia con las aportaciones de sus federados. Fue creada en 1994 y su misión es facilitar la colaboración entre las distintas academias y, aunque esto no lo pone en su web, supongo que hacer de *lobbie* en las instituciones de la Unión Europea. Su sede está en Berlín. Tres organismos españoles están federados en ALLEA: la Real Academia de Ciencias (exactas, físicas y naturales), la Real Academia de las Ciencias y las Artes de Barcelona y el Instituto de Estudios Catalanes[24].

En este contexto nos interesa su grupo permanente de trabajo sobre ciencia y ética[25] —dentro de este grupo de trabajo encontramos al español Pere Puigdomènech (en la página 234 comento más sobre Pere)—, aunque lo que más nos interesa de ALLEA y por eso la estoy citando aquí es el Código Europeo de Conducta para la Integridad en Investigación, cuya edición revisada fue publicada en 2017 (edición en inglés) —aunque con posterioridad han ido editando versiones en los distintos idiomas de sus miembros, incluido el español (publicada en 2018)[26].

El código de conducta tampoco es que sea una maravilla (perdón ☺); con apenas de 10 páginas de extensión no pretende ser una gran guía con recomendaciones sobre cómo implementar un sistema de salvaguarda de la integridad científica, pero sí una buena base de partida sobre la que empezar a construir porque expresa de una forma muy clara cuáles son los puntos clave del ecosistema (qué es fraude, qué se considera malas prácticas y la forma en que las organizaciones deberían manejar los casos de investigadores que se saltan las líneas rojas). Si lo que buscamos es un documento profundo que nos guíe en la gestión de las malas prácticas de investigación no es este, es el Handbook de ENRIO.

ENRIO: The European Network of Research Integrity Offices

Según podemos leer en la sección About de su página web[*], la Red Europea de Oficinas de Integridad de la Investigación (ENRIO, por sus siglas en inglés) reúne a expertos que se ocupan de cuestiones sobre la integridad de la investigación. Es una organización independiente de carácter informal abierta a organismos con intereses y responsabilidad en asuntos de integridad de la investigación que apoyen los objetivos de ENRIO, de la cual forman parte actualmente[**] 31 organizaciones de 23 países europeos —es decir, que puede haber más de una organización por país.

La organización fue fundada como iniciativa del entonces director de la Oficina de Integridad de la Investigación del Reino Unido (UKRIO) y seis personas más preocupadas por la integridad en la investigación, tras la 1ª Conferencia Mundial sobre Integridad de la Investigación que hemos mencionado un par de párrafos atrás (la que se celebró en Lisboa en 2007), pretendiendo establecer así una red europea para mejorar la integridad de la investigación dentro del continente.

---

[*] http://www.enrio.eu.
[**] Diciembre 2018.

Quizá contextualizando el escenario nos hagamos una mejor idea de lo que es ENRIO. Veamos. Partimos del supuesto de que en cada país hay unas pequeñas organizaciones cuya responsabilidad es velar por la integridad de la investigación y estudiar los casos de malas prácticas, las popularmente conocidas como oficinas de integridad en investigación (yo las llamo RIO, por sus siglas en inglés). Así, teniendo estas oficinas en cada país, ENRIO es como una asociación informal internacional que las aglutina. Por cierto, como veremos más adelante (Capítulo F) en España no contamos con ninguna oficina nacional de este tipo, aunque sí contamos con representación española en ENRIO: el Comité de Ética del CSIC (pero ojo que su función está limitada exclusivamente a casos de investigadores adscritos al CSIC, no es una oficina de ámbito nacional, como expondré luego).

Entre los objetivos de ENRIO están facilitar la discusión y compartir experiencias entre sus miembros en asuntos referentes a la investigación de alegaciones de mala conducta en investigación y el fomento de estrategias relacionadas con las buenas prácticas.

Desde el punto de vista práctico, lo más útil que he encontrado bajo ENRIO es el repositorio de recursos de su portal web, que contiene cientos de documentos o enlaces a libros, materiales interactivos y otros tipos de trabajos que nos pueden ayudar muchísimo en la documentación y comprensión de la integridad en investigación y el problema de las malas prácticas. Destaco especialmente su *handbook*, publicado en marzo de 2019 y titulado *Recommendations for the Investigation of Research Misconduct*[27], como la guía más actualizada con la que contamos hasta ahora, muy útil si somos responsables de fomentar las buenas prácticas en investigación en el entorno donde nos movemos.

ENERI: European Network of Research Ethics and Research Integrity

ENERI es un proyecto que se inició en septiembre de 2016 y que finalizará en agosto de 2019, bajo la financiación del programa de fondos europeos Horizonte 2020[28]. Fue arrancado por la European Network of Research Integrity Offices (ENRIO), por la European Network of Research Ethics Committees (EUREC) y por ALLEA. Es una red de intercambio de información y aprovechamiento de sinergias —esto queda superbien ☺— entre los Comités Éticos de Investigación (Research Ethics Committees —RECs) y las Oficinas de Integridad en Investigación (Research Integrity Offices —RIOs) de diferentes países. Por ejemplo, el Handbook publicado por ENRIO parece haber salido de los objetivos (y presupuesto) de ENERI. Lo traigo aquí porque nos lo podremos encontrar citado en algún sitio. Poco más que añadir.

Oficinas de Integridad en Investigación

A lo largo de los últimos años distintos países han asistido al nacimiento alrededor del ecosistema investigador de organismos nacionales o institucionales encargados de promover la integridad en investigación y gestionar los casos de malas prácticas. Son las conocidas como Research Integrity Offices (RIO) —aunque no siempre se llaman así; a veces también encontramos sus funciones bajo órganos llamados comités de integridad o agencia de integridad u otras denominaciones.

Iniciativas como la del World Conferences on Research Integrity auspiciada desde la Office of Research Integrity (ORI), junto a otras, pareció ser el catalizador para que la cultura por la integridad científica calase en las administraciones responsables de distintos países, que se pusieron manos a la obra para crear sus agencias de integridad en investigación (aunque otros, como el caso de UK con UKRIO, comenzaron poco antes).

La pionera y referencia para muchos fue la Office of Research Integrity (ORI) de Estados Unidos (ver la página 198), que como vimos se trata de un organismo dependiente del gobierno americano pero cuyo ámbito está restringido a las investigaciones financiadas por el US Public Health Service (PHS).
Hago especial referencia a la dependencia (pública o perteneciente al estado) y al ámbito (solo para las investigaciones financiadas por el PHS) de la ORI porque cada país ha resuelto la implantación de las oficinas de integridad de una forma diferente. Encontraremos por un lado oficinas de integridad públicas (con público quiero decir que son un órgano dentro de la administración del estado) o privadas (como

asociación o fundación sin ánimo de lucro, financiada por sus integrantes) y por otro de ámbito estatal o acotado a un determinado sector o institución. También encontraremos países que tienen oficinas de varios modelos: por ejemplo, una oficina de integridad nacional (pública o privada) que se encarga de coordinar o dar soporte a oficinas de integridad institucionales. Vamos a conocer distintos casos a continuación.

Comités de Ética vs. Comités de Integridad

Pero antes de pasar a ver ejemplos de oficinas de integridad creo que es importante aclarar algo que nos puede llegar a confundir (a mí me confundió, y de hecho, estuve largo tiempo confundido). Hablar de integridad es distinto a hablar de ética. Como vemos más profundamente en el Capítulo C (p. 132), cuando hablamos de normas éticas nos referimos a cuestiones que tienen que ver con la moral en cada época; pero cuando hablamos de integridad, nos referimos más bien a cuestiones que tienen que ver con los estándares profesionales —lógicamente habrá un solape en muchísimos casos, ya que por definición la ética lo impregna todo.

En muchos casos —creo que en todas las universidades donde se realizan investigaciones relacionadas con la salud, biología, experimentos con animales*...—, encontraremos *comités de ética*, que se encargan de regular cuestiones *éticas*; pero los *comités de integridad* son algo diferente, se encargan de velar por el cumplimiento de los estándares de la profesión de investigador, aunque es posible que en algunos casos las funciones de salvaguarda de la ética y la integridad las podamos encontrar desarrolladas por el mismo órgano dentro de la organización (como es el caso del Comité de Ética del CSIC, que está formado por dos subcomités: el de bioética y el de conflictos). Como muestra de que son asuntos diferentes podemos volver a echar un vistazo a la red europea vista con anterioridad. Por un lado tenemos la European Network of Research Ethics Committees (EUREC) —que agrupa a los comités de ética— y por otro tenemos a la European Network of Research Integrity Offices (ENRIO), que lo hace con los de integridad.

---

*En el Capítulo F (p. 250) vuelvo a dar otra vuelta de tuerca y vemos el porqué de esto: la legislación y las exigencias para recibir fondos.

Es interesante hacer esta distinción porque podemos encontrar información o estructuras organizacionales que creamos se refieren al asunto que deseamos tratar y nos estemos confundiendo (como a mí mismo me paso).

Pasemos, ahora sí, a conocer distintos casos de implantación de organismos de salvaguarda de la integridad en investigación.

UKRIO

La UK Rearch Integrity Office (UKRIO) fue fundada en 2006. Es una de las veteranas. El 6º Informe sobre Integridad en Investigación del Parlamento Británico[29] contiene una revisión muy buena sobre UKRIO, su aportación y experiencia; traduzco literalmente del inglés a continuación:

«[...]

47. La Oficina de Integridad en Investigación de Reino Unido (UKRIO, establecida en 2006) es un organismo asesor para el sector de la investigación en cuestiones relacionadas con la integridad en investigación. No investiga las malas prácticas de conducta, sino que ofrece "apoyo al público, investigadores y organizaciones para promover las buenas prácticas en investigación académica, científica y médica", y da la bienvenida a "cualquier cuestión relacionada con la conducta en investigación, ya sea promoviendo las buenas prácticas de investigación, buscando ayuda para un proyecto determinado o investigando casos de alegación de fraude o mala conducta". El objetivo de UKRIO es "proporcionar consejos prácticos y proporcionados que el público y la comunidad investigadora pueda encontrar útiles".

48. UKRIO está financiada por suscripciones institucionales de 2600 £ por año. La web de UKRIO enumera 80 de estos suscriptores, de los cuales 65 son universidades del Reino Unido. Por lo tanto parece que al menos 71 universidades —es decir, la mayoría de las 136 universidades de Reino Unido—, no están suscritas a UKRIO. Otros suscriptores incluidos incluyen universidades de fuera del Reino Unido (incluyendo Bélgica) y varias academias e instituciones del Reino Unido tales como la Royal Society y la British Academy.

49. James Parry (CEO, UKRIO) argumentó que la dependencia de la organización de la financiación de las propias universidades (que son la mayoría de sus asociados) no representa un conflicto de intereses, ya que "casi todo el mundo paga una suscripción de tarifa plana no estamos obligados con

ninguna institución. Si una universidad dice, 'no nos gusta la forma de gestionar este caso particular', nosotros podemos simplemente decir, 'Todo eso está muy bien. Nos complace anular su suscripción'".

50. Es sorprendente que la mayoría de universidades de Reino Unido no estén suscritas a UKRIO. El resultado es que el perfil y el impacto de UKRIO puede ser más alto en aquellas instituciones que deciden participar más que en aquellas que realmente puedan necesitar una mayor ayuda. El supuesto predeterminado para todas las universidades debería ser convertirse en suscriptores de UKRIO, a menos de que puedan explicar por qué no necesitan sus servicios de asesoría. Recomendamos que el Gobierno y las Universidades del Reino Unido escriban conjuntamente a todas las universidades para alentarlas a que se comprometan con UKRIO y consideren suscribirse a sus servicios».

Por lo tanto, como acabamos de leer, UKRIO no es un organismo público (aunque entre sus suscriptores cuenta con departamentos públicos, como «los cuatro Departamentos de la Salud del Reino Unido[30]), es decir, no es una agencia gubernamental como sí lo es la ORI de Estados Unidos. En este caso estamos ante una «empresa de carácter limitado con estatus de caridad» (como una organización sin ánimo de lucro según normas de otros países) cuya mayoría de miembros realizan el trabajo de manera voluntaria (cobra el *staff* encargado de la administración diaria, evidentemente, pero no los miembros de los consejos u órganos de dirección)[31]. Otra apreciación interesante es que «no se encarga de investigar las malas prácticas de conducta»: el modelo de Reino Unido deja las investigaciones para los comités de integridad de cada organización. UKRIO se encarga de fomentar la cultura sobre integridad, recomendar e incluso aconsejar cómo investigar los casos de malas prácticas, pero no tiene la función de investigar ni de, por supuesto, sancionar.

Su web tiene a disposición del público un interesante repositorio de recursos para poder ser usados en la promoción de la integridad científica. Entre ellos destaco el libro *Procedure for the Investigation of Misconduct in Research*[32], que es una guía de referencia sobre cómo proceder ante la denuncia de posibles casos de mala conducta en investigación, así como de la infraestructura que las instituciones investigadoras deberían implementar como buenas prácticas para salvaguardar la integridad científica.

TENK: El Consejo Consultivo Finlandés sobre Integridad en Investigación

Probablemente estemos ante uno de los más veteranos del equipo. El Consejo Consultivo Finlandés sobre Integridad en Investigación (TENK, por sus siglas en finés) fue constituido por el Ministerio de Educación y Cultura del gobierno de Finlandia en 1991 (Decreto 1347 del 15 de noviembre de 1991)[33]; por lo tanto, frente al caso de UKRIO y otros organismos internacionales de integridad en investigación, el TENK es un órgano público —de hecho, su presidente es nombrado cada tres años por el Ministerio de Educación y Cultura escuchando las propuestas de la comunidad científica.

Sus objetivos son promover la conducta responsable en investigación (RCR)[34], prevenir la mala conducta, promover la discusión, difundir información y supervisar los avances internacionales en el campo de la integridad en investigación.

En 1994 el Consejo Asesor formuló las primeras directrices encaminadas a manejar los casos de mala conducta en investigación, recomendando el protocolo que las organizaciones podrían seguir en caso de detección de malas prácticas entre sus componentes. Estas recomendaciones vienen recogidas en el documento *Responsible conduct of research and procedures for handling allegations of misconduct in Finland* (la última revisión es de 2012)[35]. El documento es una guía completa (aunque escueta) que contiene lo fundamental: cuáles son las bases de una investigación responsable; qué se considera una violación de la conducta responsable de investigación (que puede ser mala conducta en investigación o «no hacer caso» a la buena conducta de investigación); cómo actuar en caso de identificar una presunta mala práctica de investigación; cuál es el flujograma que debe seguir la investigación de mala conducta, tiempos máximos de respuesta, quién es el responsable de la investigación en cada fase y cómo debe proceder cada uno de los actores de la denuncia.

En el procedimiento establecido por TENK al final de la investigación se contemplan acciones disciplinarias contra el investigador que ha cometido mala conducta, siendo la responsable de administrar la acción disciplinaria aquella institución que haya contratado al investigador —siempre considerando los principios marcados por el *Administrative Procedure Act* (434/2003) (de la normativa del país), que determina entre otros asuntos, los fundamentos para la buena administración y la descalificación.

Otro detalle práctico: en la web del TENK alojan la plantilla (en .docx para editar directamente y todo ☺) que debe ser usada por un informante para formalizar una alegación de mala conducta[36].

Las «RIO» de otros países

Aparte de las veteranas UKRIO y TENK voy a citar brevemente los modelos de otros países que, ya sea como parte de un organismo público o como una entidad independiente sin ánimo de lucro, cuentan con oficinas o agencias de integridad en investigación de ámbito estatal o bien han resuelto la necesidad de forma diferente. Otros modelos (como el caso de España), no cuentan de momento con una oficina centralizada. Algunas de las siguientes han participado en las distintas Conferencias Mundiales de Integridad en Investigación y otras forman parte de la red europea ENRIO. Veamos.

Australian Research Integrity Committee (ARIC)

El ARIC es un organismo independiente establecido por el Australian Research Council (ARC) y el National Health and Medical Research Council (NHMRC). Es una agencia que investiga solamente los temas referentes a los departamentos gubernamentales de salud, es decir, es muy parecido a la ORI de Estados Unidos, y de forma similar a ella, tiene potestad para intervenir de oficio en aquellas investigaciones financiadas por la NHMRC y la ARC.
Como recursos interesantes en la web de la ARIC resalto dos documentos de reciente creación. Por un lado, el Código Australiano para la Conducta Responsable de Investigación y por otro, la Guía para Gestionar e Investigar Potenciales Incumplimientos del Código, ambos, con una edición muy cuidada, disponibles en internet[37].

Austrian Agency for Research Integrity (OeAWI, por sus siglas en alemán)

La OeAWI es una asociación independiente sin ánimo de lucro fundada en 2008 por 12 universidades austriacas y otras instituciones públicas y privadas que se financia exclusivamente con la aportación de sus afiliados. La agencia está encargada de investigar casos de malas prácticas de manera profesional, estableciendo los comités de investigación para cada caso, recurriendo habitualmente a académicos de otros países para evitar conflictos de interés. En febrero de 2019 ha sido puesta en marcha la Comisión para la Integridad en Investigación como órgano dependiente de OeAWI. Esta comisión es la encargada de investigar todos aquellos alegaciones de malas prácticas que guarden relación con el sistema austriaco de investigación. En la web está disponible el procedimiento y órganos responsables de actuar durante el proceso[38].

Por lo tanto, en el caso de la OeAWI estamos ante una nueva forma de resolver la cuestión. Es una asociación independiente sin ánimo de lucro (es decir, no es un órgano de la administración pública), su carácter es nacional y se encarga ella misma, no solamente de fomentar la integridad, sino también de investigar los casos de malas prácticas que surjan. Este es el modelo que personalmente más me gusta, puesto que las comisiones de investigación en el seno de las propias instituciones nunca estarán libres de conflicto de interés.

Luxembourg Agency for Research Integrity (LARI)

LARI es una organización sin ánimo de lucro establecida en 2016 como *joint venture* entre la Luxembourg National Research Fund, la University of Luxembourg, el Luxembourg Institute of Health, el Luxembourg Institute for Socio-Economic Research y el Luxembourg Institute of Science and Technology.
El 23 de noviembre de 2018 fue formalizada la National Commission for Research Integrity (CRI), que es el órgano, dentro de LARI, encargado de investigar los casos[39].
Según indica su propia página web, LARI es la agencia nacional para la promoción y la investigación del campo de la integridad científica en Luxemburgo. No es una agencia limitada a un campo específico de investigación, sino que trata investigaciones desde la biología o las matemáticas, hasta las ciencias sociales como el derecho o la historia. De esta forma, la agencia luxemburguesa además de la misión de fomentar la cultura sobre la integridad en investigación también tiene la misión de indagar e investigar de manera independiente los casos

de presunta mala conducta científica. En su página web disponen del código de integridad así como de la guía sobre cómo actuar en caso de haber presenciado o sospechar algún caso de mala conducta en investigación[40].

Netherlands Board on Research Integrity (LOWI) y Netherlands Research Integrity Network (NRIN)

Podemos encontrar países donde no existe ninguna agencia u organización centralizada preocupada por la salvaguarda de la integridad en investigación y otros países, como el caso de Países Bajos, donde tenemos dos (ambas asociadas a ENRIO) —recordemos que Países Bajos vivió uno de los mayores casos de fraude científico de la historia contemporánea, el de Diederik A. Stapel (Capítulo B, p. 67), algo que los pudo haber sensibilizado especialmente.

El Netherlands Board on Research Integrity (LOWI) fue fundado en 2003[41]. Cuenta con 26 organizaciones afiliadas, entre ellas 14 universidades del país (está presidido por la Association of Universities in the Netherlands). Aunque tiene como asociados algunas entidades públicas es una fundación independiente y estar asociado a ella es voluntario. La LOWI no solo genera información, sino que también trata casos de violación de integridad que puedan estar bajo su paraguas. Así, tienen establecido un claro procedimiento de alegaciones y de creación de comisiones de investigación en caso de que los hechos denunciados sean admitidos a trámite[42]. Anualmente, al igual que la ORI u otras, publica un informe con la memoria de los casos tratados (que se hace público para conocimiento de toda la comunidad).

Por otra parte en Países Bajos también tenemos la Netherlands Research Integrity Network (NRIN), creada en 2014 (el 2012 fue el año del desenlace del caso Stapel). Su misión es generar recursos útiles para la salvaguarda de la integridad en investigación, fomentar la colaboración y el intercambio de conocimiento entre los diferentes actores con intereses en esta materia. El promotor fue el profesor Lex Bouter y, aunque su nombre contiene la palabra *Netherlands*, su ámbito no está cerrado a organizaciones del país. Recibe fondos de la Netherlands Organisation for Health Research and Development aunque es una organización sin ánimo de lucro principalmente energizada por voluntarios.

Casos de éxito de universidades

Como estamos viendo no existe un modelo único de implantación de una estructura organizativa para salvaguardar la integridad
en la investigación y se encargue de investigar y sancionar las malas
prácticas: organismos públicos, privados con o sin atribuciones para
investigar directamente los casos... Lo que sí encontramos en aquellas sociedades más avanzadas, independientemente de la existencia
de un órgano estatal con o sin autoridad para la investigación, son
comités u oficinas de integridad dentro de cada institución investigadora. Vamos a ver a continuación el ejemplo de la estructura de
soporte a la integridad en investigación con el que cuentan algunas
universidades europeas —no solo se trata de criticar, sino también
de aportar ejemplos de casos de éxito que poder imitar (copiar a los
mejores, siempre que los cites, no es mala costumbre ☺).

Universidad de Cambridge

Si como ejemplos de oficinas de integridad comenzamos por analizar el caso de la UKRIO de Reino Unido, como ejemplo de infraestructura universitaria lo haremos por la Universidad de Cambridge
—para así tener una perspectiva completa de la estrucutra en el Reino
Unido.

Llama la atención que frente a la experiencia que nos podemos
encontrar navegando por webs de universidades españolas, donde si
existe alguna información sobre integridad está escondida en algún
rincón *oscuro* de la web, en el caso de la Universidad de Cambrige
llegamos a la correspondiente sección en un par de clics[43]. En la figura E.2 (p. 222) pongo un pantallazo de parte de la web donde se
aprecia la diferenciación que comentábamos al principio de este capítulo entre ética e integridad: hay una sección dedicada a asuntos
concernientes a la integridad (Research Integrity) y otra a los relativos a la ética (Research Ethics); además, no sé si se apreciará muy
bien en la imagen, también tenemos un apartado especial dedicado a

FIGURA E.2: Detalle sección Research Integrity de la web de la
Universidad de Cambridge

las malas prácticas (Research Misconduct).

En este último apartado encontramos la guía y el procedimiento para
alegar casos de malas prácticas. En la web leemos (traduzco literalmente del inglés):

[...]

«Las acusaciones de mala conducta en investigación son raras, pero la
Universidad las toma muy en serio. La Universidad se compromete a garantizar que las alegaciones de mala conducta en investigación son investigadas
con toda la minuciosidad y rigor posibles. Una declaración de la política y el
procedimiento a seguir en la Universidad para tratar una acusación de mala
conducta en investigación contra un oficial, miembros del personal temporal
o auxiliar de la Universidad está disponible aquí: ⇓ [...]».

Y efectivamente ahí está el procedimiento a seguir ☺. El proceso comienza con una alegación de algún miembro de la comunidad científica indicando que tiene pruebas o sospechas de que otro miembro de la comunidad científica ha realizado o está realizando alguna de las malas prácticas de investigación conocidas. Esta denuncia ha de realizarla ante el *Head* de la institución quien decidirá en primer lugar si la denuncia es lo suficientemente grave como para ser considerada —el procedimiento indica que «todo miembro de la comunidad debería sentirse libre de mantener una conversación confidencial con el *Head* de la institución en asuntos relativos a posibles casos de mala conducta».

Resulta interesante observar cómo el propio procedimiento establece qué hacer en caso de que el *Head* de la institución pueda estar implicado en la acusación o tenga algún conflicto de interés, indicando que es el *Chairman* de la organización el que debe modificar el procedimiento para nombrar a otro responsable.

Si la evaluación previa del caso considera que hay indicios suficientes, el procedimiento indica que se pasará a un segundo nivel en el que una comisión de investigación será abierta.

El documento continúa indicando cuál sería el camino en cada una de las posibles alternativas así como los plazos, hasta llegar, si procediese, al despido de la persona implicada[44].

En conclusión, la política de integridad en esta universidad es transparente y accesible, contando con definiciones claras y procedimientos específicos sobre cómo actuar para afrontar los casos de malas prácticas que puedan acontecer.

Universidad de Helsinki

Y como segundo ejemplo de gestión de la salvaguarda de la integridad en investigacióin en una universidad vamos a ver una que cae bajo el segundo ejemplo de oficina de integridad que hemos visto: la Universidad de Helsinki bajo el TENK[45]. En este caso también encontramos toda la información disponible de forma abierta en la página web, así que no vamos a detenernos mucho más (invito a consultar directamente la web). Ahí encontramos un apartado especial dedicado a la conducta responsable en investigación —también como tema aparte a la ética en investigación—, y además, un apartado sobre cómo actuar en el caso de conocer casos donde se haya violado es-

224

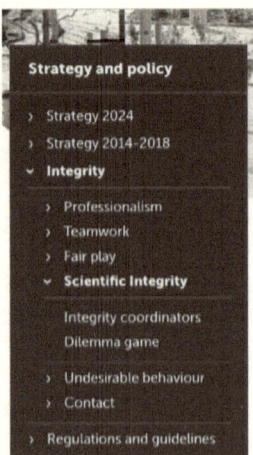

FIGURA E.3: Detalle sección Scientific Integrity de la web de la Erasmus Universiteit Rotterdam (EUR)

ta conducta responsable o hayan sido cometidas malas prácticas de investigación. También encontramos identificada a la persona que, dentro de la organización, realiza la función de *consejero de integridad en investigación* (es un miembro de la comunidad universitaria al que cualquiera puede dirigirse para, antes de comenzar un procedimiento oficial, recibir consejo sobre los hechos cuestionados). Esta figura del consejero es común en distintas estructuras universitarias que he analizado. En la película *On Being a Scientist* (Capítulo G, p.271) podemos apreciar muy bien cuál es su papel.

Erasmus Universiteit Rotterdam (EUR)

Hemos visto más arriba (p. 220) que en Países Bajos cuentan con una agencia nacional de integridad en investigación, la LOWI —además de una red de organizaciones interesadas, la NRIN—, que se encarga por sí misma de investigar o coordinar los casos de alegaciones de malas prácticas, aunque además encontramos universidades con sus propios protocolos de actuación y comités de integridad. Este es el caso de la Erasmus Universiteit Rotterdam.

Como en los casos anteriores, en la EUR la integridad en investigación es un tema tratado con la máxima seriedad y transparencia y es posible acceder a los distintos recursos asociados desde varios puntos de la web[46].

Si consultamos, por ejemplo, la sección Research[47], también observaremos en este caso la distinción entre las cuestiones éticas por un lado y las relacionadas con la integridad por otro. No obstante, me gusta más la perspectiva que se le da desde la sección de estrategia y política de la web.

La estructura de presentación de información es tan buena que consiguen que el árbol de navegación dibuje el mapa y sea un reflejo conceptual perfecto sobre dónde situar la integridad en investigación dentro de la organización. Así, la encontramos en About EUR > Strategy and policy > Integrity > Scientific Integrity (ver figura E.3), es decir, la integridad en investigación es una parte significativa dentro de su estrategia y política de alto nivel, embebida dentro de la estrategia general de integridad de la organización: ¡bravo chicos! —me refiero a que no es un *añadido*, sino que forma parte del *core* de la institución.

Echando un pequeño vistazo a la estructura del soporte a la integridad científica podemos observar estos puntos clave:

- La EUR endosa y suscribe el Código de Conducta para la Investigación de la Asociación de Universidades de Países Bajos y el código revisado de ALLEA. Los códigos deben ser conocidos por todos los miembros de la comunidad universitaria; además, considera y aplica los consejos sobre reclamaciones respecto a las violaciones de la integridad científica de la LOWI*.

---

*Sobre la LOWI ver la página 220.

- Define y designa qué es y quién ocupa la figura de consejero confidencial para asuntos de integridad de investigación (Scientific research confidential advisor), que se encarga de cuestiones concernientes a integridad científica, sospechas de violación de la integridad científica o mala conducta. Además del general para toda la Universidad cada facultad cuenta con el suyo propio[48].

- Define qué es y qué funciones tiene el Comité de Integridad Científica, que manejará casos de los empleados de la EUR reportados por cualquiera de los consejores de integridad, por algún cargo responsable de la universidad o por cualquier persona que posea indicios de sospechas. El responsable del Comité también queda identificado.

- Define y designa la figura de Coordinador de Integridad Científica de la universidad; también hay un Coordinador de Integridad Científica por cada una de las facultades[49].

- Define una política especial para la gestión y el almacenamiento de los datos brutos de las investigaciones, de forma que puedan ser contrastados en investigaciones posteriores.

- Y quizá lo más interesante desde el punto de vista práctico: existe una guía* que especifica meticulosamente el procedimiento a seguir en caso de detección o sospecha de malas prácticas; aclara y define quién es quién, cómo se inicia el proceso, los pasos a seguir, las distintas salidas, las responsabilidades y funciones de cada actor... es decir, está perfectamente procedimentado cómo actuar cuando la comunidad se encuentra con un caso de violación contra la integridad científica[50].

Francamente, parece que ser la cuna donde se crió el científico que ocupa la posición número 4 en el Retraction Watch Leaderboard** fue tomado muy en serio por las instituciones del país y habilitaron mecanismos para evitar que casos así vuelvan a repetirse. La estructura de salvaguarda de la Erasmus Rotterdam University es sin duda un ejemplo para ser imitado por aquellas organizaciones que quieran avanzar en esta línea.

---

*The EUR Scientific Integrity Complaints Procedure.
**Sobre el Retraction Watch Leaderboard hablamos en la página 203.

El ejemplo de algunos legisladores

Probablemente si digo que mi pensamiento comparte bastante con lo que tradicionalmente se ha agrupado dentro del denominado pensamiento liberal, gran parte de los lectores hagáis un guiño agrio al leerlo. Pero también podría decir que gran parte de mi pensamiento se agrupa dentro de lo que se ha venido a denominar como ecologista (que es cierto). Y también, otra gran parte de mi pensamiento algunos lo agrupan en lo que se conoce como doctrina socialdemócrata. Con esta filosofía tan variopinta lo que consigo, más que crearme amigos en todas partes, es no tener amigos en ninguna ☺ —ya que desafortudamente hoy en día parece que o estás a favor de algo claramente definido o estás en su contra, si estás en medio eres el enemigo de todos, un pensamiento muy poco evolucionado.

Pues bien, dentro de mi rama de pensamientos liberales comparto la opinión de que el Estado debería entrometerse lo mínimo posible en la vida de los ciudadanos. La legislación y la regulación debería ser mínima. A pesar de esto, algunas sociedades aún están acostumbradas a que el Estado tome la iniciativa en la mayoría de asuntos y si no es el Estado el que mueve ficha nadie lo hace. Creo que para ir cerrando el círculo de la integridad en investigación puede ser interesante considerar un par de casos del trabajo realizado por los Estados para su salvaguarda. Veamos.

Comisión del Parlamento de UK sobre Ciencia y Tecnología

Uno de los informes más completos que he encontrado respecto al estado de la integridad en investigación es el 6th Report about Research Integrity[51] del Comité de Ciencia y Tecnología de la Cámara de los Comunes del Reino Unido (lo referencio en varias ocasiones a lo largo del ensayo). En Reino Unido tanto la cámara alta (House of Lords) como la cámara baja (House of Commons) tienen un comité de ciencia y tecnología que realizan regularmente informes sobre distintos temas de interés para la ciencia y la tecnología[52].

El informe es una completa radiografía del ecosistema científico desde el punto de vista de la integridad, haciendo un especial análisis sobre la presencia de las malas prácticas de investigación, cómo se están tratando y recomendaciones de mejora (desde una óptica local, del Reino Unido, pero también con un ojo puesto en el resto del mundo). Está compuesto por seis bloques principales (más los anexos y la conclusión), a saber: 1. Introducción; 2. Entendiendo y midiendo la integridad en investigación; 3. El Concordato para Soportar la Integridad en Investigación; 4. Soportando y promocionando la integridad en investigación; 5. Detectando y respondiendo a los problemas con la integridad en investigación; 6. Regulando la investigación y los investigadores; Conclusiones, recomendaciones y anexos.

Traigo el informe a colación como muestra del compromiso que en otros países sus gobiernos tienen por las políticas de ciencia y en concreto por la integridad en investigación. La versión del 2018 (la última) del informe está disponible de forma abierta y accesible en internet, por lo que invito al lector interesado a su consulta — francamente es uno de los mejores trabajos de síntesis que he visto alrededor de la integridad en investigación.

El Concordato para Soportar la Integridad en Investigación

En 2012, a iniciativa del Estado, las Universidades del Reino Unido (UUK) desarrollaron el Concordat to Support Research Integrity. Según la web de UKRIO el concordato «fue diseñado por el Gobierno del Reino Unido, las Universidades del Reino Unido, los Consejos de Investigación del Reino Unido, el National Institute for Health Research, el Wellcome Trust y otras partes interesadas; establece cinco compromisos que aquellos entes identificados con la investigación deberían facilitar para ayudar a garantizar que se cumplan los más altos estándares de rigor e integridad. Estos compromisos clave se aplican a los investigadores, sus empleadores y organismos de financiación por igual».

En particular, el pilar cuarto hace referencia al compromiso de «utilizar procesos transparentes, sólidos y justos para tratar las denuncias de conducta indebida de investigación en caso de que surjan». También el concordato recomienda a las entidades suscritas a publicar una memoria anual con las actividades realizadas por la salvaguarda de la integridad y los casos de malas conductas tratados, si los ha habido.

Como curiosidad, frente otras normativas (como el caso de Finlandia), el concordato considera que las alegaciones de mala conducta pueden ser realizadas de manera anónima.

Definitivamente el caso del Reino Unido parece redondo. Encontramos iniciativas para la salvaguarda de la integridad de investigación de abajo arriba y de arriba a abajo. Desde el gobierno los legisladores muestran su preocupación y allanan el camino (hemos visto el trabajo de la Comisión de la Cámara de los Comunes y el 6º Informe sobre Integridad en Investigación); las universidades implementan las estructuras necesarias (lo hemos visto en el caso de la Universidad de Cambridge) y además, habilitan un órgano superior que coordina todas las actividades y establece sinergias entre las distintas instituciones (la UKRIO).

Probablemente los ingleses no lo estén haciendo muy bien con el Brexit, pero en el tema de la integridad en investigación son unos maestros ☺.

La 65 FR 76260 y la 45 CFR 689 (Estados Unidos)

Vamos a saltar de nuevo a Estados Unidos para comprobar cómo nos llevan 20 años de ventaja ☺.

Tras la serie de escándalos que salpicaron a la ciencia entre 1970 y 1980, la comunidad y el gobierno de Estados Unidos tomaron medidas para intentar luchar contra las malas prácticas de investigación, que incluyeron nuevas leyes y organismos de control[53]. El 14 de octubre de 1999, la Office of Science and Technology Policy (OSTP) —es un órgano que se encuentra dentro de la Oficina Ejecutiva del Presidente, establecido en 1976, que asesora al presidente en esta materia— lanzó una consulta pública para la elaboración de la normativa federal en materia de mala conducta de investigación[54]. El 6 de diciembre del año 2000 fue publicada la versión final (65 FR 76260). Según el texto de regulaciones posteriores, esta norma «consiste en una definición de mala conducta de investigación y pautas básicas para ayudar a las agencias federales y las instituciones de investigación financiadas con fondos federales a responder a las denuncias de mala conducta de investigación». Esta normativa es de obligado cumplimiento para todas las agencias federales que realizan o dan soporte a investigaciones, que tenían un año a partir de la publicación para adaptar sus estructuras y procedimientos a ella. En esta norma encontramos la que posiblemente es la definición de malas prácticas más utilizada globalmente, las famosas FFP (*fabrication*, *falsification* y *plagiarism*) que analizamos más profundamente en el Capítulo C (p. 139).

Una aplicación práctica de esta norma, que hemos usado en otras partes del ensayo como ejemplo, es la que hizo la Fundación Nacional para la Ciencia (NSF, por sus siglas en inglés)[55]. A raíz de la publicación de la normativa de la OSTP en el año 2000, la NSF abrió un periodo de consulta para adaptar su definición y protocolos de mala conducta a las nuevas directrices, a pesar de que ya contaba desde 1989 con normas para regular la mala conducta de investigación. Tras la consideración de todas las propuestas y alegaciones la nueva norma quedó actualizada en el título 45 (referente a las normas de bienestar público), en el capítulo 6 (que alberga las normas referentes a la Fundación Nacional para la Ciencia), en la parte 689 (referente a la mala conducta en investigación)[56].

La norma define claramente los términos, las políticas generales y las responsabilidades, las acciones a tomar, el papel de las instituciones, cómo manejará la NSF los asuntos de mala conducta, el proceso a seguir para las investigaciones y otros aspectos que es necesario considerar cuando han sido violados los principios fundamentales de la integridad en investigación.

Hemos tomado el ejemplo de la NSF, pero el resto de agencias federales tuvieron que hacer la misma adaptación a la norma. Así, en Estados Unidos, las políticas y mecanismos para salvaguardar la integridad de investigación y manejar los casos de mala conducta están presentes en todas las agencias gubernamentales. Este ejemplo podría marcar la senda a seguir por los reguladores de otros países —como digo muchísimas veces, si hay alguien que hace algo bien y nosotros tenemos que hacer lo mismo, no nos calentemos la cabeza reinventándolo, copiémoslo sin más (con todo el permiso y las citaciones correspondientes, por supuesto ☺).

Personas destacadas

Leonid Schneider

Schneider es todo un personaje. Alemán, biólogo molecular especializado en células madre y oncología, se dedicó durante 13 años a la investigación y publicación académica[57] hasta que decidió dirigir su carrera hacia otros derroteros y dedicarse al periodismo de investigación. Como él mismo describe en su perfil de Linkedin: «Como periodista científico, considero que es mi deber promover la reproducibilidad, la honestidad y la imparcialidad en la investigación académica. Creo que los cambios son necesarios en la forma en que se lleva a cabo y se publica la ciencia, y cómo se evalúa a los científicos. Como primer paso hacia el cambio, necesitamos lograr transparencia en la investigación institucional y en los procesos editoriales, así como en la revisión por pares».

De estilo combativo y a veces rozando lo agresivo, utiliza Twitter como ametralladora de palabras para denunciar casos de investigadores o instituciones inmiscuidas en casos de malas prácticas. Posee un blog (forbetterscience.com) donde da cobertura diariamente a los casos de fraude que van apareciendo. En un artículo de 2016 en *El Confidencial*[58], Sergio Ferrer escribía respecto a él: «El periodista científico Leonid Schneider ha denunciado varios casos de fraude a lo largo de su carrera, el último de ellos el del IDIBELL de Barcelona, y es mucho más pesimista sobre la frecuencia y el alcance del fraude científico, que considera "extendido y desarrollado". En su opinión, la comunidad académica tiende a "mirar hacia otro lado", por lo que el escándalo solo se destapa cuando es "excesivo", bien porque los datos son inventados o porque mueren pacientes —como en el caso de Macchiarini».

No sé si en esta edición o versión que estás leyendo de este ensayo vendrán incluidas, pero la idea es incluir en alguna edición sus irónicos dibujos/caricaturas sobre el mundo de la academia, porque además de periodista de letras Leonid también es periodista de dibujos. Por cierto, le doy las gracias por permitirme publicarlos con adaptación al castellano, aunque en realidad en los correos electrónicos que nos intercambiamos me dijo que podía hacerlo sin necesidad de pedirle permiso porque estaban licenciadas bajo CC-BY-NC.

Daniele Fanelli

Probablemente Daniele Fanelli sea uno de los autores contemporáneos más citados en el campo de la presencia de las malas prácticas en investigación. Actualmente, la posición universitaria de Fanelli es de «Fellow in Quantitative Methodology, Department of Methodology, London School of Economics and Political Science»[*]. Fanelli ha publicado varios artículos sobre el estudio de la presencia de las malas prácticas de investigación en el entorno científico. El famoso metaanálisis que realizó en 2009 (lo vemos en profundidad en el Capítulo D, p. 173), es uno de los artículos más citados en la historia de PLoS.

En un artículo más reciente (2013), titulado *Why Growing Retractions Are (Mostly) a Good Sign*[59], Fanelli argumentaba que el aumento del número de publicaciones retiradas que estábamos viviendo en los últimos años no era algo malo, sino una buena señal para la industria de la ciencia.

En marzo de 2018 Retraction Watch publicó una entrevista en la que hablaban sobre la propuesta que Fanelli y otros colegas realizaban para clasificar las correcciones que las revistas académicas hacían de sus artículos[60].

Actualmente, Fanelli, entre otras responsabilidades, es miembro del consejo asesor de ENERI y miembro de la Luxeumburgh Agency for Research Integrity. Para saber más sobre él podemos consultar la sección About de su página web[61].

Nicholas H. Steneck

Aquellos de vosotros que hayáis leído todo el ensayo tendréis el nombre de Steneck grabado ya en más de una neurona ☺, porque lo he citado en numerosas ocasiones.

Nicholas H. Steneck creo que es el veterano de la lista. Nació en 1940 (actualmente 79 años). Gran parte de sus aportaciones las realizó en el barco de la ORI, para la que trabajó como consultor. Fue uno de los artífices de los primeros manuales en torno a la integridad en investigación, hablo del ORI *Introduction to the Responsible Conduct of*

Research, la guía fundamental en el campo de la integridad en investigación que Steneck escribió para la ORI en 2003 (y que fue revisada en 2007)[62]. También participó en el comité de creación del magnífico libro *On Being a Scientist: A Guide to Responsible Conduct in Research* (ver el Capítulo G, p. 268), durante su etapa como responsable del Research Ethics and Integrity Program, Michigan Institute for Clinical and Health Research, University of Michigan, Ann Arbor, MI.

A principios de los 80 Steneck presidió la entonces pionera Task Force on Integrity in Scholarship de la Universidad de Míchigan y posteriormente el US Public Health Service Advisory Committee on Research Integrity (1991-1993). También fue el iniciador —con presupuesto de la ORI—, junto con Tony Mayer, de las World Conferences on Research Integrity[63].

Como académico, la última referencia que tenemos sobre él es que ocupa la posición de profesor emérito de Historia de la Ciencia en la Universidad de Míchigan y es director del Research Ethics and Integrity Program del Michigan Institute for Clinical and Health Research[64].

Brian A. Nosek

La carrera del investigador Brian A. Nosek no está directamente relacionada con trabajos sobre la integridad científica, pero sí con una de sus derivadas: la ciencia abierta —uno de los pilares sobre los que la ciencia íntegra tendrá que descansar tarde o temprano.

Según su perfil de Google Scholar, donde alcanza un i-10 de 161 con casi 46 000 citas recibidas, Brian A. Nosek está especializado en los campos de la psicología social, la metodología, la ciencia abierta y la metaciencia. Fue el coordinador del gran estudio de colaboración científica *Estimating the reproducibility of psychological science*, publicado en *Science* en 2012, y que vemos con detenimiento en el Capítulo D (p. 192).

Nosek fundó en enero de 2013 junto a Jeffrey Spies el Center for Open Science, una organización sin ánimo de lucro cuya misión es «incrementar la apertura, la integridad y la reproducibilidad de la investigación científica», y que se ha convertido en la referencia del movimiento por una ciencia abierta.

Miguel García Guerrero

Aunque en España no encontramos demasiadas referencias en el entorno de la salvaguarda de la integridad científica, debemos destacar especialmente los presidentes que el Comité de Ética del CSIC ha tenido durante su historia.

Miguel García Guerrero (Campillos, Málaga, 1948) es investigador en el campo de la biología; doctor en Ciencias Biológicas y catedrático de Bioquímica y Biología Molecular en la Universidad de Sevilla desde 1986[65]. Aunque no he encontrado publicaciones de García Guerrero en el campo de la ética o la integridad en investigación[66], desde 2013 es presidente del Comité de Ética del CSIC (sobre este comité hablamos en el Capítulo F, p. 255) y regularmente podemos conocer su punto de vista en artículos de prensa y charlas sobre la temática —sobre todo cuando alguno de los pocos escándalos sobre fraude científico ha saltado a la opinión pública y los periodistas han ido a preguntarle su opinión ☺.

Pere Puigdomènech i Rosell

Pero Miguel García Guerrero no ha sido el primer presidente del Comité de Ética del CSIC, sino que recibió el relevo de Pere Puigdomènech i Rosell (al que por cierto le tengo que estar muy agradecido por los correos que nos intercambiamos y el Skype que accedió a mantener conmigo para la documentación de este ensayo).

Pere Puigdomènech (1948), licenciado en Física y doctor en Ciencias Biológicas, es también investigador en el CSIC (ahora emérito), ocupando distintos cargos nacionales e internacionales durante su carrera (por ejemplo, director del Centro de Investigación en Agrogenómica, miembro de EMBO o como hemos reseñado presidente del Comité de Ética del CSIC antes que Miguel García Guerrero). En DIALNET podemos ver un listado con sus publicaciones[67] y en Wikipedia (en catalán) también una bio muy completa sobre él[68].
El investigador «ha logrado el equilibrio perfecto entre elevado pres-

tigio científico y compromiso firme con la sociedad», dada su apasionada labor divulgativa[69]. Esta pasión por la divulgación la ha demostrado en los numerosos artículos de periódico que ha escrito[70] y libros de divulgación, tales como *Desafíos del futuro: Doce dilemas y tres instrumentos para afrontarlos en el duodécimo milenio* (2016) o *El gen escarlata* (2000) [71].

Aunque lo que realmente me llamó la atención sobre él y motivó su inclusión en este listado fue ver su nombre en el Código Europeo para la Integridad en Investigación de ALLEA*, como miembro permanente del Grupo de Trabajo de Ciencia y Ética de ALLEA, representando a la Royal Academy of Sciences and Arts of Barcelona - Institute for Catalan Studies (Spain), además de ver su nombre en casi todos los casos de los investigadores españoles presentados en el Capítulo B.

Pere está haciendo una recopilación de sus cientos de trabajos de investigación y de divulgación (incluyendo artículos de periódico) en la web puigdomenech.eu.

Probablemente, si tuviese que elegir a una persona referencia sobre la integridad en investigación en España esa persona sería Pere Puigdomènech i Rosell.

Joaquín Sevilla Moróder

Una de las primeras referencias en castellano que me arrojó Google cuando comenzó mi (desafortunado) interés por el fraude científico —así lo llamaba al principio—, fue la de Joaquín Sevilla. Durante aquellos primeros pasos a gatas tropecé con la charla sobre fraude científico que Joaquín impartió en marzo de 2017 titulada *Ciencia patológica y patología editorial*[72]. Me gustó especialmente una de sus diapositivas (la reproduzco en la figura E.4, p. 236) por lo expresiva, en la que se muestra una escala del continuo de comportamiento que puede tener un investigador: desde lo intachable hasta lo corrupto. Según Sevilla, el modelo de unas cuantas manzanas podridas no se sostiene, manifestando de forma literal: «[...] con independencia de los detalles finos, este tipo de estudios deja claro que el modelo de

---

*Para saber más ALLEA y el código ver un poco más atrás, en la página 210.

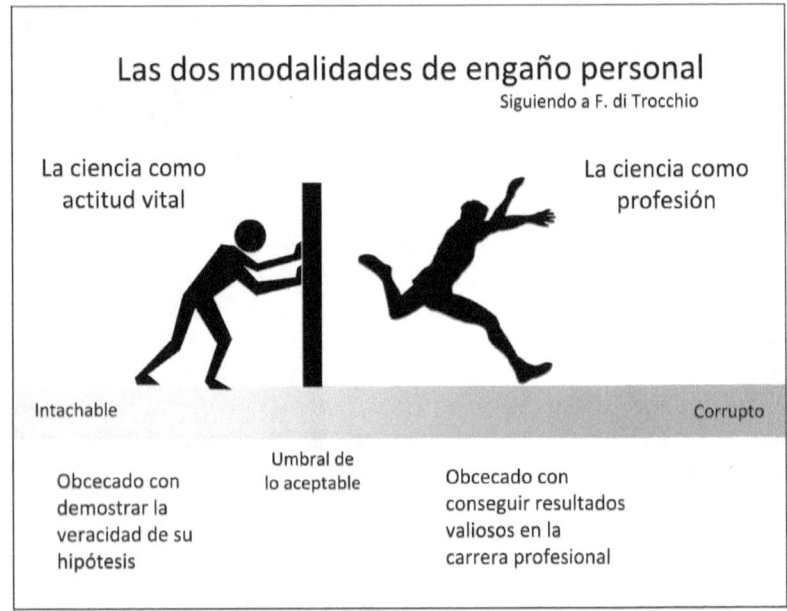

FIGURA E.4: Modalidades del engaño personal en investigación. Tomado de una presentación de Joaquín Sevilla en marzo de 2017. Disponible en http://joaquinsevilla.blogspot.com/ 2017/03/ciencia-patologica-y-patologia-editorial.html

unas pocas manzanas podridas en un entorno fundamentalmente honesto no se sostiene. Unas prácticas en las que incurre entre el 66 % y el 72 % de un grupo no se puede considerar una rareza; esos números más bien sugieren que estamos más ante una característica que ante una enfermedad»[73].

Joaquín Sevilla Moróder (Valencia, 1963) es licenciado en Ciencias Físicas y doctor en Física Aplicada por la Universidad Autónoma de Madrid y actual profesor titular de la Universidad Pública de Navarra[74]. Aparte de su trabajo como profesor, está muy volcado con la divulgación científica en iniciativas como Naukas o Ciencia en el bar.

En 2015 escribió una serie de 5 artículos sobre fraude científico para la revista *Cuaderno de Cultura Científica*, que posteriormente compartió y pueden ser consultados en su blog personal[75][*].

Los perros guardianes (*watchdogs*) y la pasión

Desde que empecé en el mundo del emprendimiento, cuando los emprendedores éramos unos bichos raros que teníamos que reunirnos en antros de mala muerte[**], no como ahora, que ser emprendedor es de lo más *cool*, recibes ayudas por todas partes y los eventos sociales para presumir de idea o de *startup* te los encuentras en cada esquina, todos nuestros referentes hacían hincapié en un ingrediente fundamental para sacar tu proyecto hacia adelante: pasión. Poco después, cuando comencé a devorar textos sobre psicología positiva volví a encontrarme este ingrediente: pasión. Y es que parece que sin pasión, sacar un gran proyecto o una gran idea hacia adelante es harto complicado—obviamente no solo es necesaria la pasión, sino otros muchos ingredientes más como el conocimiento o la perseverancia, pero la pasión es fundamental.

De pasión entienden mucho los científicos. Un trabajo, el de investigador, que al igual que el de emprendedor necesita cerebros obsesionados y conectados 24 horas al día para lograr sus metas[***]. Creo que una de las motivaciones que alimentan la pasión del investigador es la de que tarde o temprano su esfuerzo tendrá un impacto positivo para la comunidad y muy probablemente positivo para él en su carrera. Y es precisamente en el contraste con esta idea donde radica la base de mi admiración por el espécimen de investigador al que durante todo el ensayo hemos denominado *watchdog* (perro guardián), y os voy a explicar por qué.

---

[*]He de reconocer que acabo de descubrir la serie ahora mismo, quizá si lo hubiese hecho antes no hubiese escrito este libro, porque por lo que parece hace una revisión sobre el asunto mucho mejor que la que yo he realizado (bueno, digamos que es otro punto de vista ☺) —entenderé que aquellos lectores que os sintáis engañados abandonéis la lectura de este libro y sigáis por los artículos de Joaquín ☺.

[**]Sí, yo estuve en las primeras sesiones de Iniciador, ¡qué viejo!

[***]Últimamente en España hay mucha reflexión respecto a las horas extras no remuneradas que gastan los trabajadores de distintos sectores. Los investigadores, al parecer, son los que más horas extras trabajan. Probablemente, si en el modelo (público) actual hubiese que pagar esas horas deberíamos replantearnos la viabilidad económica del sistema; creo que este tema daría para una tesis doctoral ☺.

Los *watchdogs* son investigadores, habitualmente muy especialistas en su campo, que en un momento determinado deciden quitarse la bata blanca para ataviarse con un *trench* color kaki, sombrero tipo *bowler* y pipa, al estilo *college* de Sherlock Holmes, para investigar publicaciones sospechosas alojadas en el registro científico.

Aunque la comparación con el famoso detective *british* pueda resultar muy romántica, intuyo que el escenario real no lo es tanto. Pensemos que al *watchdog* esta pasión le supone invertir muchísimo tiempo, probablemente casi todo su tiempo libre, como cualquiera de nosotros puede hacer montando en bicicleta o coleccionando mariposas, pero con la particularidad de que ese trabajo no le reportará beneficio futuro alguno, sino más bien lo contrario, cosechar una horda supina de enemigos —sin duda sería interesante estudiar las motivaciones psicológicas que se esconden detrás de los *watchdogs*.

A lo largo del ensayo me he referido en varias ocasiones a ellos pero me gustaría citar a continuación a los que más he estudiado, con la finalidad de resaltar la importancia que su papel tiene para el registro científico.

Nicholas J. L. Brown y James A. J. Heathers

En febrero de 2018 la revista *Science* publicó un artículo dedicado a los investigadores Nick Brown[*] y James Heathers titulado *Meet the "data thugs" out to expose shoddy and questionable research* (algo así como *Conozca a los «ladrones de datos» para exponer investigaciones de mala calidad y cuestionables*)[76]. El artículo cuenta la historia de estos dos amantes de la ciencia que se conocieron por casualidad. Brown (1960)[**], a camino entre Reino Unido, Países Bajos y Francia, gradua-

---

[*]Contacté hace unas semanas con Nick (Nicholas J. L. Brown usa esta abreviación de su nombre habitualmente) porque no me quedaba clara su trayectoria profesional —me atendió con una amabilidad increíble, ¡gracias Nick!—. Según él mismo: Nació y fue al colegio hasta la edad de 18 años en Birmingham (UK). Entre los 18 y los 21 hizo un grado en Cambridge (UK). Entre 1981 y 1989 vivió por motivos de trabajo en Países Bajos; entre 1989 y 1990 en Baréin (Golfo Pérsico) y desde 1990 hasta ahora vive en Estrasburgo (Francia). En 2011 hizo un master en Londres a donde iba y venía una vez al mes (durante dos años). En 2015 comenzó su doctorado (sí, con 54 años ☺) en la Universidad de Groningen (Países Bajos) (dice que ha estado tomando el avión desde Estrasburgo hasta Ámsterdam y luego el tren hasta Groningen durante dos años). Ahora está preparando la defensa de la tesis y con pensamiento de irse a Mallorca a vivir ☺.

[**]Su Twitter es @sTeamTraen.

do en Psicología tras su jubilación y estudiando el doctorado, trabajó toda su vida como administrador de redes; Heathers (1983)[*], médico especializado en psicofisiología y doctor en fisiología cardiaca aplicada (2015), estudió en Sydney (Australia) y actualmente desarrolla su investigación como investigador postdoctoral en la Northeastern University (Boston, Estados Unidos) y ambos se conocieron en un hilo de un grupo de científicos en Facebook.

Según el artículo de *Science*, ambos adquirieron la afición de comentar artículos que les parecían sospechosos de contener análisis de datos deficientes. Con esta motivación idearon un método estadístico (el GRIM) con el que consiguen medir resultados (medias) incongruentes a lo largo de un artículo. El método fue publicado en mayo de 2016 por Heathers en su blog personal y pocas semanas después lo hicieron como artículo *peer reviewed* en la revista *Social Psychological and Personality Science*[77]. De los 260 artículos analizados en el estudio encontraron que 36 de ellos contenían al menos un posible valor erróneo y 16 múltiples valores erróneos. Poco después los dos científicos han evolucionado el método hasta el llamado SPRITE, que permite a los investigadores hacer ingeniería inversa: deducir el conjunto de datos estadísticamente posible a partir de las medias y desviaciones estándar reportadas en un estudio.

Brown y Heathers aplicaron este método (el GRIM) a los artículos de Brian Wansink (lo vimos en el Capítulo B, p. 109, el famoso investigador de la Cornell University especializado en la psicología y el marketing de la comida con más de 20 artículos retirados o con expresiones de preocupación), demostrando que los famosos *artículos de la pizza* contenían múltiples medidas imposibles. Básicamente ellos pusieron gran parte de la dinamita para el estallido del *Wansinkgate*.

Pero esta no es la primera vez que estos *watchdogs* se han codeado con los grandes defraudadores de la ciencia. Si recordamos el caso Diederik Alexander Stapel alrededor del 2011, que ocupa el puesto número 4 por número de artículos retirados (58) en el Retraction Watch Leaderboard[78] (vemos el caso en el Capítulo B, p. 67), poco antes de conocerse el informe final sobre su caso de malas prácticas en investigación Stapel publicó un libro (en neerlandés) con reflexiones

---

[*] Se le puede encontrar en diversas redes; en las académicas como ResearchGate parece un científico serio, en las personales muestra su lado rebelde. En Twitter es @jamesheathers.

y vivencias que había tenido[*]. Como digo, el libro estaba escrito en neerlandés, algo que por cuestiones obvias impedía su llegada a muchísima gente. Y ¡ahí apareció Nicholas Brown para traducirlo! Me resultó curiosa esta coincidencia y quise saber más sobre la motivación que Nick tuvo para hacerlo, así que se lo pregunté y me contó la historia. Creo que puede ser interesante conocer las circunstancias que rodearon aquella traducción; estoy seguro que muchísimos conocedores de la historia se lo habrán preguntado. Aquí va lo que Nick me contó:

«No estoy seguro 100 % sobre por qué decidí hacerlo. Recuerdo que leí una *review* sobre el libro[**]. En aquel momento estaba online, no en pdf, y vi un comentario que decía: "Pienso que sería una gran idea tener este libro en inglés; estaría dispuesto a financiarlo". Aquello me hizo pensar, no por el dinero, sino porque me di cuenta de que yo era alguien que conocía algo de psicología (aunque no había terminado mi master todavía) y también tenía un buen nivel de neerlandés y algo de tiempo (me jubilé en 2012 y siempre he sido un estudiante a tiempo completo).
Pero no supe cómo hacerlo hasta que Rolf Zwaan escribió el post *My conversation with Diederik Stapel*[***] .

Así que escribí a Rolf (quien ahora es un gran colega pero que hasta aquel momento no nos conocíamos ni nos habíamos escrito nunca) y le pregunté si podía pasar mi dirección a Diederik Stapel (DS). Así es como nos pusimos en contacto. DS tenía ya el primer capítulo traducido por un profesional (desconozco si DS o su editor habían pagado por ello), así que yo traduje el Capítulo 3 y a DS le gustó más mi estilo y eso me motivó (¡traduje independientemente el Capítulo 1 también!).

DS y yo pensamos en la posibilidad de buscar un editor [*publisher*], pero al final dijo que no quería liarse, así que lo hicimos para descarga libre, con licencia CC-BY-NC-ND.

[...]

Un par de colegas me dijeron posteriormente que me había equivocado al tomar la decisión de traducirlo, pero ha sido una de las mejores cosas que yo nunca he hecho. ¡Muchísima gente ha llegado a pedirme si podían

---

[*]Supongo que al estilo de Carlos López-Otín o al mío propio: es reparador escribir sobre la experiencia de un drama como medicina para su cura.
[**]En https://www.ejwagenmakers.com/2013/BorsboomWagenmakers2013.pdf.
[***]Aún disponible en la dirección https://rolfzwaan.blogspot.com/2013/04/my-conversation-with-diederik-stapel.html (consultado el 22-04-2019).

comprar una edición "oficial' del libro!».

Y así, gracias a Nick podemos leer el libro de Stapel en inglés; sin duda es un investigador inquieto y apasionado al que la historia de la ciencia contemporánea tiene mucho que agradecerle. Gracias Nick.

John Carlisle, Peter Kranke, Christian C. Apfel y Norbert Roewer

Yoshitaka Fujii es el investigador con más publicaciones retiradas, el número uno en el Retraction Watch Leaderboard. Si recordamos cuando leímos su caso (Capítulo B, p. 85), el trabajo de Fujii fue cuestionado, investigado y puesto en evidencia en distintas ocasiones. Los primeros *watchdogs* de aquel caso fueron Peter Kranke, Christian C. Apfel y Norbert Roewer que escudriñaron, investigaron, reportaron, publicaron sus hallazgos sobre las malas prácticas del investigador Fujii pero la comunidad no les hizo caso y prefirió mirar para otro lado. Es una injusticia que llamó muchísimo mi atención durante la documentación de aquella historia, por lo que he querido citarlos de nuevo en este apartado para mostrar lo desagradable que el *trabajo* de *watchdog* puede llegar a ser, por la impotencia que uno puede llegar a sentir cuando denunciando y aportando evidencia sobre malas prácticas, la comunidad mira para otro lado ninguneando el esfuerzo. En aquel caso no fue hasta que John Carlisle publicó los resultados de su estudio, cuando la comunidad, impotente ante la suma de evidencias, tomó medidas contra el científico.

John Carlisle (1967) anestesiólogo británico actualmente trabajando en el Evidence Based Perioperative Medicine dedicó algunos años de su carrera al estudio de cientos de publicaciones académicas donde los experimentos se realizaban con pruebas controladas aleatorizadas (RCT por sus siglas en inglés). En 2017 publicó el estudio definitivo, en el que había analizado más de 5000 publicaciones de ocho revistas diferentes, encontrando que al menos el 2 % de los estudios analizados contenían datos falsos o fraudulentos. Gracias al trabajo de Carlisle fueron puestas en evidencia diversas investigaciones con deficiencias (intencionales o no) en los diseños o presentación de datos —también estuvo detrás de los reanálisis del PREDIMED (lo vemos en la p. 118).

Leonid Schneider le dedicó un artículo en su blog[79]. En el Capítulo D (p. 182) consideramos bastante información sobre sus aportaciones, así que por no hacerme autoplagio os remito de nuevo a ese capítulo si deseáis más información sobre él ☺.

PANDORA (Rumanía)

En el capítulo en el que estuvimos reflexionando sobre la presencia real de las malas prácticas en la industria científica (Capítulo D), analizamos un artículo publicado por *Science* en 2016 en el que a partir de la base de datos de Retraction Watch presentaban distintos análisis que relacionaban el número de artículos retirados con otras variables. En una de las figuras comentadas (Figura D.2, p. 186) nos llamó la atención la elevada tasa de artículos retirados que el informe arrojaba para Rumanía, anomalía atribuida, más que a una afición especial por mentir, al trabajo de un grupo de *watchdogs* llamado PANDORA.

El grupo comenzó su actividad alrededor del 2013[*] liderado por Stefan Hobai de la Universidad de Medicina y Farmacia de Târgu Mureș, motivado por la negativa de la revista *Acta Medica Marisiensis* a retirar numerosos artículos que habían sido informados como plagiados. A Hobai se unieron otros científicos que fueron publicando sus hallazgos en internet y denunciando los artículos con anomalías a las revistas: algunas de ellas los eliminaban sin dejar rastro, sin hacer ninguna mención al artículo anterior, lo que contradice las directrices marcadas por el COPE. Desde entonces han examinado cientos de artículos y creado en ese sector cultura de la detección del fraude.

Dejo como reflexión: ¿Cómo estaría que estos grupos *fuesen creados* país por país para ir revisando las publicaciones académicas? Páginas atrás (Capítulo D, p. 181) comentábamos el artículo de *The Guardian* en el que se preguntaban sobre si en algún momento llegaría a darse la necesidad de tener que incorporar a la ciencia una especie de policía de asuntos internos (imagino que sería algo rocambolesco: investigadores que investigan a investigadores), pero si lo pensamos,

---

[*]Gracias Dana por corregir este y otros errores ☺.

¿no es esta la función que ya están haciendo los *watchdogs*?

Nature también les dedicó un artículo en 2012 titulado *Romanian scientists fight plagiarism*[80].

Elisabeth Bik

Elisabeth Bik ha adquirido en las últimas semanas una importante relevancia mediática entre los que seguimos el problema de las malas prácticas en investigación. Los lectores de este texto ya la conocemos de páginas atrás, al ser la autora principal del artículo publicado en *mBio* en 2016 con el título *The Prevalence of Inappropriate Image Duplication in Biomedical Research Publications*, aquel artículo en el que concluían que el 4 % de 20 000 *papers* analizados tenía evidencia de contener imágenes manipuladas, escrito junto al prestigioso Arturo Casadevall[81].

Elisabeth Bik comenzó su vida en Países Bajos. Estudió secundaria en la ciudad de Gouda (a unos 10 kilómetros al noreste de Róterdam). Cursó estudios universitarios en la Universidad de Utrecht en el área de la biología molecular (bioquímica y microbiología), donde también obtuvo el doctorado en biología molecular. Tras unos años trabajando en el RIVM National Institute for Public Health and the Environment de su país y en el St. Antonious Hospital Nieuwegein, marchó a Estados Unidos. Entre 2002 y 2016 ocupó la posición de profesor asociado en la Universidad de Stanford, en el área de estudios de la microbiota y el ADN. Ha sido editora de la revista uBiome y ahora trabaja como consultora independiente[82].

Hace muy pocas semanas Elisabeth (o Elies para los allegados ☺) nos sorprendió a todos sus seguidores con el mensaje (ver figura E.5) en Twitter en el que anunciaba que había decidido tomarse un año (al menos) sin trabajo remunerado para dedicarse en exclusiva a su trabajo (voluntario) de investigar y denunciar la presencia de imágenes manipuladas en el registro científico, ¿cómo te quedas?

A esto me refería párrafos atrás cuando definía la idiosincrasia especial de los *watchdogs*: ¿qué les motiva a invertir gran parte de su tiempo (o todo) en la lucha contra las malas prácticas? Probablemente cada cual tenga su motivación particular, aunque in-

Elisabeth Bik ✔
@MicrobiomDigest

I am taking a year off from paid work to focus more on my science misconduct volunteer work. Science needs more help to detect image duplication, plagiarism, fabricated results, and predatory publishers.

Traducir Tweet

5:23 p. m. · 26 abr. 2019 · Twitter for Android

325 Retweets **2,3 K** Me gusta

FIGURA E.5: Elisabeth Bik y su anuncio en Twitter: un año *off*. La dirección del tuit original es: https://twitter.com/ MicrobiomDigest/status/1121796872794820610

tuyo que debe haber una motivación transversal y profunda, no solo propia de los *watchdogs*, sino común a todos aquellos que luchan por una causa sin recibir aparentemente recompensa alguna por ello (los que luchan por la protección de los animales, los que luchan por el medioambiente...) —estas cuestiones tan irracionales a veces son las que hacen que mi pasión por la Psicología humana sea cada día mayor ☺.

Podemos seguir a Elies en su Twitter (@MicrobiomDigest), conocer su trayectoria a través de páginas como Linkedin u ORCID y leer un par de artículos divulgativos publicados recientemente sobre ella y su trabajo en la web de Leonid Schneider y en Retraction Watch[*].

---

[*]https://forbetterscience.com/2019/04/15/arturo-casadevall-figure-construction-errors-do-not-affect-conclusions-of-our-papers/ y https:// retractionwatch.com/2019/04/25/how-one-journal-became-a-major-retraction-engine/, respectivamente.

Los alertadores (*whistleblowers*)

En el ámbito de las malas prácticas se denomina *whistleblower* a aquella persona que, conocedora de un hecho que viola alguna norma —habitualmente porque es miembro del grupo que está cometiendo la mala práctica y por lo tanto tiene acceso de primera mano a la información—, denuncia públicamente la circunstancia. Desgraciadamente la historia nos ha dado famosos *whistleblower* como Edward Snowden, que destapó las prácticas ilegales de la CIA y la NSA de Estados Unidos, Sherron Watkins en el caso ENRON, Cynthia Cooper (WorldCom), Coleen Rowley (FBI) o Chelsea Manning (nacida como Bradley Edward Manning), que filtró a WikiLeaks documentos clasificados que ponían en evidencia prácticas de espionaje del ejército de Estados Unidos (está cumpliendo una condena de 7 años).

Dar luz a las malas prácticas es una obligación en muchos ámbitos profesionales; en particular en el entorno de la investigación, numerosos códigos de conducta obligan a los investigadores a denunciar malas prácticas conocidas o sospechadas. Por ejemplo, así lo dicta en su apartado once la Declaración de Singapur sobre la Integridad de la Investigación (la vimos en la página 209) o la normativa de integridad en investigación de la Universidad de Cambridge, que dice literalmente (traduzco del inglés): «Todos los miembros de la Universidad, y los individuos autorizados para trabajar en instituciones universitarias, tienen la responsabilidad de informar al Director de la institución pertinente sobre cualquier incidente de mala conducta, ya sea que se haya presenciado o se sospeche»[83].

Aunque es obligación de todos los miembros de la industria investigadora denunciar las malas prácticas observadas, la realidad es que las acusaciones son muy escasas respecto a la presencia de malas prácticas que los estudios estiman. Como analizamos en el Capítulo D, existen estudios que indican que la mayoría de los investigadores admite que las malas prácticas (sobre todo las menos graves) son comunes en la industria, pero a pesar de eso las denuncias son insignificantes (si tomamos como muestra, por ejemplo, los informes anuales que emite la ORI).
Claramente denunciar es una decisión de extrema gravedad psicológica para el denunciante. Si su identidad es conocida, corre el riesgo de que a partir del momento de la denuncia muchos grupos de investigación le cierren las puertas, etiquetándolo como problemático: —A

este no le vamos a contratar, que es capaz a denunciar todas nuestras malas prácticas—, podrían decir; además, habitualmente la *carrera investigadora* se basa en el trabajo colectivo y en la creación de *una red de favores*, es decir, se trata de protegerse los unos a los otros para crecer juntos, y si alguna oveja se aparta de la doctrina o algún verso queda suelto el sistema no tardará en eliminarlo, a lo que debemos añadir la posibilidad de terminar en los tribunales, como ha ocurrido en el reciente caso de May Griffith contra los estudiantes que denunciaron sus malas prácticas Alexander Jute y Hannah Fager[84].

Por estas circunstancias, algunas guías para la gestión de las alegaciones de malas prácticas guardan especial empeño en proteger la identidad del alertador, ya que esta acción, lejos de ser un ejemplo para sus colegas, puede marcarle para toda su carrera, como manifestaba el alertador del caso de Susana González, Antonio Herrera Merchán, en la entrevista que concedió a *El País* poco después de explotar el caso[85] (lo vemos en detalle en el Capítulo B, p. 96).

El 28 de noviembre de 2012 el rector de la Tilburg University, Philip Eijlander, pronunció:

«[...] Afortunadamente, los *whistleblowers* tuvieron la fortaleza, el coraje y la perseverancia para llamar la atención sobre este grave problema. Les estoy agradecido y espero que sus acciones sean vistas como ejemplares en todo el mundo académico»[86].

También me gustó esta otra reflexión que leí en el artículo que los amigos del blog *Investigadores en paro* publicaron respecto al caso de Carlos López-Otín:

«[...] Reprobar la mala praxis en ciencia es deber de todo científico que se precie, por deontología, ética, responsabilidad y profesionalidad. En estos tiempos, nos tildan de haters que ensucian el nombre de todos los científicos por la denuncia del caso, porque pone en tela de juicio la credibilidad de la propia Academia y de la Ciencia, que tan difícil es de mantener en estos tiempos. Que muchos científicos nos estemos llevando las manos a la cabeza no es ningún complot, es una cuestión de principios»[87].

En conclusión, la evidencia nos indica que gran parte de las investigaciones detectadas como erróneas (sean los errores cometidos de forma consciente o por descuido) son sacadas a la luz no por «los mecanismos autorreguladores del sistema científico», a los que algunos aluden como a la mano invisible de Adam Smith, sino más bien por el trabajo de científicos identificados con la detección del fraude (o de la ciencia descuidada) que, o bien deciden dar el duro paso de confesar la violación como conocedores directos de algún caso —convirtiéndose en *whistleblowers*—, o bien denuncian públicamente sus pesquisas como *watchdogs*. Sea con una bata o con la otra, gracias a todos por intentar limpiar el registro científico y tratar de construir un mundo más justo.

Capítulo F

La situación en España

En los inicios de mi periplo por el mundo de la integridad en investigación tropecé con la reflexión que Miguel García, Presidente del Comité de Ética del CSIC, hacía para Sergio Ferrer en 2016 en un artículo de periódico con el sugerente titulo *Los casos de fraude científico, la punta del iceberg de un problema ignorado*[1]. En el artículo el periodista recordaba las reflexiones de García cuando afirmaba que bajo su punto de vista «los casos que se denuncian suponen una fracción muy pequeña de los que se cometen, la punta del iceberg»; también añadía el presidente del Comité de Ética del CSIC que en España hay pocos datos «puesto que nadie se ha preocupado por hacer un análisis sobre la frecuencia del fraude», quedando nuestro país muy por detrás de Estados Unidos (país referente en la lucha contra el fraude científico) y de otros países de la Unión Europea.

Esto lo decía Miguel García, actual presidente del Comité de Ética del CSIC[**], pero también era el sentir que me transmitió Pere Puigdomènech (primer presidente del Comité) en la entrevista que mantuve con él durante la documentación de este ensayo, y muy probablemente también sea el de la mayoría de investigadores asentados en

---

[**]Hemos comentado a lo largo del ensayo que Comité de Ética no es lo mismo que Comité de Integridad, pero en el caso del CSIC, bajo el nombre de Comité de Ética agrupan dos subcomités: el de ética y el de conflictos —el segundo es el que se ocupa de los temas de integridad, como vemos en la página 255.

este país: en España la cultura por la salvaguarda de la integridad en investigación es pobre y las estructuras para combatir las malas prácticas de investigación de forma regulada, inexistentes.

Los códigos de ética no son códigos de integridad

Antes de entrar en materia nacional permitidme de nuevo que me pare en esta apreciación de la que ya hablamos páginas atrás[*]: integridad y ética son conceptos distintos, como así lo son los códigos de ética y los códigos de integridad y por lo tanto las comisiones que también toman sus nombres.

Los códigos de ética y las comisiones de ética las vamos a encontrar fácilmente en cualquier universidad en la que miremos. No conozco la normativa en detalle, pero supongo que en algún momento alguna norma legislativa[2] estableció que las universidades que realizasen investigación *sensible* o de origen *biomédico* (con aspectos relacionados con la salud de las personas, animales,... y otras cuestiones *éticas*), debían establecer un código ético y una comisión. Además, creo que en las convocatorias para optar a ayudas públicas (fondos de financiación y dinerillo al fin y al cabo), la existencia de un Comité Ético que se encargue de aprobar las investigaciones es requisito necesario. Quizá por esto los códigos de ética y comisiones los encontramos en muchísimas universidades, aunque en la mayoría de los casos, si los leemos, no dejan de ser un compendio de buenas voluntades éticas, como un catecismo de lo que el buen investigador debería ser y cómo debería trabajar, aunque en muchos casos —¿la mayoría?— no entran a precisar qué hacer en caso de incumplimiento de las buenas prácticas.

Estos códigos éticos me recuerdan esas ocasiones en las que el legislador hace una Ley marcando las grandes líneas estratégicas de una temática, pero deja para después cómo implementar esas líneas desde un nivel más técnico y concreto —algo que habitualmente se hace mediante reales decretos.

Sirva de muestra lo que expresó el catedrático y presidente del Comité de Ética de la Universidad de Barcelona, Norbert Bilbeny, en

---

[*]En el el Capítulo C (p. 132) y en el Capítulo E (p. 214).

la reciente[*] presentación del código ético de la Universidad de Barcelona: «[...] el nuevo documento no tiene carácter de normativa legal, sino que quiere orientar sobre los derechos y las obligaciones de los colectivos de la Universidad y apoyarlos. "Es una declaración de carácter general de los principios que rigen la UB y una suma de buenas prácticas"[3]».

Aclarado por lo tanto de nuevo que ética e integridad son cuestiones diferentes, pongámonos manos a la obra para revisar cuál es la situación de la salvaguarda de la *integridad científica* en España.

La estructura *oficial* de la investigación en España

Afortunadamente, desde que entré en el mundo de la investigación cuando tenía 5 años —sí, mi carrera de investigador comenzó a esa edad o un poco antes: los juguetes no duraban una semana en casa sin ser destripados para ver qué llevaban por dentro y tratar de entender cómo funcionaban ☺—, tuve claro que no deseaba desperdiciar un instante de mi vida rellenando documentos para mostrar a alguien mis méritos, algo en lo que por desgracia muchos de los científicos que aspiran a ser insertados en el mercado público de la investigación deben desperdiciar su activo más preciado: el tiempo. Por esta razón, no conozco para nada la estructura *oficial* del dinosaurio organizativo de la investigación en España, por lo que voy a aprovechar la oportunidad para aclararla aquí y a mí mismo. Comencemos.

Supongo que lo que tenemos en primer lugar es *el Ministerio*: el Ministerio de las cosas que tienen que ver con la educación y con la ciencia...
No quiero decir su nombre porque estaríamos desperdiciando el tiempo —ya que cada tres o cuatro años lo cambian—, pero bueno, dejaré constancia que durante estos últimos meses se ha llamado Ministerio de Ciencia, Innovación y Universidades, aunque previsiblemente dentro de unas semanas (ahora han sido elecciones), volverá a cambiar, con la correspondiente inversión que haremos en el cambio de

---

[*]Día 9 de octubre de 2018.

web, cambio de imagen corporativa, cambio de cartelitos en el edificio, cambio de todo... —como el dinero público «no es de nadie» parece que no duele...

Ironías aparte, el Ministerio de cosas que tienen que ver con la educación y con la ciencia está compuesto por numerosos órganos, instituciones, estructuras o colectivos que dependen de una u otra forma de él. Afortunadamente, en su web hay disponible un organigrama donde viene muy clara cuál es su estructura de direcciones generales y otros órganos dependientes[4]. Voy a detallar a continuación para ser conscientes de lo que este ministerio maneja y poder ubicar cada cosa en su sitio.

Organismos asociados

- Ciencia:
  - Agencia Estatal de Investigación (AEI).
  - Consejo Superior de Investigaciones Científicas (CSIC).
  - Instituto de Salud Carlos III (ISCIII).
  - Centro de Investigaciones Energéticas, Medioambientales y Tecnológicas (CIEMAT).
  - Instituto Nacional de Investigación y Tecnología Agraria y Alimentaria (INIA).
  - Instituto Español de Oceanografía (IEO).
  - Instituto Geológico y Minero de España (IGME).
  - Instituto de Astrofísica de Canarias (IAC).
- Innovación:
  - Centro para el Desarrollo Tecnológico Industrial (CDTI).
- Universidades:
  - Servicio Español para la Internacionalización de la Educación (SEPIE).
  - Agencia Nacional de Evaluación de la Calidad y Acreditación (ANECA).
  - Universidad Nacional de Educación a Distancia (UNED).
  - Universidad Internacional Menendez Pelayo (UIMP).
  - Colegio de España de París.
- Reales Academias:
  - Real Academia Española.
  - Real Academia de la Historia.
  - Real Academia de Bellas Artes de San Fernando.

- Real Academia de Ciencias Exactas, Físicas y Naturales.
- Real Academia de Ciencias Morales y Políticas.
- Real Academia Nacional de Medicina de España.
- Real Academia de Jurisprudencia y Legislación de España.
- Real Academia Nacional de Farmacia.
- Real Academia de Ingeniería.
- Real Academia de Ciencias Económicas y Financieras.

Órganos adscritos

- Consejo de Universidades.
- Conferencia General de Política Universitaria.
- Consejo de Estudiantes Universitario del Estado.
- Consejo de Política Científica, Tecnológica y de Innovación.
- Consejo Asesor de Ciencia, Tecnología e Innovación.
- Comité Español de Ética de la Investigación.

Organismos Públicos de Investigación (OPI) de la Administración General del Estado

- La Agencia Estatal Consejo Superior de Investigaciones Científicas (CSIC).
- El Instituto de Salud Carlos III (ISCIII).
- El Centro de Investigaciones Energéticas, Medioambientales y Tecnológicas (CIEMAT).
- El Instituto Nacional de Investigación y Tecnología Agraria y Alimentaria (INIA).
- El Instituto Español de Oceanografía (IEO).
- El Instituto Geológico y Minero de España (IGME).
- El Instituto de Astrofísica de Canarias (IAC).

Centro de excelencia Severo Ochoa o Unidad de excelencia María de Maeztu

Regularmente se abren convocatorias para que los centros de investigación puedan ser acreditados como Centro de excelencia Severo Ochoa o como Unidad de excelencia María de Maeztu. Los centros así acreditados tienen durante cuatro años fondos por un millón de euros al año destinados a investigación. A los cuatro años, si desean seguir estando acreditados deben presentarse de nuevo en régimen de competencia con el resto. Son decenas los que actualmente cuentan con esta acreditación, como el Centro Nacional de Investigaciones Cardiovasculares (CNIC), el Centro Nacional de Investigaciones Oncológicas (CNIO), el Institute for Research in Biomedicine (IRB Barcelona), Centre de Regulacio Genomica (CRG) y decenas más.

Otros centros o proyectos

Además de todos los anteriores, bajo el paraguas del Ministerio encontramos las Infraestructuras Científicas y Técnicas Singulares (ICTS) (decenas de infraestructuras científicas en distintas áreas temáticas que están abiertas a uso en régimen competitivo por los grupos de investigación que lo deseen) y el Comité Polar Español.

Como vemos, son decenas las agencias y otros organismos que dependen del Ministerio, aunque hasta ahora no he conseguido identificar claramente dónde ubicar, si la hay, una agencia que se encargue de la salvaguarda de la integridad investigadora en la red nacional de investigación.

Ejemplos de organismos españoles con políticas de integridad científica

¿Tenemos una *RIO* en España (algo similar a la ORI, el TENK, la UKRIO...)?

Tras varias semanas investigando la cuestión sobre si en España disponemos de algún organismo que se encargue de promocionar, salvaguardar y/o velar por la integridad en investigación, al estilo de los países desarrollados, incluyendo preguntas al Ministerio, a otros *organismos ciudadanos* como la iniciativa Ciencia en el Parlamento (con Andreu Climent como promotor), a la FECyT o un Skype con Pere Puigdomènech, parece que podríamos afirmar con poca posibilidad de equivocarnos que en España no tenemos ningún órgano u organización dedicado a la salvaguarda de la integridad científica al estilo del TENK finlandés, la UKRIO del Reino Unido, la ORI de Estados Unidos, la ARIC australiana, la OeAWI de Austria o la LARI luxemburguesa, por citar algunos ejemplos.

El único atisbo de algo similar lo encontramos en la Ley de Ciencia de 2011[5], que en su artículo 10 contempla la creación de un comité de ética «como órgano colegiado, independiente y de carácter consultivo sobre materias relacionadas con la ética profesional en la investigación científica y técnica», aunque parece que este órgano nunca llegó a estar realmente operativo. Bien es cierto que en fechas recientes (noviembre 2018) el tema fue abordado de nuevo por el gobierno en la reunión que el ministro del ramo, Pedro Duque, mantuvo con los representantes de las Comunidades Autónomas, acordando la activación de dicho comité[6].

No obstante, quiero aclarar que la Ley no se refiere a crear un comité de integridad, sino a un comité de ética, que como vemos en distintas partes de este ensayo (p. 250 o p. 214), aunque inicialmente podríamos considerarlos sinónimos, no lo son.

Por lo tanto, podemos afirmar que en España no contamos con ninguna oficina de integridad científica, al estilo de países desarrollados en el ámbito de la investigación, pero, ¿y cada una de las organizaciones investigadoras, tienen ellas un órgano que se encargue de velar por la integridad científica? Veamos a continuación algún ejemplo.

El comité de Ética del CSIC

Cuando hablamos de investigación en España probablemente la mayoría de nosotros tenemos en nuestro *top of mind* las siglas CSIC (Consejo Superior de Investigaciones Científicas). El CSIC es considerado por el Ministerio como un organismo asociado; se financia con dinero público y sus empleados pueden ser funcionarios —digo pueden ser, porque también puede haber personal *externo* contratado como en el resto de la administración pública.

El CSIC cuenta desde el año 2008 con un comité de ética que se encarga de asuntos internos a la organización. Como comentamos atrás (p. 234), su primer presidente fue Pere Puigdomènech (2008-2012); actualmente lo es Miguel García Guerrero. El comité está formado a su vez por dos subcomités, el de ética y el de conflictos; el segundo podría estar más relacionado con los aspectos de integridad en investigación. Durante los 10 años que lleva en activo han tratado más de un centenar de casos[7] —intervinieron en casos como el de Susana González o el de Jesús Ángel Lemus Loarte (que vemos en las páginas 94 y 83 respectivamente). Pero ya dijimos páginas atrás que este comité tiene autoridad exclusivamente sobre aquellas investigaciones en las que hayan participado científicos adscritos a la institución (es decir, un asunto de violación a la integridad científica que ocurra en la Universidad de Vigo, por ejemplo, a este comité probablemente le preocupará, pero nada podrá hacer por él).

El resto

La norma en las universidades españolas que cuentan con alguna política de integridad en investigación parece ser integrar dichas funciones dentro del comité de ética. Resulta muy difícil encontrar una web donde específicamente existan recursos para la salvaguarda de la integridad en investigación, como por ejemplo encontramos en la Universidad de Cambridge y comentamos en el Capítulo E (p. 222), en la Erasmus Rotterdam o en tantas otras de países más desarrollados. No obstante, he encontrado algún caso de éxito en España. Veamos.

Institute for Bioengineering of Catalonia (IBEC)

El caso del IBEC (actualmente es un Severo Ocha) podría ser un ejemplo a seguir —si realmente lo que publicitan en la web es la realidad del centro.
Recientemente, en el marco de la iniciativa europea Human Resources Strategy for Researchers (HRS4R), han establecido unos procedimientos y pautas claras en integridad científica[8] plasmadas en el *Código de conducta para la integridad en investigación*. Este código (que puede ser descargado de su web), aúna muy bien aspectos técni-

cos de investigación con los de integridad y de políticas de respeto a/entre los diferentes grupos de interés de la organización (contrato de investigadores, políticas de recursos humanos...). Como en otros que vimos en distintos organismos europeos de investigación (en el Capítulo E), queda definido perfectamente qué cauces seguir en caso de detección de malas prácticas, la protección de los informadores (*whistleblower*), quién se encargará de investigar y evaluar los casos de mala conducta e incluso el régimen de sanciones que deberá ser aplicado.

Después de ver este caso, poco más nos quedaría por investigar para encontrar un faro a quién seguir en España ☺[9]. No obstante, vamos a considerar algún ejemplo de alguna universidad.

El caso de la Universidad Politécnica de Valencia

La Universidad Politécnica de Valencia (UPV, mi alma mater), aprobó en 2012 la «Política de integridad científica y buenas prácticas en investigación»[10].

El documento es fantástico por lo escueto. Tras el preámbulo, que define la necesidad de establecer este tipo de políticas y expone el objetivo de «ofrecer un conjunto de pautas, orientaciones, recomendaciones y compromisos para la buena práctica científica en la Universitat Politècnica de València», continúa con cinco puntos claves: 1. Qué se entiende por mala práctica científica (recurren a la definición de FFP de la OSTP[11]; 2. Conductas no aceptables; 3. Recomendaciones; 4. Mecanismos de gestión y control; 5. Incumplimientos.

El apartado de incumplimientos dice lo siguiente: «Cuando el Comité de Ética de la Investigación tenga conocimiento de actuaciones por parte de miembros de la comunidad universitaria que supongan un incumplimiento de la presente Política de integridad científica y buenas prácticas podrá realizar un informe al respecto y elevarlo a los órganos de gobierno de la Universitat competentes para que se tomen las medidas pertinentes conforme a la legislación aplicable».

Felicito claramente a la UPV por el documento, ya que han conseguido incluir en menos de 4 páginas las líneas básicas que un código de integridad en investigación debería contener.

No obstante, contacté en varias ocasiones con ellos[*] por mi interés en el código y para contrastar alguna información —les pregunté dónde podía consultar los informes anuales que según el código deben publicar— pero no recibí respuesta. Es posible que, como en otros casos encontrados en este y otros temas, se definiese la política para quedar muy bien oficialmente pero que en el día a día no se hayan implementado estos mecanismos (es una posibilidad).

De una u otra forma, lo que está claro es que en España la opacidad en estos temas, frente a los países desarrollados en investigación, es grande (hemos visto ejemplos de otros países donde cada año se publica un documento con el listado de casos tratados y los informes de sus respectivas investigaciones).

Universidad de Granada

La Universidad de Granada aprobó en abril de 2014 el Código de Buenas Prácticas en la Investigación y parece otro caso de éxito. Según veo a través de la web, además del Código también cuenta con un documento de Recomendaciones de buenas prácticas del Vicerrectorado de Investigación[12]. Entre ambos documentos quedarían recogidas las directrices más básicas sobre la salvaguarda de la integridad en investigación en línea con otras organizaciones más avanzadas del resto del mundo.

Además de las definiciones, también se establece claramente quién es el responsable de investigar las alegaciones de malas prácticas en investigación (mala conducta) y la responsabilidad que recae sobre el Comité de Ética. En concreto, dice lo siguiente:

«[...]
Las alegaciones en caso de supuesta "mala conducta" en la investigación serán presentadas ante el Vicerrectorado con competencias en materia de investigación, quién las tramitará oportunamente, haciendo uso de los correspondientes servicios administrativos y/o académicos (Inspección de Servicios, Servicios Jurídicos, Secretaría General, etc.). La Comisión de Ética de la Investigación debe garantizar en todo momento la diligencia y confidencialidad en la gestión y la independencia, así como la imparcialidad y

---

[*] A través del email comite.etica@upv.es.

equidad en sus resoluciones. Las reclamaciones, alegaciones o denuncias por incumplimientos o conflictos del presente código se podrán presentar en cualquier registro de la Universidad, dirigidas al/a vicerrector/a competente en materia de investigación o al defensor universitario que las tramitarán oportunamente.»

Tanto este código como el anterior de la UPV mencionan la obligatoriedad de realizar un informe con las investigaciones realizadas por la comisión. No obstante, de haberse realizado en cualquiera de las dos universidades, en ninguno de los dos casos he podido tener acceso a los mismos (en el caso de la UPV, como he comentado antes, lo solicité expresamente y no recibí respuesta).

Universidad de Murcia

Os voy a contar la anécdota con el Código de Buenas Prácticas de la Universidad de Murcia, que la traigo a colación no precisamente como ejemplo de buenas prácticas.

Durante la fase de documentación del ensayo estuve paseando varias tardes por la web de esta universidad. Mientras navegaba por la web del vicerrectorado de investigación en busca del código de buenas prácticas en investigación, efectivamente encontré el código. Al comenzar a leerlo mis mecanismos de atención comenzaron a activarse ante la extrañeza de algunos detalles.

Lo primero que me llamó la atención fue el encabezamiento de los derechos: pertenecen al Departament de Ciències Experimentals i de la Salut de la Universitat Pompeu Fabra, al Institut Municipal d'Investigació Mèdica (IMAS) y al Centre de Regulació Genòmica (de Barcelona) (ver figura F.1). Continué leyendo y el texto aumentaba su misterio, ya que las referencias hacia los organismos y los integrantes de la comisión eran hacia centros e investigadores catalanes, no de la Universidad de Murcia —qué cosa más rara— me dije. Y me puse a tirar del hilo.

Copiando un poco de texto del código y buscándolo en Google comprobé que era una copia tal cual del código que hace unos años crearon las tres entidades al principio citadas: —¡No puede ser!, el código de buenas prácticas que la Universidad de Murcia *usa* —o al menos

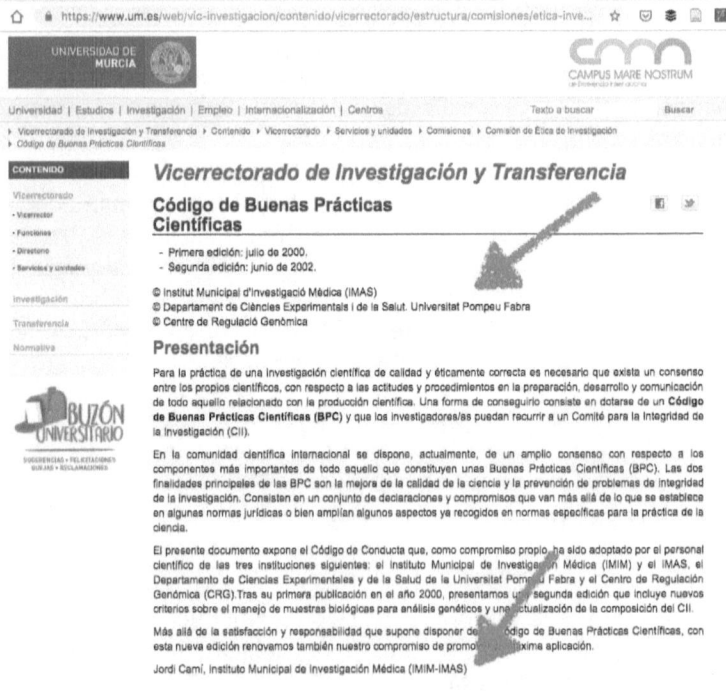

FIGURA F.1: El código de buenas prácticas de la UMU copia de organismo catalán. Se puede ver en color y más grande en https://twitter.com/aabrilru/status/1121058195462676481

tiene colgado en su web— es una copia literal de otro existente[*]. Se trata de una broma, ¿no?, ¿dónde está la cámara? —me preguntaba 🙂.

Lo más interesante es que si tiramos de archive.org[13] podemos comprobar cómo este código está ahí desde al menos el año 2016 —vamos, que no es un error puntual de un informático (a los pobres siempre los culpamos de todo)—. Pero la cuestión que debería quizá preocuparnos más: ¿desde 2016 nadie ha entrado a consultar el código y se ha percatado de que toda la información que este contenía no hacía referencia a la Universidad de Murcia sino que era un código de otra entidad? Dejo la reflexión para la intimidad de cada cual.

---

[*]Algo que por otra parte no estaría mal si al menos se citase la fuente original de donde se ha tomado, pero en este caso no se habían molestado ni en cambiar los nombres de las instituciones, ni de las personas, ni las direcciones de email

Afortunadamente, a las pocas horas de comentar la circunstancia por Twitter, la página fue eliminada y conducía a un *404* —que conste que en esta universidad son muy buenos en muchísimas cosas, también en tener la sonda puesta en las redes sociales ☺.

Parte III

Aún queda esperanza

Capítulo G

Recursos para educadores

Si hay alguna parte de este ensayo realmente interesante y útil para el futuro de la ciencia es esta. Conocer los casos de científicos que no fueron demasiado higiénicos en sus prácticas de investigación está bien, pero lo realmente interesante es aprender de ellos y poner los medios necesarios para que cada vez sean menos frecuentes. La pieza clave, como en tantos otros problemas de la sociedad, está en la educación. La motivación para escribir este capítulo la obtuve de distintas conversaciones que mantuve en 2017 con Carme Casablancas, profesora (doctora) de la Universidad Autónoma de Barcelona. Carme me comentaba el trabajo de evangelización en buenas prácticas que hacía en clase con sus alumnos de grado; me di cuenta, una vez más, que la esperanza de los cambios sociales está en los jóvenes (las actitudes de los mayores son difíciles de cambiar), e informalmente adquirí con ella un compromiso interno dirigido a realizar alguna acción que permitiese hacer más llevadero este camino pedregoso hacia la salvaguarda de la integridad en nuestra ciencia.

En este capítulo voy a referenciar algunos trabajos que he encontrado durante la fase de documentación del ensayo. He descubierto material de gran valor. Algunas veces me he dicho a mí mismo: «Qué pena que no me enseñaran esto cuando fui un investigador en formación». Y es por esta razón por la que decidí dedicar un capítulo especial a los recursos formativos, porque me gustaría que los nuevos investigadores en formación sí tuviesen acceso a estos recursos para contar con la formación en integridad que yo (y otros muchos), no recibí.

On Being a Scientist: A Guide to Responsible Conduct in Research

Si alguien desea leer un libro, un solo libro sobre integridad científica, aparte de este que está en tus manos ☺, sin duda alguna es el *On Being a Scientist*[1]. Es un libro para ser leído sobre todo al inicio de la carrera de investigador. No es un libro de investigación donde traten de convencernos con un aluvión de publicaciones sobre el daño que hace la mala ciencia; es más bien como un ensayo de autoayuda ☺. Nos anticipa casi todas las situaciones en las que en algún momento de nuestra carrera nuestro camino se bifurcará en dos y tendremos que elegir cuál de ellos tomar: el de ser estrictamente correctos (éticos) e íntegros o el de levantar un poco la mano, porque unas mentirijillas no hacen daño a nadie —este segundo camino probablemente nos pueda conducir a una espiral que tarde o temprano nos arrojará al abismo del fraude, pero a pesar de esto, la evidencia indica que es el tomado por gran parte de los investigadores.

La tercera y última edición es de 2009 (figura G.1); la primera de 1989, la segunda de 1995. El libro fue promovido por el Institute of Medicine, la National Academy of Sciences, y la National Academy of Engineering, de Estados Unidos de América.
El manuscrito (de alrededor de unas 40 páginas, fácil de leer en media tarde) repasa desde un punto de vista didáctico y divulgativo, no académico, las principales dudas *éticas* que durante algún momento de su carrera pueden asaltar a un científico. Además, la tercera edición nos plantea casos prácticos que nos retan a pensar sobre cómo actuaríamos en los hipotéticos momentos de duda. El resumen del libro dice así (traduzco literalmente del inglés):

«La empresa de investigación científica está construida sobre una base de confianza. Los científicos confían en que los resultados reportados por otros son válidos. La sociedad confía en que los resultados de la investiga-

FIGURA G.1: On Being a Scientist: A Guide to Responsible Conduct in Research (3rd Edition). Tomada de https://www.nap.edu/catalog/12192/on-being-a-scientist-a-guide-to-responsible-conduct-in

ción reflejan un intento honesto por parte de los científicos de describir el mundo con precisión y sin prejuicios. Pero esta confianza durará solo si la comunidad científica se dedica a ejemplificar y transmitir los valores asociados a la conducta científica ética. *On Being a Scientist* fue diseñado para complementar las lecciones informales de ética proporcionadas por supervisores y mentores de investigación. El libro describe los fundamentos éticos de las prácticas científicas y algunos de los problemas personales y profesionales que los investigadores encuentran en su trabajo. Se aplica a todas las formas de investigación, ya sea en entornos académicos, industriales o gubernamentales, y a todas las disciplinas científicas. [...] *On Being a Scientist* está dirigido principalmente a estudiantes graduados e investigadores principiantes, pero sus lecciones se aplican a todos los científicos en todas las etapas de sus carreras científicas».

Como digo, es un libro que se lee en un par de cafés largos durante una tarde. Nos va a hacer reflexionar sobre aspectos como: el tratamiento de datos, los errores y la negligencia, cómo manejar las relaciones entre consejeros/mentores y pupilos, las malas prácticas de investigación, cómo responder ante casos de violación de los estándares profesionales, el tratamiento de las investigaciones con animales, cómo comportarse con los compañeros de investigación, cuestiones de autoría y de reconocimiento de crédito, propiedad intelectual y algunos aspectos más que tendremos que manejar en nuestro ecosistema investigador.

Sin ninguna duda (y mira que intento imprimir mis dotes de escepticismo científico ☺) si en algún momento yo tuviese que ser consejero o mentor de algún futuro investigador este sería el primer libro que le recomendaría (¿obligaría?) leer*.

Como nota final me gustaría referenciar otro libro muy similar a este, el *ORI Introduction to the Responsible Conduct of Research*[2] publicado por la ORI (Steneck como coordinador del trabajo) en 2007 y que hemos citado en distintas ocasiones, aunque uno y otro están escritos en tonos diferentes —el de ORI más serio y académico.

---

*El libro está disponible para descarga pública en diversas webs (pesa menos de un mega y medio), una de ellas esta: https://www.nap.edu/catalog/12192/on-being-a-scientist-a-guide-to-responsible-conduct-in.

FIGURA G.2: On Being a Scientist (la película). Imagen tomada de https://www.student.universiteitleiden.nl/binaries/content/gallery/ul2/main-images/general/on-being-a-scientist-2018.jpg

On Being a Scientist —la película

El segundo material que recomendaría encarecidamente a los aspirantes a investigadores sería una película: *On Being a Scientific*, de la Leiden University*[3].

El filme en realidad sirve de soporte a un programa de entrenamiento sobre integridad científica. Aunque puede verse tranquilamente de principio a fin, sin cortes, como una película *normal*, originalmente está dividida en 8 episodios. En cada capítulo la trama de la historia, el desarrollo de los acontecimientos, las vivencias de los personajes (algunos de ellos aparecen en la figura G.2), ponen sobre la mesa situaciones calientes desde el punto de vista de la ética o la integridad científica, que serán el material de debate para aquellos que estén realizando el programa de entrenamiento propuesto por la universidad. Reflexiones en torno a lo que es la ciencia, cómo debe afrontarse la relación entre mentor y pupilo, ¿hasta dónde se debe llegar con la laxitud en los diseños experimentales?, el reconocimiento de las aportaciones a una investigación, plagio o el maquillaje de datos son solo algunos de los aspectos sobre los que poder reflexionar a través del hilo conductor de la obra.

---

*Leiden es una ciudad de Países Bajos, a unos 20 kilómetros al norte de Róterdam.

The Lab

Interactive Movie on Research Misconduct

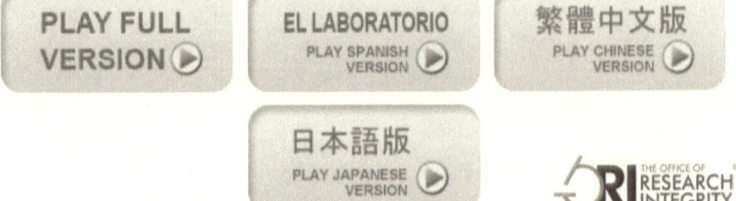

FIGURA G.3: The Lab: Avoiding Research Misconduct. Película interactiva producida por la US-Office of Research Integrity. Adaptado de https://ori.hhs.gov/content/thelab

El curso original asociado a la película (que originalmente pareció llamarse *How to Be and Honest Scientist*) está disponible en la web Coursera[4]; es un curso de 5 semanas o 25 horas que añade a la película otros vídeos y material adicional (quiero decir que el curso es mucho más que la película, la película es solamente parte del curso, vamos).

The Lab: Avoiding Research Misconduct —el juego de la ética en el laboratorio

Hemos visto un libro, una película con curso *online,* ¿y por qué no un juego? ☺. En su misión por fomentar la cultura de la integridad en investigación la ORI[5] publicó recientemente en su web un innovador recurso. Es una película con cuatro personajes: un investigador postdoctoral, una estudiante de grado, el investigador principal y una persona de administración que ha aceptado la responsabilidad de Responsable de Integridad en Investigación del centro. Durante la trama los personajes se enfrentan a diferentes dilemas que *el jugador* deberá elegir cómo resolver; dilemas sobre conducta responsable en la investigación, cómo evitar malas conductas de investigación, responsabilidades de tutoría, manejo de datos, autoría responsable o prácticas de investigación cuestionables. Curiosamente está disponible en inglés, español, japonés y chino mandarín.

PRINTEGER: Promoting Integrity as an Integral Dimension of Excellence in Research

Desde mi desconocimiento del tema, simplemente por la experiencia que he adquirido durante estos pocos meses de investigación, la sensación que tengo es que desde las instituciones de la Unión Europea se hace bastante trabajo por la salvaguarda de la integridad científica. Uno de los documentos más citados en este ámbito en los recientes años es el Código Europeo de Conducta para la Integridad en Investigación, publicado por ALLEA (lo vimos en el Capítulo E, p. 210), que aunque no tengo certeza, supongo que alguno de sus componentes recibirá fondos europeos.

El primer proyecto que cito aquí que con certeza recibió fondos europeos para llevarse a cabo es PRINTENGER[6]. Desarrollado entre el 2015 y el 2018 con la participación de ocho socios de siete países, con casi dos millones de euros de inversión, su misión consistió en realizar diferentes acciones para «mejorar la integridad de la investigación mediante la promoción de una cultura de investigación en la que la integridad es parte de lo que significa hacer una investigación excelente, y no solo un sistema de control externo y restrictivo». Si queremos un estudio meticuloso y riguroso sobre el estado de la integridad en investigación en la Unión Europea lo podemos conseguir en los diferentes trabajos que realizaron y están compartidos en la web[7].

Pero esta sección no es para hablar sobre financiación, teoría o estado del arte (algo que ya hemos visto en otros capítulos), sino para facilitar herramientas. Los colegas de PRINTENGER desarrollaron una serie de pequeños talleres (muchos de ellos soportados en vídeo), tratando diversos aspectos de la ética y la integridad en investigación y de las relaciones entre los distintos actores del ecosistema científico[8].

En particular, encontramos otro taller (más bien es un guion sobre temas a debatir) que toma los vídeos de la *On Being a Scienti* (película) como base para su desarrollo[9]; me ha parecido interesante para abrir reflexiones en las mentes de los jóvenes que desean adentrarse en el mundo de la investigación.

El juego del dilema: profesionalismo e integridad en investigación

En el Capítulo E (p. 225) leímos sobre el caso de éxito de la Erasmus Rotterdam University en el manejo de la salvaguarda de la integridad de investigación y la lucha contra las malas prácticas. Puse esta institución como caso ejemplar por diversas razones, entre otras porque habían conseguido embeber la integridad científica perfectamente dentro de los valores de la universidad y de sus políticas y estrategias generales.

Estudiando su caso encontré un juego que destacan bastante a lo largo de toda la web. Son una serie de fichas (como cartas de una baraja, ver ejemplo en la figura G.4) en las que se plantean muchos de los dilemas comunes a los que se enfrenta un profesional de la investigación en su día a día (75 dilemas contiene). Cada carta expone un dilema y cuatro posibles respuestas. El objetivo del juego es invitar a la discusión sobre los distintos asuntos que se proponen. ¡Es muy divertido e instructivo![10]. Sin duda un gran recurso para *jugar* con nuestros alumnos en clase.

Otros repositorios interesantes

Iniciativa Responsible Research and Innovation: RRI Tools

RRI Tools es otro proyecto financiado con fondos de la Unión Europea (finalizó en 2016 aunque sus recursos siguen operativos). For-

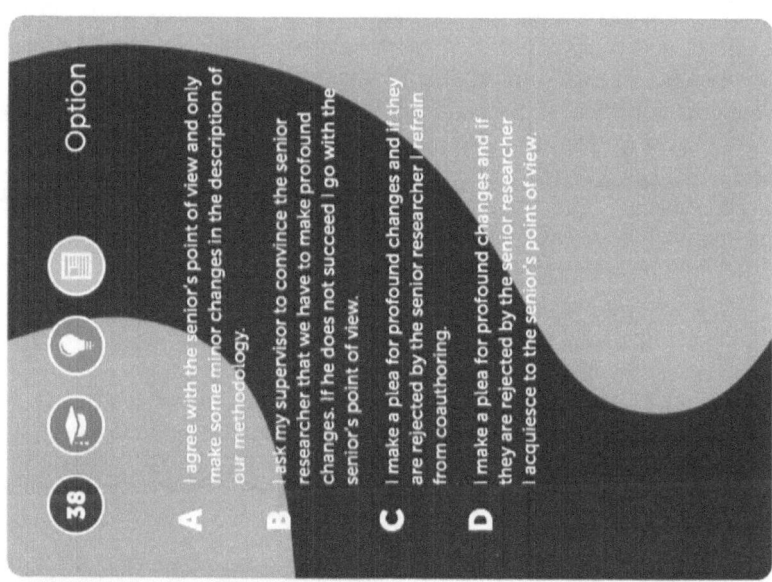

FIGURA G.4: Ejemplo del juego del dilema de la Erasmus Rotterdam University. Dilema 38. Imagen tomada del juego completo en https://www.eur.nl/en/about-eur/strategy-and-policy/integrity/scientific-integrity/dilemma-game

mado por un consorcio de 26 instituciones de distintos países (tres instituciones de España), está capitaneado por la Fundación La Caixa. Aunque el proyecto no está focalizado específicamente en la integridad científica, sí que parece interesante citarlo aquí por dar una pincelada al concepto de RRI (que incluye a la primera). El concepto de RRI fue referido por primera vez en 2011 en un informe para la DG Research and Innovation (European Commission)[11]. Según la propia web (copio literalmente):

«[...]

■ La RRI implica la participación de todos los actores (desde personas de la comunidad investigadora hasta las instituciones y los gobiernos) a través de metodologías inclusivas y participativas, en todas las etapas de los procesos de investigación e innovación, y en todos los niveles de gobernanza de investigación e innovación (desde el establecimiento de la agenda hasta el diseño, la implementación y la evaluación).

■ El marco normativo para la RRI considera las seis agendas políticas [de la Comisión Europea]:

- La ética.
- La igualdad de género.
- Los acuerdos de gobernanza.
- El acceso abierto.
- La participación ciudadana.
- La educación científica

■ El objetivo de la RRI es crear una sociedad en la que las prácticas de investigación e innovación estén orientadas a conseguir unos resultados sostenibles, éticamente aceptables y socialmente deseables.

■ La RRI funciona de tal manera que la responsabilidad de nuestro futuro es compartida por todas las personas e instituciones afectadas por la investigación e innovación y que participan en ellas».

El plato fuerte del proyecto, aparte de la difusión de la idea de RRI, fue la creación de un repositorio de recursos en torno a los temas incluidos en este concepto (entre los que se encuentra la integridad científica, como comenté antes). Por esto incluyo la iniciativa en esta sección; aunque obviamente no los he visitado todos, tiene una gran base de datos de recursos que podrían resultar útiles para aquellos educadores que quieran iniciarse en esta disciplina. La dirección web es: rri-tools.eu.

La sección de recursos de ENRIO

El estilo y la claridad de la web de ENRIO me gusta especialmente. Encontramos una sección de recursos con muchísimo material (hoy contiene 202 documentos); evidentemente estos tampoco los he consultado todos, pero aquí he encontrado documentos de referencia e intuyo que puede haber muy buen contenido que sirva como material para educadores[12].

La ORI —otra vez

Sí, otra vez la ORI; creo que juegan con ventaja porque fueron los primeros —y probablemente los que más presupuesto tienen, imagino ☺.
En su web tienen un apartado (RCR Resources) con algunas decenas de recursos propios o referencias a otros recursos en temas como la mala conducta en investigación, prácticas en laboratorios, investigaciones con animales o humanos, tratamiento de datos... En este apartado es donde encontramos también el vídeo interactivo *The Lab: Avoiding Research Misconduct* que comentamos más arriba. Me gustó especialmente el apartado de *infografías*[*] cuyo análisis podría estar entretenido en una clase de introducción a la integridad en investigación.

---

[*]Pongo en cursiva ya que parece que no es una palabra admitida aún por la RAE ☺.

Notas

Capítulo A. Introducción

[1] Leído en http://bit.ly/abc-ciencia-el-culebron-de-la-ciencia (consultado el 27-05-2019).

[2] Ver Noorden (2018).

[3] Esta síntesis del artículo la leo en Science and Technology Committee, House of Commons (UK) (2018).

[4] Un trabajo en castellano que usa y explica el triángulo de Cressey lo encontramos en López Moreno y Sánchez Ríos (2011).

[5] Me refiero a este: https://francis.naukas.com/2016/08/03/pizzo-cientifico/.

[6] Lo leemos en Fanelli (2012).

[7] Lo vemos en Science and Technology Committee, House of Commons (UK) (2018).

[8] Lo decía la Comisión Levelt del caso Stapel.

[9] Los datos completos los puedes consultar en la bibliografía bajo la entrada Abril-Ruiz (2017).

[10] Vemos sus datos completos en National Academies of Sciences, Engineering, and Medicine (2017).

Capítulo B. Casos e historias alrededor de la mala ciencia

[1] Consultar Schatz, Bugie y Waksman (1944); es una publicación difícil de encontrar. Si no das con ella y la necesitas contáctame y te la envío gustosamente.

[2] La literatura sobre el caso es muy extensa. Un interesante artículo académico de divulgación, de un par de páginas de revista, que resume el caso tomando distintos puntos de vista lo encontramos en Ainsworth (2006); una buena síntesis periodística sobre la historia, con entrevistas a personas que vivieron el caso de cerca, la encontramos en el artículo publicado en *The Guardian* Mistiaen (2002). También son ricas las fuentes que en Wikipedia aparecen en las biografías de cada uno de los autores: Wikipedia Editors (2019h), Wikipedia Editors (2018a) y Wikipedia Editors (2019d).

[3] Así lo leemos en Mistiaen (2002) (artículo de *The Guardian*).

[4] Consulta la referencia de esta cita literal en Wikipedia Editors (2019d).

[5] Podemos leer, por ejemplo, la respuesta que Milton Wainwright escribió a William Kingstom respecto al punto de vista que el primero plasmó sobre el caso en su libro *Miracle Cure: The Story of Penicillin and the Golden Age of Antibiotics*, calificada por Kingstom como sesgada a favor de Schatz. Ver Wainwright (2005). Otro punto de vista que parece más neutral lo puedes encontrar en http://bit.ly/streptomycin-arrogance-and-anger.

[6] Aparte de artículos se han escrito libros completos sobre el caso. Uno de los más citados es Mackintosh, H. J. (1995). *Cyril Burt: Fraud or Framed?* Oxford University Press. DOI: 10.1093/acprof:oso/9780198523369.001.0001.

[7] Ver el artículo de enciclopedia en Britannica Concise Encyclopædia (2018).

[8] Puedes consultar el enlace en la bibliografía tras Wikipedia Editors (2019b).

[9] Lo leo en Claxton (2005).

[10] Traduzco literalmente o parafraseo el artículo de Wikipedia sobre John Darsee (Wikipedia Editors, 2018c), ya que creo que es suficientemente rico en fuentes de confianza y tampoco voy a introducir yo más valor que el que los editores de Wikipedia han aportado ya.

[11] Aunque esta información la extraigo de una presentación powerpoint de unos estudiantes de grado o máster realizada en 2007, me ha parecido interesante por el resumen y el esquema tan interesante que plantean del caso de John Darsee; puede ser consultada y descargada la presentación en Agarwal y col. (2007).

[12] Consultar Stewart y Feder (1987).

[13]Consultar el artículo de periódico Scott (1987) para obtener más detalles sobre el proceso.

[14]Consultar Whitely, Rennie y Hafner (1994).

[15]Una de las monografías sobre el caso es Kevles, D. J., & Kelves, D. (2000). *The Baltimore Case: A Trial of Politics, Science, and Character* (Edición: New Ed). W. W. Norton & Company; ISBN: 978-0393319705. Otro análisis interesante del caso lo encontramos en Judson (2004).

[16]Lo podemos leer, por ejemplo, en la noticia del MIT en Blau (1996).

[17]Consultar la entrada de blog en Webb (2017b).

[18]La referencia original la encuentro en Claxton (2005).

[19]Podéis ver el extracto en el artículo que publiqué hace muchos años en en mi blog, aquí: http://angel.abrilruiz.es/bitacora/ambicion-de-la-mente-ambicion-del-corazon-dialogo-entre-merlin-y-el-caballero/.

[20]Disponible en la dirección web https://elpais.com/diario/1996/10/31/sociedad/846716402_850215.html (visitada el 30-04-2019).

[21]Me refiero de nuevo a Claxton (2005).

[22]Consultar Office of Research Integrity (2002). Aunque el informe ya no está disponible públicamente en la web de la ORI, podemos recuperar una copia a través de *una máquina del tiempo* en la dirección web https://web.archive.org/web/20040804080827/http://ori.dhhs.gov/multimedia/acrobat/01annreport.pdf.

[23]En concreto esta nota fue publicada el 6 de noviembre de 2011. Aviso NOT-OD-02-009. Puede consultarse en la dirección https://grants.nih.gov/grants/guide/notice-files/NOT-OD-02-009.html.

[24]En concreto, podemos ver una carta al editor de la revista publicada en el Vol. 163 de 1 de abril de 2001; DOI: https://www.doi.org/10.1164/ajrccm.163.5.1635a, donde un lector manifestaba su inquietud respecto a la acción tomada. En el mismo número aparece la respuesta del editor argumentando la decisión tomada.

[25]Ver Claxton (2005).

[26]Leído en Claxton (2005).

[27]La publicación de la resolución del caso por parte de la ORI está disponible en la dirección http://bit.ly/ORI-case-summary-leadon.

[28]La entrada del blog de Francis R. Villatoro puede ser consultada en Villatoro (2017). La noticia que apareció en la revista *Nature* sobre la declaración de culpabilidad de

282

Schön puede ser consultada en Brumfiel (2002).

[29] Aquí: https://twitter.com/aabrilru/status/1122496697429524480.

[30] Para una descripción sobre las primeras investigaciones del caso consultar Sampedro (2005); sobre la condena final y la resolución del caso: Ediciones El País (2009) y Sang-Hun (2009). Para una revisión más académica consultar Saunders y Savulescu (2008). Invito enérgicamente a consultar la cronología con todos los acontecimientos relevantes entre febrero de 2004 y octubre de 2006 que realizaron los editores de *Nature* en Nature Editors (2005). También recomiendo el especial web en www.nature.com, donde sus editores hacen una recopilación de artículos y otros documentos ilustrativos del caso en la dirección: https://www.nature.com/collections/szlcbykgyl (referenciado en la bibliografía como Nature Editors, 2006).

[31] El artículo que hace referencia a la clonación de Snuppy fue corregido en un par de ocasiones, aunque la clonación fue real, según el comité de investigación. El artículo puede ser consultado en Lee y col. (2005).

[32] En concreto, los dos artículos de la discordia fueron Hwang y col. (2004) y Hwang y col. (2005).

[33] Lo leo en Scanlon (2006).

[34] Podemos ver la preocupación que los editores mostraban ante el caso en Kennedy (2006a) y el retracto de ambos artículos en Kennedy (2006b). El informe de *Science* con la cronología de todas las comunicaciones emitidas y recibidas por la editorial concernientes al caso está disponible en la dirección https://www.sciencemag.org/site/feature/misc/webfeat/hwang2005/science_statement.pdf.

[35] Investigation Committee Report, Seoul National University, 10 Jan. 2006. (Members: Chairman Myung-Hee Chung, SNU, Uhtaek Oh, SNU, Hong-Hee Kim, SNU, Un Jong Pak, SNU, Yong Sung Lee, Hanyang University, In Won Lee, SNU, In Kwon Chung, Yonsei University, Jin Ho Chung, SNU).

[36] Podemos ver el resumen del informe en Investigation Commitee (2006).

[37] Un buen artículo que comenta y resume las conclusiones del informe de 50 páginas de la comisión es Cyranoski (2006).

[38] Leído en Ediciones El País (2009) y Sang-Hun (2009).

[39] Estos datos generales los he tomado del artículo de Wikipedia en inglés sobre Jon Sudbø que repasa meticulosamente los detalles del caso (recomiendo su lectura para tomar una visión general). Ver Wikipedia Editors (2019e).

[40] El artículo en cuestión es Sudbø y col. (2005).

[41] Consultar el documento completo en Horton (2006).

[42]Leído en el artículo de blog Ferrie (2006).

[43]La consulta es la siguiente: http://bit.ly/retraction-watch-db-john-sudbo.

[44]Ver Office of Research Integrity (2007).

[45]El listado con los artículos de Bengü Sezen retirados podemos consultarlo en la base de datos de Retraction Watch, aquí: http://bit.ly/retraction-watch-db-bengu-sezen.

[46]Nos referimos al artículo Schulz (2011); en la página web del artículo hay un enlace a los informes (167 páginas) de la ORI y de la Universidad de Columbia donde podemos obtener hasta el más mínimo detalle sobre cómo el fraude fue realizado.

[47]Visto el 25 de febrero de 2019 en https://cen.acs.org/articles/89/i28/Reports-Detail-Massive-Case-Fraud.html.

[48]En este enlace encontramos el listado con todos sus artículos: http://bit.ly/pubmed-scott-reuben.

[49]El listado de artículos con rica información adicional puede ser consultado en http://bit.ly/retraction-watch-DB-Scott-Reuben.

[50]Encontramos un artículo periodístico en El Mundo, donde hacen un resumen bastante claro del caso. Recomiendo su lectura en Editor El Mundo (2009); otra síntesis periodística la podemos leer en Borrell (2009).

[51]En Editores Wikipedia (2019) encuentro gran parte de esta información.

[52]El manuscrito original lo tengo disponible en Elcacho Clemente (2013); una versión fue publicada finalmente en la revista *Muy interesante*, nº 381, Febrero 2013.

[53]Lo vemos en Ediciones El País (2010).

[54]Vemos la referencia a este trabajo de Manuel Ferrer en la dirección web http://bit.ly/ciberisciii-noticias-bacterias-intestinales-influyen-vih.

[55]Ver Villatoro (2010).

[56]El artículo de 1998 es Wakefield y col. (1998); fue corregido en 2004 (Murch y col., 2004) y finalmente retirado en 2010 (The Editors of The Lancet, 2010).

[57]Leído en Rao y Andrade (2011).

[58]Leído en Staff Writers (2012).

[59]Podemos ver un resumen sobre la cobertura de Brian Deer para el caso de Wakefield en Wikipedia Editors (2019a). El dosier del caso con todos los detalles de la

investigación (desde un foco periodístico) es mantenido por Brian Deer en su página web, disponible en Deer (2018). En 2004 también dirigió un documental sobre el caso, disponible actualmente en Youtube (*Brian Deer's 2004 Film on Andrew Wakefield - Full Film* 2004).

[60]El informe puede ser descargado en esta dirección: https://es.scribd.com/doc/25983372/FACTS-WWSM-280110-Final-Complete-Corrected. El artículo que comenta la presentación del informe y sus resultados está disponible en Deer (2010).

[61]Leído en Deer (2010).

[62]Podemos ver el listado haciendo la siguiente búsqueda en PubMed: https://www.ncbi.nlm.nih.gov/pubmed/?term=Wakefield%20AJ%5BAuthor%5D.

[63]Este artículo de *ABC* tras la publicación de la ORI del resultado de la investigación por mala conducta científica es un buen resumen (en castellano) del caso: Erice (2015)

[64]Leído en Erice (2015).

[65]Hablamos del artículo *Genomic signatures to guide the use of chemotherapeutics*, DOI: 10.1038/nm1491. El artículo fue publicado en octubre de 2006, corregido en noviembre de 2007, en agosto de 2008 y definitivamente retirado en enero de 2011. Un artículo de revista que hace alusión a esta circunstancia es Thomas Jr. (2015).

[66]Leído en el artículo Kaiser (2015).

[67]Un artículo que describe esta circunstancia es Kaiser (2012).

[68]La expresión de preocupación del artículo *Validation of gene signatures that predict the response of breast cancer to neoadjuvant...* puede ser consultada a su vez en el artículo con DOI 10.1016/S1470-2045(10)70185-6.

[69]Según puede leerse en el diario independiente de la Universidad (Tracer y Doherty, 2012).

[70]Ver Doherty (2011).

[71]Leído en Akst (2011).

[72]Ver ET (2012).

[73]Más que el propio informe de la ORI, que hemos visto en otras ocasiones, considero más interesante consultar el artículo de blog que Retraction Watch realizó; ver Oransky (2015).

[74]La lista completa de artículos indexados en la base de datos de Retraction Watch puede ser consultada aquí: http://bit.ly/retraction-watch-db-anil-potti.

[75]Leído en su artículo de la Wikipedia en inglés. Aquellos lectores que deseen tomar una visión más detallada del caso pueden consultar el artículo en *The Guardian*: Blake (2011); también la página Wikipedia en inglés del autor contiene información con ricas fuentes.

[76]El estudio que despertó las dudas fue Boldt y col. (2009).

[77]El anuncio de la retirada del artículo con la argumentación ofrecida por el editor está disponible en Shafer (2010).

[78]Leído en Blake (2011).

[79]Podemos consultar todas las publicaciones indexadas sobre Joachim Boldt en la base de datos de Retraction Watch en http://bit.ly/retraction-watch-db-joachim-boldt.

[80]En la dirección https://retractionwatch.com/category/joachim-boldt-retractions/ disponemos de todos los *post* que han ido publicando desde que se descubrió el escándalo, en 2010, hasta el comentario sobre el artículo más recientemente retirado.

[81]Ver la nota anterior a la anterior ☺.

[82]Ver Redactie (2011) (en neerlandés).

[83]El artículo es *Coping with Chaos: How Disordered Contexts Promote Stereotyping and Discrimination*, DOI: 10.1126/science.1201068.

[84]Un artículo periodístico publicado en *El País*, que resume el caso en 2 minutos de lectura, lo encontramos en Haya (2011). La noticia en la agencia Reuters también resume el caso en una lectura de 3 minutos, aquí: Kelland (2011).

[85]La fecha de la consulta es del 20 de febrero de 2019; los *papers* con algún tipo de incidencia pueden consultarse en la base de datos de Retraction Watch aquí: http://bit.ly/retraction-watch-db-stapel-da.

[86]El artículo en *The New York Times* es Bhattacharjee (2013).

[87]Leído en Bhattacharjee (2013).

[88]Según la información facilitada por la comisión de investigación en la página web que hace de repositorio de la documentación del caso, en Levelt Committee of Tilburg University (2012)

[89]Sobre el concepto de *whistleblowers* consultar el Capítulo E (p. 245).

[90]Los detalles más personales de la historia están extraídos del artículo Bhattacharjee (2013), que contiene entrevistas personales a los protagonistas, al mismo Stapel, a los profesores que denunciaron las sospechas y otros implicados. Recomiendo su lectura para obtener una visión más próxima y personal del caso.

[91] Aunque el informe preliminar ya no está disponible en la página web de la Universidad de Tilburg, es posible consultar una copia en Levelt Committee of Tilburg University (2011).

[92] La carta abierta puede ser consultada en Stapel (2011).

[93] La noticia tubo un gran impacto internacional, podemos ver la versión que la agencia Reuters dio al respecto en Kelland (2011).

[94] Ver la noticia en ANP (2011).

[95] El libro está escrito originalmente en neerlandés (Redactie, 2011) aunque en 2016 Nicholas J. L. Brown realizó una traducción a inglés americano disponible en http://nick.brown.free.fr/stapel/FakingScience-20161115.pdf. Doy más detalles sobre Nicholas J. L. Brown y su faceta como *watchdog* en la página 237.

[96] El informe final, de 104 páginas, se encuentra disponible en neerlandés y en inglés en Levelt Committee of Tilburg University (2012).

[97] Disponibles en https://retractionwatch.com/category/diederik-stapel.

[98] La lista completa (y actualizada) puede ser consultada en http://bit.ly/retraction-watch-db-stapel-da.

[99] Leído en Wagenmakers (2012).

[100] Ver Jongerius (2018).

[101] Según leemos en la noticia publicada en 2010 por *The New York Times*, leído en Wade (2010).: «[...] Muchos de sus experimentos implicaban inferir los pensamientos o expectativas de los monos a través de su respuesta a un estímulo visual o un sonido. Pero la técnica requería evaluaciones subjetivas por parte del investigador para determinar si el mono miraba más de lo normal en una pantalla o giraba su cabeza hacia un altavoz que emitía el sonido inesperado.
Hace tres años algunos de los estudiantes del Dr. Hauser no estaban de acuerdo con su interpretación de uno de los experimentos realizados y reportaron sus observaciones a las autoridades de Harvard a través de una carta que fue conseguida esta semana por el *The Chronicle of Higher Education*. Esta fue la carta que motivó la investigación de tres años del trabajo del Dr. Houser desde al menos el año 2002».

[102] La carta puede ser leída en Editor Harvard Magazine (2010).

[103] Leído en Wade (2011).

[104] Leído en el artículo Carpenter (2012).

[105] Tras tener acceso a los informes, *The Boston Globe* publicó un extenso artículo; es el que viene en la bibliografía como Reporter (2014).

[106]Puede ser consultado en http://bit.ly/retraction-watch-db-hauser.

[107]Leído en Wade (2010).

[108]Lo leo en Editores PlagioSOS (2011).

[109]Podemos ver en Rivera (2011) la cobertura de la noticia que hizo el diario *El País*. También encontramos un artículo muy bueno de divulgación científica en uno de mis blogs favoritos de economía, *Nada es gratis*, referenciado en la bibliografía como Bentolila (2011).

[110]En concreto, los artículos corregidos fueron Astray, G.; Cid, A.; Moldes, O.; Ferreiro-Lage, J. A.; Gálvez, J. F.; Mejuto, J. C. (2010-02-09). Addition/Correction: Prediction of Refractive Index of Polymers Using Artificial Neural Networks. *Journal of Chemical & Engineering Data. 56* (3): 688. DOI: 10.1021/je200071p y Astray, G.; Cid, A.; Ferreiro-Lage, J. A.; Gálvez, J. F.; Mejuto, J. C.; Nieto-Faza, O. (2010-02-09). Addition/Correction: Prediction of Prop-2-enoate Polymer and Styrene Polymer Glass Transition Using Artificial Neural Networks. *Journal of Chemical & Engineering Data. 56* (3): 689. DOI: 10.1021/je200072e.

[111]Lo leemos en García Aristegui y Camblor (2016).

[112]Lo leemos en Oransky (2012a) y también en Bentolila (2011).

[113]Según Wikipedia: El resveratrol (3, 5, 4'-trihidroxi-trans-estilbeno) es un estilbenoide, un tipo de fenol natural y una fitoalexina que se produce de manera natural en varias plantas como respuesta a una lesión o cuando éstas se encuentran bajo el ataque de patógenos, tales como bacterias u hongos. Las fuentes alimenticias del resveratrol incluyen la piel de las uvas, arándanos, frambuesas y moras.

[114]Leído en Webb (2017a).

[115]En concreto este: https://www.ncbi.nlm.nih.gov/pubmed/18045550.

[116]La nota de prensa informando sobre el resultado de la investigación puede ser consultada en DeFrancesco (2012).

[117]La noticia de Reuters a la que me refiero es Oransky (2012b).

[118]Pueden ser consultados en la siguiente dirección: http://bit.ly/retraction-watch-db-das.

[119]Los detalles del *post* puedes encontrarlos en Webb (2017a) y del artículo de *Forbes* en Husten (2012).

[120]En concreto me refiero a Staff Writers (2012).

[121]Mantiene una página web personal donde podemos ver todo su bagaje y logros profesionales. Consultar Fiorucci (2019).

[122]Para saber si esto es mucho o poco, lo suelo comparar con los números de alguien conocido, como por ejemplo, mi director de tesis Salvador Ruiz de Maya, que cuenta con 3611 citas e índice i10 de 45.

[123]Los podemos ver en http://bit.ly/retraction-watch-db-stefano-fiorucci.

[124]Eso es lo que podemos leer en la última entrada de Retraction Watch respecto al caso (Chawla, 2016).

[125]Leído en Méndez (2012).

[126]La noticia sobre el resultado final del informe la leemos en EFE-Madrid (2012).

[127]Leído en Méndez (2012).

[128]Villatoro cita varios artículos del diario *El País* que investigaron el caso en profundidad y de donde obtenemos algunos datos curiosos. Ver Villatoro (2012).

[129]Consultar el listado en http://bit.ly/retraction-watch-db-jesus-angel-lemus-loarte.

[130]El listado completo puede ser consultado en http://bit.ly/retraction-watch-db-Yoshitaka-Fujii.

[131]El artículo de la sospecha es el titulado *Comparison of ramosetron and granisetron for preventing postoperative nausea and vomiting after gynecologic surgery*, DOI: 00000539-199908000-00043. La carta puede ser leída en el artículo *Reported Data on Granisetron and Postoperative Nausea and Vomiting by Fujii et al. Are Incredibly Nice!*, DOI: 0.1213/00000539-200004000-00053. La respuesta de Fujii a la carta fue publicada en el mismo número, disponible en la dirección http://doi.org/10.1213/00000539-200004000-00054.

[132]La nota del editor a la retirada puede ser consultada en la dirección web http://doi.org/10.1213/ANE.0b013e31828ac3bf.

[133]Lo leemos en Marcus (2012).

[134]En la revista *Acta Anaesthesiologica Scandinavica*, titulado *The influence of a dominating centre on a quantitative systematic review of granisetron for preventing postoperative nausea and vomiting*, DOI: 10.1034/j.1399-6576.2001.045006659.x.

[135]Leído en Tramèr (2013).

[136]Leído en Marcus y Oransky (2015); este artículo está escrito por Adam Marcus e Ivan Oransky, que aparte de grandes investigadores en sus respectivos campos de investigación, son los cofundadores de Retraction Watch. En el artículo hacen una *review* del caso pero centrándose en el método que John Carlisle usó para analizar las

investigaciones de Fujii (comparar estudios considerando determinadas variables con la finalidad de encontrar indicios de fraude).

[137]Leído en Tramèr (2013).

[138]Puede ser interesante consultar la nota pública del decano de la facultad comunicando esta decisión. Disponible en Kuroda (2012).

[139]Ver Shafer (2011).

[140]Carlisle JB (2012). The analysis of 168 randomised controlled trials to test data integrity. *Anaesthesia*, *67*, 521–537.

[141]Esta última nota respecto al estudio de Carlisle la leo en https://www.diariomedico.com/opiniones/el-escaner/predimed-una-correccion-con-historia.html.

[142]Leído en http://www.anesth.or.jp/english/pdf/news20120629.pdf, consultado el 4 de marzo de 2019.

[143]La petición puede descargarse de http://journals.lww.com/ejanaesthesiology/Documents/Fujii_Joint_Editorial_Request_Regarding_Dr_Yoshitaka_Fujii.pdf (consultado el 4 de marzo de 2019).

[144]Leído en Marcus y Oransky (2015).

[145]Lo encontramos referenciado en la bibliografía como Tramèr (2013).

[146]En la bibliografía encotramos la referencia en Wikipedia Editors (2019f).

[147]Consultar en Wiecek (2013).

[148]El autor se refiere al artículo titulado *Epigenetic Silencing of the Tumor Suppressor MicroRNA Hsa-miR-124a Regulates CDK6 Expression and Confers a Poor Prognosis in Acute Lymphoblastic Leukemia*, DOI: 10.1158/0008-5472.CAN-08-4025 y al titulado *Epigenetic Regulation of MicroRNAs in Acute Lymphoblastic Leukemia*, DOI: 10.1200/JCO.2008.19.3441.

[149]Para más información consultar Marcus (2013).

[150]Consultar el listado en http://bit.ly/retraction-watch-db-jose-roman-gomez.

[151]Un completísimo artículo periodístico sobre el caso es el que podemos leer en Rasko y Power (2015). Recomiendo su lectura para conocer los pormenores de la historia.

[152]El listado completo de los artículos originales retirados, las fechas y otros datos adicionales están disponible en la base de datos de Retraction Watch en esta dirección: http://bit.ly/retraction-watch-DB-haruko-obokata.

[153] Leído en Oransky (2014).

[154] Leído en McCook (2015).

[155] Ver Rasko y Power (2015).

[156] Los datos completos los puedes consultar en la bibliografía bajo la entrada Abril-Ruiz (2017).

[157] Su perfil en ORCID puede ser consultado aquí: https://orcid.org/0000-0002-2291-4263.

[158] El caso saltó rápidamente a webs de denuncia de malas conductas en investigación como Retraction Watch (consultar https://retractionwatch.com/?s=sonia+melo) y contó también con el seguimiento incesante de Leonid Schneider, que comentaba en su web cada nuevo aporte a PubPeer y novedades del caso (consultar https://forbetterscience.com/?s=sonia+melo).

[159] El entrecomillado lo leo en el artículo de periódico Silva (2016).

[160] El artículo de retirada puede ser consultado en http://doi.org/10.1038/ng0216-221.

[161] Lo leo de Schneider (2016b).

[162] Leo los resultados del informe en Firmino (2016).

[163] El ya retirado de 2009 en *Nature Genetics* (DOI: 10.1038/ng.317); el publicado en 2015 en la *Proceedings of the National Academy of Sciences* (PNAS) (DOI: 10.1073/pnas.1014720108); y el publicado en *Nature* en 2015 (DOI: 10.1038/nature14581).

[164] Leonid está realizando un seguimiento especial del caso. Sus entradas de blog con los profundos análisis de los hallazgos las podemos ver en la dirección web https://forbetterscience.com/tag/susana-gonzalez/.

[165] Estas referencias sobre la formación académica de la investigadora la obtengo gracias al «archivo de internet», donde he encontrado el currículum que ella misma mantenía mientras trabajaba en el CNIC. Ver la página del archivo de internet aquí: González (2015).

[166] Podemos ver el registro de su tesis en la base de datos de tesis doctorales del Ministerio de Educación (TESEO), aquí: https://www.educacion.gob.es/teseo/mostrarRef.do?ref=236238.

[167] En concreto, es el que aparece en la bibliografía como Gonzalez, Prives y Cordon-Cardo (2003)

[168] En la bibliografía viene referenciado como Gonzalez y col. (2006).

[169] Los datos completos del artículo están en Herrera-Merchan y col. (2012).

[170] En la bibliografía aparece como Arranz y col. (2012).

[171] Lo leo en Ansede (2017a). La web del congreso es https://www.sebbm.es/web/es/congresos/congresos-de-la-sebbm/177-granada-2014

[172] Es el artículo Gonzalez-Valdes y col. (2015).

[173] Leído en Ansede (2015).

[174] El hilo de Pubpeer puede ser consultado aquí: https://pubpeer.com/publications/25751743.

[175] Está información está contenida en la sentencia del Tribunal Superior de Justicia (Sala de los Social), con código ECLI: ES:TSJM:2017:9971, que aunque no contiene los nombres de los implicados, y por tanto, no podemos afirmar que realmente lo que dice la sentencia se refiera a este caso, por el parecido que tiene con los hechos conocidos he decidido tomar algunos datos de ella. Disponible públicamente a través del buscador del Consejo General del Poder Judicial (http://www.poderjudicial.es/search/)

[176] «[...] al incumplir los preceptos del European Code of Conduct for Research Integrity, de la European Charter of Researchers y de la Ley 14/2011, de 1 de junio, de la Ciencia, la Tecnología y la innovación (At 15. Deberes del personal investigador), relativos a la obligación de conservar los datos originales de toda la actividad científica tanto a disposición del centro titular de los mismos, como de sus colegas y de las revistas en que tales actividades se han publicado en forma de articulo científico».

[177] Leído en Ansede (2016).

[178] Leído en EFE (2016).

[179] Leído en Schneider (2016a).

[180] En Editors and Publishers of Cell Cycle (2017) podemos ver la comunicación de la retirada escrito por los responsables de la revista.

[181] Podemos ver los argumentos completos de la retirada en Herrera-Merchan y col. (2017).

[182] Es posible consultar el texto de la retirada en Gonzalez-Valdes y col. (2017).

[183] Leído en Ansede (2017b).

[184] Puede ser consultada en Gonzalez y col. (2017).

292

[185] En Gonzalez, Prives y Cordon-Cardo (2017) puede ser consultada la argumentación de los editores.

[186] Leído en Ansede (2017b).

[187] Aquí: https://forbetterscience.com/2017/03/07/three-retractions-and-lost-court-case-for-zombie-susana-gonzalez/.

[188] Consultar https://es.wikipedia.org/wiki/Almudena_Ram%C3%B3n_Cueto.

[189] Titulado *Functional Recovery of Paraplegic Rats and Motor Axon Regeneration in Their Spinal Cords by Olfactory Ensheathing Glia*, DOI: 10.1016/S0896-6273(00)80905-8.

[190] Consultado el 7-05-2018.

[191] Leído en http://bit.ly/diario-de-valladolid-almudena-ramon-cueto.

[192] Leído en Iglesias (2007).

[193] Leído en Pérez Ibarra (2007).

[194] Leído en Pérez Ibarra (2007).

[195] Ver la noticia en Rallo (2007).

[196] La noticia emitida por la agencia Europa Press podemos leerla en Instituto Gerontológico (2007).

[197] Esta información está disponible en un dosier de prensa (recortes de las noticias aparecidas en los medios) realizado por el propio CSIC disponible en la web http://www.dicv.csic.es/arxius/rp19a25-03-07.pdf

[198] Leído en Useros (2018).

[199] Visto en *Almudena Ramón, la doctora acusada de estafar a parapléjicos — En Expediente Marlasca, La Sexta TV* (2018).

[200] Consultar F. del Corral (2015).

[201] Puede consultarse en *Expediente Marlasca: El Negocio Del Sufrimiento Ajeno* (2018).

[202] Ver la noticia en Domínguez (2014).

[203] Según el Ranking Web of Universities extraído de Google Scholar que para España gestiona Isidro Aguillo. Disponible en webometrics.info/en/GoogleScholar/Spain.

[204] Según la definición de la Web of Science para h-index: «el valor h-index se basa en

una lista de publicaciones clasificadas en orden descendente de acuerdo al número de veces citado. Un index de h significa que existen h artículos que se citaron al menos h veces. El h-index se basa en el número de años de su suscripción al producto y en el período de tiempo seleccionado. Los elementos fuente que no formen parte de su suscripción no se tendrán en cuenta en el cálculo».

[205]Como he comentado en otras ocasiones, para saber si esto es poco o mucho suelo comparar los números con alguien conocido como mi director de tesis, Salvador Ruiz de Maya. En Web of Science, para las bases de datos que yo tengo suscritas, Ruiz de Maya cuenta con un h-index de 6 y 15 artículos listados que reciben 127 citas —no obstante en Google Scholar consigue un índice i10 de 45 y 3645 citas recibidas.

[206]Consultar Ornstein y Thomas (2019).

[207]Leído en el artículo de periódico Redacción Washington (2018).

[208]Leído en Editores Cinco Días (2019).

[209]Me refiero al informe cuyos datos se publican en Ornstein y Thomas (2019).

[210]Pueden ser consultados en la dirección http://bit.ly/retraction-watch-db-jose-baselga.

[211]Puede leerse gracias al archivo de internet en Wansink (2016).

[212]El que tiene por título *Attractive names sustain increased vegetable intake in schools*, DOI: 10.1016/j.ypmed.2012.07.012.

[213]Publicado en primer lugar en *PeerJ* (Zee, Anaya y Brown, 2017a) y meses después en Zee, Anaya y Brown (2017b).

[214]El dossier completo fue colgado en la web de Tim van der Zee, puede ser consultado en Zee (2017).

[215]Leído en Lee (2018).

[216]En concreto, el titulado *Can Branding Improve School Lunches?*, DOI: 10.1001/archpediatrics.2012.999.

[217]Consultar Lee (2018).

[218]El comunicado puede ser consultado en Kotlikoff (2018).

[219]Leído en Nedelman (2018).

[220]Leído en Servick (2018).

[221]La consulta a la base de datos puede hacerse desde http://bit.ly/retraction-watch-db-brian-wansink.

[222]El listado de artículos puede ser consultado directamente en la base de datos en la dirección http://bit.ly/retraction-watch-db-yoshihiro-Sato.

[223]Consultar Kupferschmidt (2018).

[224]Se referían al artículo *Risedronate Therapy for Prevention of Hip Fracture After Stroke in Elderly Women*, DOI: 10.1212/01.WNL.0000152871.65027.76.

[225]Sato, Y. (2007). Risedronate for the Prevention of Hip Fractures: Concern About Validity of Trials—Reply. *Archives of Internal Medicine, 167*(5), 514-515. DOI: 10.1001/archinte.167.5.514.

[226]El *expression of concern* respecto al artículo publicado por Sato en su revista puede consultarse en Bauchner y Fontanarosa (2015).

[227]Sobre el concepto de *whistleblowers* consultar el Capítulo E (p. 245).

[228]Puede ser consultado en Bolland y col. (2016).

[229]Leído en http://bit.ly/europapress-dieta-mediterranea.

[230]Lo leo en https://www.diariomedico.com/opiniones/el-escaner/predimed-una-correccion-con-historia.html (consultado el 11-04-2019).

[231]Lo leo en https://4doctors.science/expertos/nutricion/dr-estruch-riba/ (consultado el 11-04-2019).

[232]La noticia de la retirada y la republicación la vemos en el *paper Retraction and republication—Effect of a high-fat Mediterranean diet on bodyweight and waist circumference: a prespecified secondary outcomes analysis of the PREDIMED randomised controlled trial*, DOI: 10.1016/S2213-8587(19)30073-7.

[233]Lo vemos en Staff (2018).

[234]No resulta demasiado sencillo encontrar información sobre López-Otín en los repositorios habituales de internet; no obstante, en la página web de su grupo de investigación (http://degradome.uniovi.es/) y en su perfil de ORCID (https://orcid.org/0000-0001-6964-1904) sí que podemos encontrar la mayoría de los detalles sobre su carrera.

[235]Pueden consultarse las entradas sobre el autor en PubPeer a través de la dirección https://pubpeer.com/search?q=lopez-otin.

[236]Leído en Europa Press (2019).

[237]En la página 205 comentamos qué es PubPeer (es como el bar virtual de los científicos, donde se juntan a criticar el trabajo de los demás ☺). Un listado de las entradas de PubPeer que hablan sobre los trabajos de López-Otín lo podemos obtener en https://pubpeer.com/search?q=lopez-otin.

[238]Todos los artículos que Schneider ha escrito sobre el caso de López-Otín pueden ser consultados en la dirección https://forbetterscience.com/tag/carlos-lopez-otin/.

[239]Leído en Ansede (2019b).

[240]Sobre el concepto de *whistleblower* consultar el Capítulo E (p. 245).

[241]Todos los artículos de López-Otín con algún tipo de corrección indexados en la base de datos de Retraction Watch pueden ser consultados en la dirección web http://bit.ly/retraction-watch-db-carlos-lopez-otin.

[242]Ver la noticia en Ansede (2019a).

[243]La noticia de su regreso la leo en Europa Press (2019) y la «reparación mental» en el artículo de *El País*.

[244]Una reseña sobre el libro puede ser leída en el blog La Mula Francis, aquí: https://francis.naukas.com/2019/04/29/resena-la-vida-en-cuatro-letras-de-carlos-lopez-otin/; la entrevista en *El País* aquí: Ansede (2019b).

[245]Leído en Caro-Maldonado (2019).

[246]Lo leo en el resumen sobre el podcast que Villatoro realiza en su blog, aquí: https://francis.naukas.com/2019/02/01/podcast-cb-sr-200-noticias-cientificas-para-estar-al-dia/ (consultado el 18 de marzo de 2019).

Capítulo C. Llamemos a las cosas por su nombre

[1]Esta breve definición la leo en http://www.mrc.ac.za/research/ethics/research-integrity pero es original de Steneck (2006).

[2]Ver Laine (2018).

[3]Podemos consultar la publicación en Steneck (2006).

[4]Consultar Goverment of Finland (2019) y Finnish National Board on Research Integrity (2013).

[5]Consultar Steneck (2007); la versión HTML está disponible en https://ori.hhs.gov/ori-introduction-responsible-conduct-research (visitada el 12-05-2019).

[6] Consultar Department of Health and Human Services (2004); la definición sobre integridad en investigación ofrecida por la ORI la encontramos en National Institute of Health (2018).

[7] Ver de nuevo Steneck (2006).

[8] Como veremos en el Capítulo E (p. 208), uno de los principales iniciadores y coordinadores de la World Conference of Research Integrity fue el propio Steneck (en su función de consultor para la ORI).

[9] Así se refieren a la integridad científica en la página 29 de la guía *Responsible conduct of research and procedures for handling allegations of misconduct in Finland* Finnish National Board on Research Integrity (2013).

[10] Ver Casado y col. (2016).

[11] Ver All European Academies (ALLEA) (2018).

[12] Gracias a Susana Vega que me lo pasó por Twitter ☺. Me refiero al estudio que aparece en la bibliografía tras Aubert Bonn, Godecharle y Dierickx (2017).

[13] Podemos encontrar esta definición, como es evidente, en las políticas de la ORI (ver The Office of Research Integrity (ORI), 2019); en el Código Europeo de Conducta para la Integridad en la Investigación de ALLEA (ver All European Academies (ALLEA) (2018) y el Capítulo E, p. 210); en el documento que define la política de integridad científica de la Universidad Politécnica de Valencia (ver Universidad Politécnica de Valencia (2012) y el Capítulo F, p. 257) o también en el Código de Conducta para la Integridad en Investigación del Institute for Bioengineering of Catalonia (IBEC) (ver Institute for Bioengineering of Catalonia (2018) y el Capítulo F, p. 256).

[14] El Registro Federal es público y se mantiene permanentemente actualizado. En concreto, la 45 CFR 689 puede ser consultada en la dirección http://bit.ly/45-CFR-689.

[15] El primer libro que todo candidato a investigador debería leerse antes de adentrarse en el apasionante mundo de la investigación. Hablamos sobre él en el Capítulo G (p. 268).

[16] Ver Science and Technology Committee, House of Commons (UK) (2018).

[17] Libro realizado por el Panel on Scientific Responsibility and the Conduct of Research y el Committee on Science, Engineering, and Public Policy pertenecientes a la National Academy of Sciences, la National Academy of Engineering y el Institute of Medicine (de Estados Unidos). Ver National Academy of Sciences, National Academy of Engineering e Institute of Medicine (1992). Este informe tiene una edición más reciente, del año 2017, donde son revisados la mayoría de los conceptos y actualizado el discurso con la literatura de las dos últimas décadas (ver en National Academies of Sciences, Engineering, and Medicine, 2017).

[18]En concreto así se define en Casado y col. (2016).

[19]En Banks y col. (2016b) preguntaban a los investigadores sobre en qué grado aprobaban distintas prácticas consideradas dentro de las QRPs y el consenso no fue extremo, es decir, no todos los investigadores desaprobaban todas las prácticas en la misma medida, o lo que es lo mismo, algunos de ellos justificaban la necesidad de realizar algunas de las prácticas en determinados momentos.

[20]Ver National Academies of Sciences, Engineering, and Medicine (2017).

[21]Ver Banks y col. (2016b).

[22]Ver All European Academies (ALLEA) (2018).

[23]El artículo, publicado en la revista Psychological Science, es el primero que aparece en Google Scholar al buscar «questionable research practices» y ordenar por relevancia. Cuenta con 962 citas. Puedes encontrar su referencia en la bibliografía de este ensayo como John, Loewenstein y Prelec (2012).

[24]Ver Banks y col. (2016b); el artículo está en abierto (al menos el 21/01/2019) y puede ser descargado desde su DOI: 10.1177/0149206315619011.

[25]Un artículo que analiza desde el punto de vista de la psicología las posibles causas que arrastran a los investigadores hacia estos comportamientos lo encontramos en MacCoun (1998). En la web http://influentialpoints.com/Training/intentional_bias_and_scientific_fraud-principles-properties-assumptions.htm hacen una síntesis interesante sobre el problema de las malas prácticas en investigación y también se refieren al problema del fraude científico como *intentional bias*.

[26]El término *drylabbing* es usado en Shapiro (1992).

[27]El término *cherry picking data* es usado, por ejemplo, en Banks y col. (2016b) y en Banks y col. (2016a). Puede verse una definición más genérica en Wikipedia Editors (2018b).

[28]El término *salami publication* es usado en Steneck (2007), p. 141; también puede consultarse en la edición html de la guía, concretamente en esta página: https://ori.hhs.gov/content/Chapter-9-Authorship-and-Publication-Improper-practices.

[29]Un reporte más extendido de lo que se conoce por *Publication bias* puede ser consultado en Wikipedia Editors (2019g).

[30]El término *p-hacking* parece que fue propuesto por primera vez por Joseph P. Simmons durante el tiempo que investigó para la publicación de 2011 *False-Positive Psychology: Undisclosed Flexibility in Data Collection and Analysis Allows Presenting Anything as Significant* (DOI: 10.1177/0956797611417632), según leo en el artículo de periódico https://www.nytimes.com/2017/10/18/magazine/when-the-revolution-came-for-amy-cuddy.html.

[31]La definición la obtengo directamente de la página de Wikipedia en inglés Wikipedia Editors (2019c).

[32]Leído en Lee (2018).

Capítulo D. Mala conducta científica: ¿leyenda urbana o realidad?

[1]Me refiero a mi primer libro, *Personalidades múltiples, (des)honestidad, ciencia y una tesis fracasada con Salvador Ruiz de Maya e Inés López López*, disponible en amazon y en http://tesisfracasada.abrilruiz.es. En la bibliografía viene referenciado como Abril-Ruiz (2017).

[2]Ver el artículo en Ferrer (2016).

[3]En el Capítulo E (p. 207) podemos saber más sobre COPE.

[4]La cobertura de la reunión la leemos en Grove (2012) y el artículo que concluía con que 1 de cada 8 investigadores en Reino Unido había presenciado malas prácticas en investigación lo encontramos en Godlee y Wager (2012).

[5]Ver Bik, Casadevall y Fang (2016).

[6]Lo leemos en Marcus y Oransky (2018).

[7]Ver Simmons, Nelson y Simonsohn (2011).

[8]La síntesis del artículo la leo en Pashler y Wagenmakers (2012).

[9]La referencia del artículo es: St James-Roberts, I. (1976). Cheating in science. *New Scientist*, 72(1028), 466-469.

[10]Aunque muchos historiadores la incluyen en una carta que Isacc Newton envió a Robert Hooke en 1676, otros la anclan más en la antigüedad, allá por el 1159 de la mano de Juan de Salisbury. Es interesante la clara y breve contextualización que sobre la frase hace Jorge Alcalde en el artículo de la razón que podemos consultar en la bibliografía como Alcalde (2018).

[11]Leído en este artículo de *La Vanguardia* del 20-01-2018: https://www.lavanguardia.com/economia/20180120/44123379037/economia-sumergida-espana-media-europea.html.

[12]Ver Jiménez (2019).

[13]Ver Martinson, Anderson y de Vries (2005). La referencia a este trabajo la vi por primera vez mientras leía el libro *On Being a Scientist*, aunque es citado en muchos

otros trabajos (1058 citas recibidas le otorga Google Scholar hoy, 7 de abril de 2019), como por ejemplo en John, Loewenstein y Prelec (2012) que comento detalladamente en la página 175.

[14]Este rango del 1≈2 % se refiere a la tasa de científicos que alguna vez habrían cometido alguno de los tres tipos de fraude comúnmente abreviados por FFP (fabricación, falsificación y plagio).

[15]Nicholas H. Steneck, Ph.D., (1940), es director del Research Ethics and Integrity Program del Michigan Institute for Clinical and Health Research y profesor emérito de historia en la Universidad de Michigan. También ha colaborado durante años como consultor de la Office of Research Integrity (ORI) dentro del US Department of Health and Human Services.

[16]Nos hemos referido a él anteriormente. Aparece en la bibliografía como Steneck (2006).

[17]Celebrada en San Diego. Más info en https://ori.hhs.gov/research-conference-research-integrity-2004.

[18]Ver Fanelli (2009).

[19]En concreto, encontramos en psicología un amplio cuerpo de literatura en el ámbito de la evaluación/medida de «comportamientos susceptibles o sensibles» de los individuos, que se encarga de proponer y validar métodos que buscan medir aquellos comportamientos en los que los individuos pueden tener una predisposición a contestar de forma no sincera, comportamientos en la línea de la moralidad tales como los relacionados con la violencia, el sexo u otros.

[20]Ver Shapiro (1992).

[21]Consultar John, Loewenstein y Prelec (2012).

[22]Creo que aquí puede haber una errata. Fanelli en 2009 quitó el ítem de *plagio*, al considerar que el plagio no es en sí algo peligroso para el registro científico; sin embargo, el artículo de John dice que quitaron el ítem de *falsificación* «para poder comparar con el estudio de Fanelli». Esta cuestión me deja dudoso.

[23]Así lo proponían (otros autores) en Fiedler y Schwarz (2016).

[24]Consultar Banks y col. (2016a).

[25]Ver el artículo padre en Bik, Casadevall y Fang (2016) y el comentario de *Nature News* en Baker (2016b).

[26]Me refiero a Marinetto (2017).

[27]Ver Carlisle (2017). El artículo contiene diversos comentarios en la web PubPeer que el propio autor se ha encargado de contestar. Recomendamos su lectura para consi-

derar las posibles debilidades del método (aquí: https://pubpeer.com/publications/847EE36346D76DB6F8C975CE45FDBB).

[28] Leído en Hawkes (2017).

[29] Ver Brown y Heathers (2017).

[30] Ver la entrada de blog Oransky (2018).

[31] Ver Brainard y You (2018).

[32] Nos referimos al artículo Grieneisen, M. L., & Zhang, M. (2012). A comprehensive survey of retracted articles from the scholarly literature. *PloS one, 7*(10), e44118. DOI: 10.1371/journal.pone.0044118.

[33] Ver Oransky (2019).

[34] Ver Fanelli (2013).

[35] Los textos especializados en este asunto distinguen entre reproducibilidad (*reproducibility*) y replicación (*replication*) (ver por ejemplo Plesser, H. E. (2018). Reproducibility vs. replicability: a brief history of a confused terminology. *Frontiers in neuroinformatics, 11*, 76. DOI: 10.3389/fninf.2017.00076), pero nosotros no profundizamos lo suficiente como para hacer esta distinción, por lo que consideramos todo como *crisis de replicación*.

[36] Leo sobre este efecto en la página 531 de John, Loewenstein y Prelec (2012).

[37] El artículo está en abierto. Ver Ioannidis (2005).

[38] Ver Baker (2016a).

[39] Está en acceso abierto. Ver Open Science Collaboration (2015).

[40] Ver Gilbert y col. (2016).

[41] Ver la respuesta en Anderson y col. (2016).

[42] Ver Kahneman (2014).

Capítulo E. Quién es quién: la gestión de la integridad en investigación

[1] Consultar Marshall (2000).

[2]Consulta US Goverment (2019) para saber más sobre el CFR y US Goverment (*CFR: Research Misconduct*) para saber más sobre la parte específica de *research misconduct*.

[3]La agencia establecida en 1976 por el gobierno de Estados Unidos para su asesoramiento en materia de ciencia y tecnología. Visitar la dirección https://www.whitehouse.gov/ostp/ para conocer más al respecto.

[4]Aunque no tienes más que buscar en Google, te dejo aquí la dirección: https://ori.hhs.gov/.

[5]Puede consultarse en https://ori.hhs.gov/content/case_summary los casos que actualmente tienen alguna imposición administrativa.

[6]Ver su referencia en Steneck (2007).

[7]La tercera edición de este trabajo es la que referencio en Committee on Science, Engineering and Public Policy, National Academy of Science, National Academy of Engineering, and Institute of Medicine of the National Academies (2009).

[8]Ver la bio de Ivan Oransky en: https://retractionwatch.com/meet-the-retraction-watch-staff/about/ y la de Adam Marcus en: https://retractionwatch.com/meet-the-retraction-watch-staff/about-adam-marcus/.

[9]Las organizaciones sin ánimo del lucro en Estados Unidos son de diferentes tipos; en este caso hablamos del tipo 501(c)3.

[10]John D. and Catherine T. MacArthur Foundation, la Laura and John Arnold Foundation, y la Leona M. and Harry B. Helmsley Trust. Información disponible en https://retractionwatch.com/the-center-for-scientific-integrity/.

[11]Puede ser consultada en la siguiente dirección web: http://retractiondatabase.org/RetractionSearch.aspx.

[12]Me refiero a Brainard y You (2018).

[13]La lista puede ser consultada en la dirección https://retractionwatch.com/the-retraction-watch-leaderboard/.

[14]Ver Wikipedia Editors (2019f).

[15]Según estimaciones de la Unión Internacional de Telecomunicaciones en diciembre de 2018. Ver http://bit.ly/euprapress-poblacion-conectada-a-internet (visitado el 14-04-2019).

[16]Podemos visitar el apartado About de su web para conocer los orígenes y su historia, aquí: https://pubpeer.com/static/about.

[17] ArXiv es un repositorio (lugar web) donde los científicos de algunos campos de las *ciencias puras* pueden publicar versiones preliminares de sus trabajos para ponerlos a disposición de la comunidad y poder obtener comentarios de colegas. En Wikipedia en español hay una descripción sobre el servicio, aquí: https://es.wikipedia.org/wiki/ArXiv. No obstante, con el paso del tiempo han ido apareciendo otros repositorios similares para otras disciplinas, como por ejemplo: AfricArXiv, AgriXiv, arabixiv, Earth ArXiv, engrXiv, FocUS Archive, Frenxiv, INA-Rxiv, LawArXiv, LIS Scholarship Archive (LISSA), MarXiv, MediArXiv, MetaArXiv, MindRxiv, NutriXiv, Paleorxiv, PsyArXiv, SocArxiv, SportRxiv (esta lista la obtengo de la página de Open Science Foundation en Wikipedia).

[18] Ver en la web el apartado Our Core Practices (https://publicationethics.org/core-practices).

[19] Lo leo en la historia de las World Conferences On Research Integrity en https://wcrif.org/conferences/early-history/articles/origin-and-objectives.

[20] En la siguiente dirección hay más detalles sobre la conferencia, su motivación y objetivos: https://wcrif.org/foundation/steneck-mayer-lecture.

[21] Un interesante artículo *peer reviewed* al respecto lo encontramos en Resnik y Shamoo (2011). La declaración puede ser encontrada y descargada fácilmente a través de Google.

[22] El documento está disponible para su descarga en la propia web del WCRI, bajo el menú Guidance (https://wcrif.org/guidance/singapore-statement).

[23] La traducción al español la he tomado y está disponible en la web de la Comisión Nacional de Investigación Científica y Tecnológica de Chile, aquí: https://www.conicyt.cl/fondap/files/2014/12/DECLARACI%C3%93N-SINGAPUR.pdf.

[24] Sus direcciones web respectivamente son: http://www.rac.es, http://racab.es y http://iec.cat.

[25] Permanent Working Group on Science and Ethics (PWGSE). Ver https://www.allea.org/permanent-working-group-science-ethics/ (visitada el 16-04-2019).

[26] La primera versión del código, junto a la European Science Foundation, fue publicada en 2011 (lo leo en http://bit.ly/news-allea-code-revised-edition). El código está disponible para descargar libremente en: http://bit.ly/allea-european-code-of-conduct (consultados los dos enlaces de esta nota el 16-04-2019).

[27] Ver ENRIO y ENERI (2019).

[28] Podemos consultar la web de ENERI (http://eneri.eu); la web de EUREC (http://www.eurecnet.org/eneri/) también contiene bastante información sobre la iniciativa.

[29] El informe está disponible en Science and Technology Committee, House of Commons (UK) (2018). La descripción de UKRIO la podemos ver en el apartado 4. Supporting and promoting the integrity of research.

[30] Leído en UKRIO (2008).

[31] Aparte de su propia web, http://ukrio.org, encontramos un resumen de pocos párrafos sobre lo que es UKRIO en la web de la Cambridge University (https://www.research-integrity.admin.cam.ac.uk/research-integrity/uk-research-integrity-office) y en la de ENRIO (http://enrio.eu/news-activities/members/united-kingdom).

[32] Ver UKRIO (2008).

[33] Lo leo en http://www.enrio.eu/news-activities/members/finland/.

[34] Sobre qué es RCR ver el Capítulo C, página 133.

[35] Me refiero a Finnish National Board on Research Integrity (2013).

[36] Está disponible en https://www.tenk.fi/en/tenk-guidelines (consultada el 18-04-19).

[37] El código de conducta lo encontramos en http://bit.ly/australian-code-of-conduct-2018; la guía para gestionar potenciales incumplimientos del código en http://bit.ly/australian-guide-2018.

[38] Disponible en la dirección https://www.oeawi.at/wp-content/uploads/2019/03/FINAL-Rules-of-procedure_Feb-2019.pdf.

[39] Ver http://bit.ly/cri_rules_of_procedure-nov2018-pdf (consultado el 20-04-2019).

[40] Invito a visitar la dirección web https://lari.lu/lari-services/investigations-cri-rules-of-procedure/ donde se encuentra el procedimiento sobre cómo activar una alegación de mala conducta en investigación.

[41] En su web tienen disponible toda la información, aquí: https://www.lowi.nl/en.

[42] Aquí hay un esquema del procedimiento: https://www.lowi.nl/en/your-petition/procedure-in-brief.

[43] Desde la página principal, pinchamos en Research at Cambridge y después buscamos el enlace Research Integrity. La dirección actual es https://www.research-integrity.admin.cam.ac.uk/ (consultada el 19-04-2019).

[44] Todo el proceso puede consultarse en la dirección web https://www.hr.admin.cam.ac.uk/policies-procedures/misconduct-research.

304

⁴⁵Ver la dirección web https://www.helsinki.fi/en/research/research-environment/research-ethics.

⁴⁶Por ejemplo, la encontramos en el apartado de Research, pero también (sin ser la misma página), entramos a un apartado de integridad en la sección de Strategy and policy.

⁴⁷La sección Research está tras la dirección https://eur.nl/en/research/research-services/research-quality-integrity (consultada el 21-05-2019).

⁴⁸Encontramos la lista en la dirección https://www.eur.nl/en/about-eur/strategy-and-policy/integrity/scientific-integrity/integrity-coordinators.

⁴⁹Ver el listado en la dirección https://www.eur.nl/en/research/research-services/research-quality-integrity/research-integrity.

⁵⁰La guía puede ser descargada de la dirección https://www.eur.nl/sites/corporate/files/20130101_KWI-EN.pdf, accesible desde la sección web https://www.eur.nl/en/about-eur/strategy-and-policy/integrity/scientific-integrity (consultadas ambas direcciones el 21-04-2019).

⁵¹Ver Science and Technology Committee, House of Commons (UK) (2018).

⁵²La web del comité de la cámara de los comunes es http://bit.ly/uk-parliament-science-and-technology-committee. Ahí pueden consultarse todos los informes que publican de forma regular, incluyendo los referentes a integridad en investigación que están disponibles al público.

⁵³Este punto de vista lo obtuve tras la lectura de Altman y Broad (2005).

⁵⁴Podemos leer la publicación del resultado de la consulta en la dirección http://bit.ly/federal-register-65-fr-76260 (consultada el 19-04-2019).

⁵⁵Según Wikipedia, la National Science Foundation (NSF) es una agencia federal cuya misión es impulsar la investigación y la educación en todos los campos no médicos de la Ciencia y la Ingeniería.

⁵⁶Consultar la propuesta de modificación aquí: https://www.federalregister.gov/documents/2002/01/25/02-1833/research-misconduct; y la norma en el registro electrónico federal aquí: http://bit.ly/45-CFR-689.

⁵⁷Su perfil en ORCID puede ser consultado en https://orcid.org/0000-0002-6204-9470.

⁵⁸Ver Ferrer (2016).

⁵⁹Ver Fanelli (2013).

[60]Ver la entrevista en la dirección https://retractionwatch.com/2018/03/13/the-retraction-process-needs-work-is-there-a-better-way/ (consultada el 20-04-2019).

[61]Visitar http://danielefanelli.com/aboutMe.html.

[62]Consultar Steneck (2007). La versión online/accesible del manual (revisión del 2007) está disponible en la dirección https://ori.hhs.gov/ori-introduction-responsible-conduct-research.

[63]Lo leo en https://www.wcrif.org/foundation/steneck-mayer-lecture.

[64]En la página web de la Universidad de Michigan podemos ver su currículum hasta al menos 2016, aquí: http://www-personal.umich.edu/~nsteneck/.

[65]Lo leo en la bio que sobre él aparece en https://www.lasexta.com/constantes-vitales/comite-expertos/miguel-garcia-guerrero_2015030500341.html.

[66]Buscadas en SCOPUS (http://bit.ly/scopus-garcia-guerrero y en Dialnet (http://bit.ly/dialnet-garcia-guerrero).

[67]Ver https://dialnet.unirioja.es/servlet/autor?codigo=1482166.

[68]Ver la página de Puigdomènech en la Wikipedia (catalán) en https://ca.wikipedia.org/wiki/Pere_Puigdomènech_i_Rosell.

[69]Lo leo en http://www.conec.es/mundo/pere-puigdomènech-científico-mediático-y-de-prestigio/ (consultada el 20-04-2019).

[70]Ver por ejemplo el listado de artículos escritos en *El País*: https://elpais.com/autor/pere_puigdomenech/a.

[71]Ambos disponibles en el catálogo de amazon.

[72]La presentación está disponible en la dirección http://joaquinsevilla.blogspot.com/2017/03/ciencia-patologica-y-patologia-editorial.html.

[73]Extracto del primer artículo de su serie *Fraude científico*. Disponible en la dirección http://joaquinsevilla.blogspot.com/2015/08/fraude-cientifico-i-una-primera.html.

[74]Según su página en Wikipedia.

[75]El primero de la serie puede ser consultado en la dirección http://joaquinsevilla.blogspot.com/2015/08/fraude-cientifico-i-una-primera.html.

[76]Ver Marcus y Oransky (2018).

[77]Ver Brown y Heathers (2017).

[78] Visitar https://retractionwatch.com/the-retraction-watch-leaderboard.

[79] Es posible consultarlo en la dirección https://forbetterscience.com/2017/06/05/carlisles-statistics-bombshell-names-and-shames-rigged-clinical-trials/.

[80] Disponible tras el DOI 10.1038/488264a.

[81] En concreto, me refiero al artículo Bik, Casadevall y Fang (2016).

[82] Esta información la he obtenido de su perfil de Linkedin (https://www.linkedin.com/in/elisabeth-bik-4376782/).

[83] La política de integridad está disponible en https://www.hr.admin.cam.ac.uk/policies-procedures/misconduct-research.

[84] Lo vemos en el artículo de Leonid Schneider: https://forbetterscience.com/2019/05/22/linkoping-whistleblower-blackmailed-by-may-griffiths-lawyers/.

[85] Ver Ansede (2017a).

[86] Durante el discurso en el que las comisiones de investigación del caso de Diederik A. Stapel presentaron sus conclusiones. El discurso de presentación del informe final lo podíamos consultar originalmente en la dirección https://www.tilburguniversity.edu/upload/e92a9ae2-920c-44ec-a8f8-a72418b77d84_speechEijlander.pdf (consultada en febrero de 2019), pero tras volverlo a consultar en mayo de 2019 compruebo que ya no está accesible. El documento ahora puede ser leído en https://studylib.net/doc/10483455/flawed-science-prof.-philip-eijlander-rector-magnificus-o... (consultado el 25-04-2019).

[87] Leído en https://investigadorenparo.wordpress.com/2019/02/07/el-teatro-de-la-ciencia-y-la-academia-el-otin-gate/.

Capítulo F. La situación en España

[1] Ver Ferrer (2016).

[2] En las conversaciones que he mantenido posteriormente con expertos, me han hablado de la siguiente legislación española que obliga de una u otra forma a la creación de estos códigos éticos: RD 178/2004, de 30 de enero, por el que se aprueba el reglamento general para el desarrollo y ejecución de la Ley 9/2003, de 25 de abril, por la que se establece el régimen jurídico de la utilización confinada, liberación voluntaria y comercialización de organismos modificados genéticamente; RD 1201/2005, de 10 de octubre, sobre protección de los animales utilizados para experimentación y otros fines científicos; Real Decreto 63/2006, de 27 de enero, por el que se aprueba el estatuto del personal investigador en formación; Ley 14/2007, de 3 de julio, de Investigación Biomédica; Real Decreto 53/2013, de 1 de febrero, por el que se establecen las normas básicas aplicables para la protección de los animales utilizados en experimentación y

otros fines científicos.

Según el Código de Buenas Prácticas Científicas y Comité de Integridad en Investigación del Instituto de Salud Carlos III (http://www.isciii.es/ISCIII/es/contenidos/fd-el-instituto/fd-organizacion/fd-comites/CodigoPracticasCientificas.pdf: «La Ley 14/2007, de 3 de julio, de Investigación Biomédica en su artículo 12, f) indica como una de las funciones de los Comités de Ética de la Investigación, de los centros que realizan investigación biomédica, el desarrollo de códigos de buenas prácticas de acuerdo con los principios establecidos por el Comité de Bioética de España, así como gestionar los conflictos y expedientes que su incumplimiento genere». Intuyo que gran parte de esta legislación, a su vez, provendrá de directivas europeas... así que, parece que si no es por Ley, la voluntad de los organismos no es crear comisiones que investiguen cosas ☺.

[3]Ver Universidad de Barcelona (2018).

[4]Supogo que no tardará en cambiar el árbol de navegación. De todas formas comento que el organigrama está dentro de la sección de Organización Institucional, en el apartado de Funciones y estructura. Ahí hay un enlace al pdf con el organigrama (http://bit.ly/organigrama-ministerio-ciencia-espana-pdf, consultado el 23-04-2019).

[5]Ver Gobierno de España (2011).

[6]Ver Europa Press (2018).

[7]Me comentó Pere durante el Skype que mantuve con él.

[8]Ver Institute for Bioengineering of Catalonia (2018). El documento en pdf del código lo he podido descargar de http://www.ibecbarcelona.eu/wp-content/uploads/2018/04/IBEC-Code-of-conduct-for-research-integrity.pdf (consultado el 13-04-2019).

[9]Otro caso que he estudiado ha sido el del Instituto Carlos III, que depende del Ministerio. Su política de integridad puede ser consultada en la web http://bit.ly/instituto-carlos-iii-comite-integridad-cientifica; puede ser un buen ejercicio compararla con la del IBEC.

[10]Acta con la aprobación del consejo de gobierno así como el propio documento con la política de integridad disponibles en https://www.upv.es/entidades/VIIT/info/U0586954.pdf (consultado el 30-04-2019). Ver Universidad Politécnica de Valencia (2012).

[11]Sobre la definición consultar el Capítulo C (p. 139).

[12]Ambos documentos pueden ser descargados de la web del Comité de Ética, en la sección *Buenas prácticas* (https://investigacion.ugr.es/pages/etica/buenaspracticas).

[13]Podemos ver las capturas de abril de 2016 en la dirección http://bit.ly/webarchive-codigo-plagiado-por-la-universidad-de-murcia.

Capítulo G. Recursos para educadores

[1] Ver su referencia en Committee on Science, Engineering and Public Policy, National Academy of Science, National Academy of Engineering, and Institute of Medicine of the National Academies (2009).

[2] Ver Steneck (2007).

[3] La página de soporte al proyecto es esta: https://www.universiteitleiden.nl/en/news/2016/03/film-how-to-be-an-honest-scientist. Director y guionista: Gosja Klivtonne; producida por Leiden University en colaboración con Bas Haring (jefe de proyecto); estreno: 7-04-2016; licenciada bajo Creative Commons BY-SA-NC 4.0. El vídeo con la película completa puede ser visto en la web de la Leiden University en la dirección https://video.leidenuniv.nl/media/t/1_ad7tdgxp/42960832 y en Youtube: https://youtu.be/tCgZSjoxF7c; su presentación en el InScience Festival aquí: http://2016.insciencefestival.nl/en/programma-onderdeel/on-being-a-scientist-2/; ver más datos en *On Being a Scientific* (2016).

[4] En concreto en la siguiente dirección: https://www.coursera.org/learn/scientist?

[5] Vemos mucho sobre la ORI a lo largo del libro, pero si aún no sabes qué es, puedes consultar, por ejemplo, el Capítulo E (p. 198).

[6] Ver https://printeger.eu.

[7] En concreto, en la dirección https://printeger.eu/documents-results/.

[8] El apartado de la web que contiene los recursos (Upright) es: https://printeger.eu/upright/toc/.

[9] En concreto, está en https://printeger.eu/upright/toc/obas-introduction/.

[10] El juego está en inglés. Es posible descargarlo desde la dirección https://www.eur.nl/en/about-eur/strategy-and-policy/integrity/scientific-integrity/dilemma-game.

[11] Esta información la obtengo de https://www.rri-tools.eu/about-rri.

[12] En concreto, la sección de recursos se encuentra en: http://enrio.eu/resources.

Bibliografía

Abril-Ruiz, Angel (2017). *Personalidades Múltiples, (Des)Honestidad, Ciencia y Una Tesis Fracasada Con Salvador Ruiz de Maya e Inés López López.* Independently published. 127 págs. ISBN: 978-1-5499-7077-1 (vid. págs. 279, 290, 298).

Agarwal, Ankur, Akrita Bhatnagar, Manjula Kasoji, Rahul Kumar, Rusty Stough y Alissa Verone (2007). *The Darsee Case.* URL: https://www.ccbb.pitt.edu/bbsi/2007/ethics/talk_group1.pdf (visitado 01-02-2019) (vid. pág. 280).

Ainsworth, Steve (2006). "Streptomycin —Arrogance and Anger". En: *The Pharmaceutical Journal* 276, págs. 237-238. URL: https://www.pharmaceutical-journal.com/news-and-analysis/streptomycin-arrogance-and-anger/10021053.article (visitado 02-02-2019) (vid. pág. 280).

Akst, Jef (2011). "Duke Sued for Cancer Trial". En: *The Scientist Magazine®.* URL: https://www.the-scientist.com/the-nutshell/duke-sued-for-cancer-trial-41953 (visitado 17-02-2019) (vid. pág. 284).

Alcalde, Jorge (2018). "¿De Dónde Viene La Expresión «A Hombros de Gigantes»?" En: *www.larazon.es.* URL: https://www.larazon.es/cultura/de-donde-viene-la-expresion-a-hombros-de-gigantes-LD20238740 (visitado 18-03-2019) (vid. pág. 298).

All European Academies (ALLEA) (2018). *Código Europeo de Conducta Para La Integridad En La Investigación (Edición Revisada).* URL: https://www.allea.org/wp-content/uploads/2018/01/SP_ALLEA_Codigo_Europeo_de_Conducta_para_la_Integridad_en_la_Investigacion.pdf (visitado 01-01-2019) (vid. págs. 296, 297).

Almudena Ramón, la doctora acusada de estafar a parapléjicos — En Expediente Marlasca, La Sexta TV (2018). URL: https://www.youtube.com/channel/UCt0DjOYz-CNlEvy4B8vYBIA (visitado 02-03-2019) (vid. pág. 292).

Altman, Lawrence K. y William J. Broad (2005).
"Global Trend: More Science, More Fraud".
En: *The New York Times. Science.* ISSN: 0362-4331.
URL: https://www.nytimes.com/2005/12/20/science/global-trend-more-science-more-fraud.html (visitado 01-02-2019) (vid. pág. 304).

Anderson, Christopher J. y col. (2016). "Response to Comment on "Estimating the Reproducibility of Psychological Science"".
En: *Science* 351.6277, págs. 1037-1037. ISSN: 0036-8075, 1095-9203.
DOI: 10.1126/science.aad9163. pmid: 26941312.
URL: https://science.sciencemag.org/content/351/6277/1037.3 (visitado 20-04-2019) (vid. pág. 300).

ANP (2011). *Diederik Stapel levert doctorstitel UvA in.*
URL: https://www.bd.nl/tilburg/diederik-stapel-levert-doctorstitel-uva-in~a59a9b58/ (visitado 21-02-2019) (vid. pág. 286).

Ansede, Manuel (2015). "La científica que rejuvenece corazones".
En: *El País. Ciencia.* ISSN: 1134-6582. URL: https://elpais.com/elpais/2015/09/29/ciencia/1443508115_508067.html (visitado 12-02-2019) (vid. pág. 291).

– (2016).
"Despedida una científica premiada con dos millones de euros de la UE".
En: *El País. Ciencia.* ISSN: 1134-6582. URL: https://elpais.com/elpais/2016/03/04/ciencia/1457090679_248492.html (visitado 12-02-2019) (vid. pág. 291).

– (2017a).
"El hombre que destapó el mayor escándalo de la ciencia española".
En: *El País. Ciencia.* ISSN: 1134-6582. URL: https://elpais.com/elpais/2017/03/07/ciencia/1488903640_769865.html (visitado 12-02-2019) (vid. págs. 291, 306).

– (2017b).
"El Mayor Escándalo de La Ciencia Española Se Vuelve Mundial".
En: *El País. Ciencia.* ISSN: 1134-6582. URL: https://elpais.com/elpais/2017/09/19/ciencia/1505846722_410554.html (visitado 11-02-2019) (vid. págs. 291, 292).

– (2019a). "Retiradas ocho investigaciones de uno de los científicos más prestigiosos de España". En: *El País. Ciencia.* ISSN: 1134-6582. URL: https://elpais.com/elpais/2019/01/27/ciencia/1548629779_450088.html (visitado 12-03-2019) (vid. pág. 295).

– (2019b).
""¿Quién podía imaginar que yo tendría la tentación de perder la vida?""
En: *El País. Ciencia.* ISSN: 1134-6582. URL: https://elpais.com/elpais/2019/04/10/ciencia/1554916951_385474.html (visitado 11-05-2019) (vid. pág. 295).

Arranz, L., A. Herrera-Merchan, J. M. Ligos, A. Molina De, O. Dominguez y S. Gonzalez (2012). "Bmi1 Is Critical to Prevent Ikaros-Mediated Lymphoid Priming in Hematopoietic Stem Cells."

En: *Cell cycle (Georgetown, Tex.)* 11.1, págs. 65-78. ISSN: 1538-4101.
DOI: 10.4161/cc.11.1.18097. pmid: 22185780. URL:
http://europepmc.org/abstract/MED/22185780 (visitado 14-02-2019)
(vid. pág. 291).

Aubert Bonn, Noémie, Simon Godecharle y Kris Dierickx (2017).
"European Universities' Guidance on Research Integrity and Misconduct:
Accessibility, Approaches, and Content".
En: *Journal of Empirical Research on Human Research Ethics* 12.1, págs. 33-44.
ISSN: 1556-2646. DOI: 10.1177/1556264616688980.
URL: https://doi.org/10.1177/1556264616688980 (visitado 24-04-2019)
(vid. pág. 296).

Baker, Monya (2016a). "1,500 Scientists Lift the Lid on Reproducibility".
En: *Nature News* 533.7604, pág. 452. DOI: 10.1038/533452a.
URL: http://www.nature.com/news/1-500-scientists-lift-the-lid-on-
reproducibility-1.19970 (visitado 11-04-2019) (vid. págs. 192, 300).

– (2016b). "Problematic Images Found in 4 % of Biomedical Papers".
En: *Nature News*. DOI: 10.1038/nature.2016.19802.
URL: http://www.nature.com/news/problematic-images-found-in-4-of-
biomedical-papers-1.19802 (visitado 16-04-2019) (vid. pág. 299).

Banks, George C., Steven G. Rogelberg, Haley M. Woznyj, Ronald S. Landis
y Deborah E. Rupp (2016a). "Editorial: Evidence on Questionable
Research Practices: The Good, the Bad, and the Ugly".
En: *Journal of Business and Psychology* 31.3, págs. 323-338. ISSN: 1573-353X.
DOI: 10.1007/s10869-016-9456-7 (vid. págs. 297, 299).

Banks, George C. y col. (2016b). "Questions About Questionable Research
Practices in the Field of Management: A Guest Commentary".
En: *Journal of Management* 42.1, págs. 5-20. ISSN: 0149-2063.
DOI: 10.1177/0149206315619011 (vid. pág. 297).

Bauchner, Howard y Phil B. Fontanarosa (2015).
"Expression of Concern: Sato et Al. Effect of Folate and Mecobalamin on
Hip Fractures in Patients with Stroke: A Randomized Controlled Trial.
JAMA. 2005;293(9):1082-1088." En: *JAMA* 313.19, págs. 1914-1914.
ISSN: 0098-7484. DOI: 10.1001/jama.2015.4722.
URL: https://jamanetwork.com/journals/jama/fullarticle/2293274
(visitado 09-03-2019) (vid. pág. 294).

BBC Panorama Special - To Walk Again - (2014) - HD - Video Dailymotion (2014).
URL: https://www.dailymotion.com/video/x2sr8y3 (visitado
02-03-2019) (vid. pág. 104).

Bentolila, Samuel (2011). *De plagios y estrategias tramposas en la universidad*.
URL: http://nadaesgratis.es/fernandez-villaverde/de-plagios-y-
estrategias-tramposas-en-la-universidad (visitado 11-03-2019)
(vid. pág. 287).

Bhattacharjee, Yudhijit (2013). "The Mind of a Con Man".
En: *The New York Times*. URL:
https://www.nytimes.com/2013/04/28/magazine/diederik-stapels-

audacious-academic-fraud.html?pagewanted=all (visitado 21-02-2019) (vid. pág. 285).

Bik, Elisabeth M., Arturo Casadevall y Ferric C. Fang (2016). "The Prevalence of Inappropriate Image Duplication in Biomedical Research Publications". En: *mBio* 7.3, e00809-16. ISSN: 2150-7511. DOI: 10.1128/mBio.00809-16. pmid: 27273827. URL: https://mbio.asm.org/content/7/3/e00809-16 (visitado 16-04-2019) (vid. págs. 298, 299, 306).

Blake, Heidi (2011). "Millions of Surgery Patients at Risk in Drug Research Fraud Scandal". En: ISSN: 0307-1235. URL: https://www.telegraph.co.uk/news/health/8360667/Millions-of-surgery-patients-at-risk-in-drug-research-fraud-scandal.html (visitado 08-02-2019) (vid. pág. 285).

Blau, Stacey E. (1996). "Panel Clears MIT Scientist of Fraud: Imanishi-Kari, Baltimore Vindicated - The Tech". En: *The Tech (MIT)* 116.28. URL: http://tech.mit.edu/V116/N28/baltimore.28n.html (visitado 10-03-2019) (vid. pág. 281).

Boldt, Joachim, Stephan Suttner, Christian Brosch, Andreas Lehmann, Kerstin Röhm y Andinet Mengistu (2009). "Cardiopulmonary Bypass Priming Using a High Dose of a Balanced Hydroxyethyl Starch Versus an Albumin-Based Priming Strategy: Retracted". En: *Anesthesia & Analgesia* 109.6, pág. 1752. ISSN: 0003-2999. DOI: 10.1213/ANE.0b013e3181b5a24b (vid. pág. 285).

Bolland, Mark J., Alison Avenell, Greg D. Gamble y Andrew Grey (2016). "Systematic Review and Statistical Analysis of the Integrity of 33 Randomized Controlled Trials". En: *Neurology* 87.23, págs. 2391-2402. ISSN: 0028-3878. DOI: 10.1212/WNL.0000000000003387. URL: https://n.neurology.org/content/87/23/2391.short (visitado 09-03-2019) (vid. pág. 294).

Borrell, Brendan (2009). "A Medical Madoff: Anesthesiologist Faked Data in 21 Studies". En: *Scientific American*. URL: https://www.scientificamerican.com/article/a-medical-madoff-anesthestesiologist-faked-data/ (visitado 15-02-2019) (vid. pág. 283).

Brainard, Jeffrey y Jia You (2018). "What a Massive Database of Retracted Papers Reveals about Science Publishing's 'Death Penalty'". En: *Science | AAAS*. URL: https://www.sciencemag.org/news/2018/10/what-massive-database-retracted-papers-reveals-about-science-publishing-s-death-penalty (visitado 08-04-2019) (vid. págs. 186, 187, 300, 301).

Brian Deer's 2004 Film on Andrew Wakefield - Full Film (2004). URL: https://www.youtube.com/watch?v=7UbL8opM6TM&t=1296s (visitado 09-02-2019) (vid. pág. 284).

Britannica Concise Encyclopædia (2018). *Sir Cyril Burt.*
En: *Encyclopædia Britannica.* Encyclopædia Britannica.
URL: https://www.britannica.com/biography/Cyril-Burt (visitado 26-02-2019) (vid. pág. 280).

Brown, "Nicholas J. L." y "James A. J." Heathers (2017).
"The GRIM Test: A Simple Technique Detects Numerous Anomalies in the Reporting of Results in Psychology".
En: *Social Psychological and Personality Science* 8.4, págs. 363-369.
ISSN: 1948-5506. DOI: 10.1177/1948550616673876.
URL: https://doi.org/10.1177/1948550616673876 (visitado 20-04-2019) (vid. págs. 300, 305).

Brumfiel, Geoff (2002). "Physicist Found Guilty of Misconduct".
En: *Nature* 26. DOI: 10.1038/news020923-9. URL:
https://www.nature.com/news/2002/020923/full/news020923-9.html (vid. pág. 282).

Carlisle, J. B. (2017). "Data Fabrication and Other Reasons for Non-Random Sampling in 5087 Randomised, Controlled Trials in Anaesthetic and General Medical Journals". En: *Anaesthesia* 72.8, págs. 944-952.
ISSN: 1365-2044. DOI: 10.1111/anae.13938.
URL: https://onlinelibrary.wiley.com/doi/abs/10.1111/anae.13938 (visitado 19-05-2019) (vid. pág. 299).

Caro-Maldonado, Alfredo (2019). *Los ratones no van al cielo.*
URL: https://cienciamundana.wordpress.com/2019/02/06/los-ratones-no-van-al-cielo/ (visitado 16-03-2019) (vid. pág. 295).

Carpenter, Siri (2012). "Harvard Psychology Researcher Committed Fraud, U.S. Investigation Concludes". En: *Science | AAAS.*
URL: https://www.sciencemag.org/news/2012/09/harvard-psychology-researcher-committed-fraud-us-investigation-concludes (visitado 25-02-2019) (vid. pág. 286).

Casado, María, Maria do Céu Patrão Neves, Itziar de Lecuona Ramírez, Ana Sofia Carvalho y Joana Araújo (2016).
Declaració Sobre Integritat Científica En Recerca i Innovació Responsable.
Edicions de la Universitat de Barcelona. ISBN: 978-84-475-4033-4.
URL: http://diposit.ub.edu/dspace/handle/2445/103268 (visitado 17-01-2019) (vid. págs. 296, 297).

Chawla, Dalmeet Singh (2016).
Researcher Accused of Fraud, Embezzlement Acquitted by Italian Court.
URL: https://retractionwatch.com/2016/06/06/researcher-accused-of-fraud-embezzlement-acquitted-by-italian-court/ (visitado 01-03-2019) (vid. pág. 288).

Claxton, Larry D. (2005).
"Scientific Authorship: Part 1. A Window into Scientific Fraud?"
En: *Mutation Research/Reviews in Mutation Research* 589.1, págs. 17-30.
ISSN: 1383-5742. DOI: 10.1016/j.mrrev.2004.07.003 (vid. págs. 280, 281).

Committee on Science, Engineering and Public Policy, National Academy of Science, National Academy of Engineering, and Institute of Medicine of the National Academies (2009).
On Being a Scientist: A Guide to Responsible Conduct in Research. 3.ª ed. Washington, DC, US: The National Academies Press. 82 págs.
ISBN: 978-0-309-11970-2.
URL: https://doi.org/10.17226/12192 (visitado 25-12-2018) (vid. págs. 301, 308).

Correspondent of Telegraph India (2012).
Wine Research Fraud Slur on JU Alumnus.
URL: https://www.telegraphindia.com/india/wine-research-fraud-slur-on-ju-alumnus/cid/460843 (visitado 27-02-2019) (vid. pág. 79).

Cyranoski, David (2006).
"Verdict: Hwang's Human Stem Cells Were All Fakes".
En: *Nature* 439, págs. 122-123. ISSN: 1476-4687. DOI: 10.1038/439122a.
URL: https://www.nature.com/articles/439122a (visitado 07-02-2019) (vid. pág. 282).

Deer, Brian (2010).
"'Callous, Unethical and Dishonest': Dr Andrew Wakefield".
En: *The Sunday Times*. Disponible para visualizar sin suscripción en: http://www.whale.to/vaccine/sunday_times.html. ISSN: 0956-1382.
URL: https://www.thetimes.co.uk/article/callous-unethical-and-dishonest-dr-andrew-wakefield-7nccglr3vkr (visitado 09-02-2019) (vid. pág. 284).

– (2018). *Andrew Wakefield – the Fraud Investigation – Briandeer.Com.* URL: https://briandeer.com/mmr/lancet-summary.htm (visitado 09-02-2019) (vid. pág. 284).

DeFrancesco, Christopher (2012).
Scientific Journals Notified Following Research Misconduct Investigation.
URL: https://today.uconn.edu/2012/01/scientific-journals-notified-following-research-misconduct-investigation/ (visitado 27-02-2019) (vid. pág. 287).

Department of Health and Human Services (2004).
RFA-NS-05-003: Research on Research Integrity. URL: https://grants.nih.gov/grants/guide/rfa-files/RFA-NS-05-003.html (visitado 22-01-2019) (vid. pág. 296).

Doherty, Taylor (2011).
"Potti Hires Online Reputation Manager | The Chronicle".
En: *www.duckechronicle.com*.
URL: https://web.archive.org/web/20130207002142/http://www.dukechronicle.com/article/potti-hires-online-reputation-manager (visitado 16-02-2019) (vid. pág. 284).

Domínguez, Nuño (2014).
"Trasplantes para volver a andar, un arma de doble filo".
En: *El País. Ciencia*. ISSN: 1134-6582. URL: https:

//elpais.com/elpais/2014/10/21/ciencia/1413911126_968903.html (visitado 02-03-2019) (vid. pág. 292).

Ediciones El País (2009). "El 'clonador' Hwang, Condenado a Dos Años". En: *El País. Sociedad*. ISSN: 1134-6582. URL: https: //elpais.com/diario/2009/10/27/sociedad/1256598008_850215.html (visitado 08-02-2019) (vid. pág. 282).

– (2010). "El CSIC abre un expediente al investigador que pudo incurrir en malas prácticas científicas". En: *El País. Sociedad*. ISSN: 1134-6582. URL: https://elpais.com/sociedad/2010/12/03/actualidad/1291330809_850215.html (visitado 12-03-2019) (vid. pág. 283).

Editor El Mundo (2009). "El 'doctor Madoff' Del Dolor | Elmundo.Es Salud". En: URL: https://www.elmundo.es/elmundosalud/2009/03/20/dolor/1237574917.html (visitado 16-02-2019) (vid. pág. 283).

Editor Harvard Magazine (2010). "FAS Dean Smith Confirms Scientific Misconduct by Marc Hauser". En: *Harvard Magazine News*. URL: http://harvardmagazine.com/2010/08/harvard-dean-details-hauser-scientific-misconduct (visitado 25-02-2019) (vid. pág. 286).

Editores Cinco Días (2019). "AstraZeneca ficha al español Baselga como jefe mundial de I+D en cáncer". En: *Cinco Días. Salud*. URL: https://cincodias.elpais.com/cincodias/2019/01/07/companias/1546883072_714370.html (visitado 07-03-2019) (vid. pág. 293).

Editores PlagioSOS (2011). *Investigación por plagio en la Universidad de Vigo, España | Plagio.s.o.s.* URL: https://www.plagios.org/plagio-universidad-de-vigo-espana/ (visitado 11-03-2019) (vid. pág. 287).

Editores Wikipedia (2019). *Scott Reuben*. En: *Wikipedia*. Page Version ID: 889306007; 2019-03-24T21:19:04Z. URL: https: //en.wikipedia.org/w/index.php?title=Scott_Reuben&oldid=889306007 (visitado 01-05-2019) (vid. pág. 283).

Editors and Publishers of Cell Cycle (2017). "Editorial Retraction". En: *Cell Cycle* 16.3, págs. 296-296. ISSN: 1538-4101. DOI: 10.1080/15384101.2016.1205369. pmid: 28177859. URL: https://doi.org/10.1080/15384101.2016.1205369 (visitado 14-02-2019) (vid. pág. 291).

EFE (2016). "La UE Valora Retirar Ayuda a Científica Española Acusada de Falsificar". En: *www.efe.com*. URL: https://www.efe.com/efe/espana/sociedad/la-ue-valora-retirar-ayuda-a-cientifica-espanola-acusada-de-falsificar/10004-2861155 (visitado 12-02-2019) (vid. pág. 291).

EFE-Madrid (2012). "Un Científico de Doñana Mintió o Erró En 24 Trabajos Publicados En 17 Revistas". En: *ABC.es*. URL: http://www.abc.es/20120730/ciencia/abci-caso-investigador-mentiroso-201207301803.html (visitado 01-03-2019) (vid. pág. 288).

Expediente Marlasca: El Negocio Del Sufrimiento Ajeno (2018).

El Negocio Del Sufrimiento Ajeno: Almudena Ramón, La Doctora Que Prometía Volver a Caminar a Pacientes Parapléjicos.

URL: https://www.lasexta.com/programas/expediente-marlasca/cronica-negra/el-negocio-del-sufrimiento-ajeno-alejandra-ramon-la-doctora-que-prometia-volver-a-caminar-a-pacientes-paraplejicos_201806105b1da2970cf2592f1c55e50d.html (visitado 02-03-2019) (vid. pág. 292).

Elcacho Clemente, Joaquim (2013). "Fraude Científico a La Española". Publicado finalmente en la revista Muy interesante, n° 381, Febrero 2013. (vid. pág. 283).

ENRIO y ENERI (2019). *Recommendations for the Investigation of Research Misconduct - ENRIO Handbook.* 1.ª ed. 48 págs.

URL: http://www.enrio.eu/resources/ (vid. pág. 302).

Erice, Manuel (2015).

"Falseó Los Datos y Proclamó Un Hallazgo Mundial Contra El Cáncer". En: *abc*. URL: https://www.abc.es/sociedad/abci-falseo-datos-y-proclamo-hallazgo-mundial-contra-cancer-201511102120_noticia.html (visitado 16-02-2019) (vid. pág. 284).

ET (2012). *Was Dr. Anil Potti's Cancer Research Actually Fraudulent?*

URL: https://www.huffpost.com/entry/anil-potti-duke-cancer-fraud-university-research_n_1273264 (visitado 16-02-2019) (vid. pág. 284).

Europa Press (2018).

"Pedro Duque Acuerda Con Las CC.AA La Constitución de Un Comité Español de Ética, Que Constará de 12 Miembros". En: *www.europapress.es*.

URL: https://www.europapress.es/ciencia/noticia-pedro-duque-acuerda-ccaa-constitucion-comite-espanol-etica-constara-12-miembros-20181106181603.html (visitado 17-01-2019) (vid. pág. 307).

— (2019). *López Otín vuelve este lunes a dar clase en la Universidad de Oviedo.*

URL: https://www.europapress.es/asturias/noticia-lopez-otin-vuelve-lunes-dar-clase-universidad-oviedo-20190301185744.html (visitado 11-05-2019) (vid. págs. 294, 295).

European Network of Research Integrity Offices (ENRIO) (2018).

About ENRIO.

URL: http://www.enrio.eu/about-enrio/ (visitado 30-12-2018).

F. del Corral, Juan Luis (2015). "Una doctora vallisoletana logra la movilidad voluntaria de lesionados severos de médula".

En: *Diario de Valladolid*.

URL: http://www.diariodevalladolid.es/noticias/valladolid/doctora-vallisoletana-logra-movilidad-voluntaria-lesionados-severos-medula_32642.html (visitado 02-03-2019) (vid. pág. 292).

Fanelli, Daniele (2009). "How Many Scientists Fabricate and Falsify Research? A Systematic Review and Meta-Analysis of Survey Data".

En: *PLOS ONE* 4.5, e5738. ISSN: 1932-6203.

DOI: 10.1371/journal.pone.0005738. URL: https:

//journals.plos.org/plosone/article?id=10.1371/journal.pone.0005738
(visitado 25-12-2018) (vid. pág. 299).

- (2012). "Negative Results Are Disappearing from Most Disciplines and
  Countries". En: *Scientometrics* 90.3, págs. 891-904. ISSN: 1588-2861.
  DOI: 10.1007/s11192-011-0494-7.
  URL: https://doi.org/10.1007/s11192-011-0494-7 (visitado 26-01-2019)
  (vid. pág. 279).

- (2013). "Why Growing Retractions Are (Mostly) a Good Sign".
  En: *PLOS Medicine* 10.12, e1001563. ISSN: 1549-1676.
  DOI: 10.1371/journal.pmed.1001563 (vid. págs. 300, 304).

Ferrer, Sergio (2016). "Los Casos de Fraude Científico, La Punta Del Iceberg
de Un Problema Ignorado". En: *El Confidencial*. URL:
https://www.elconfidencial.com/tecnologia/2016-03-09/los-casos-de-
fraude-cientifico-que-se-denuncian-son-la-punta-del-iceberg_1165402/
(visitado 30-12-2018) (vid. págs. 298, 304, 306).

Ferrie, Helke (2006). *Medical Research Fraud*.
URL: https://vitalitymagazine.com/article/medical-research-fraud/
(visitado 08-02-2019) (vid. pág. 283).

Fiedler, Klaus y Norbert Schwarz (2016).
"Questionable Research Practices Revisited".
En: *Social Psychological and Personality Science* 7.1, págs. 45-52.
ISSN: 1948-5506. DOI: 10.1177/1948550615612150.
URL: https://doi.org/10.1177/1948550615612150 (visitado 18-01-2019)
(vid. pág. 299).

Finnish National Board on Research Integrity (2013). *Responsible Conduct of
Research and Procedures for Handling Allegations of Misconduct in Finland*.
Helsinki. 44 págs. ISBN: 978-952-5995-07-7.
URL: https://www.tenk.fi/en/responsible-conduct-of-research (visitado
23-01-2019) (vid. págs. 295, 296, 303).

Fiorucci, Stefano (2019). *Stefano Fiorucci, Curriculum Vitae*.
URL: http://www.stefanofiorucci.it/cv.html (visitado 01-03-2019)
(vid. pág. 288).

Firmino, Teresa (2016).
"Sónia Melo ilibada de fraude mas foi negligente e pouco rigorosa".
En: *PÚBLICO*.
URL: https://www.publico.pt/2016/10/28/ciencia/noticia/sonia-melo-
ilibada-de-fraude-mas-foi-negligente-e-pouco-rigorosa-1749279
(visitado 05-03-2019) (vid. pág. 290).

García Aristegui, Javier y Miguel A. Camblor (2016).
Plagio y fraude en la academia española.
URL: https://diario16.com/plagio-y-fraude-en-la-academia-espanola/
(visitado 11-03-2019) (vid. pág. 287).

Gilbert, Daniel T., Gary King, Stephen Pettigrew y Timothy D. Wilson (2016).
"Comment on "Estimating the Reproducibility of Psychological
Science"". En: *Science* 351.6277, págs. 1037-1037.

ISSN: 0036-8075, 1095-9203. DOI: 10.1126/science.aad7243.
pmid: 26941311.
URL: https://science.sciencemag.org/content/351/6277/1037.2 (visitado 11-04-2019) (vid. pág. 300).

Gobierno de España (2011). *Ley 14/2011, de 1 de Junio, de La Ciencia, La Tecnología y La Innovación - Documento Consolidado BOE-A-2011-9617*. URL: https://www.boe.es/eli/es/l/2011/06/01/14/con (visitado 17-01-2019) (vid. pág. 307).

Godlee, Fiona y Elizabeth Wager (2012). "Research Misconduct in the UK". En: *BMJ* 344, pág. d8357. ISSN: 0959-8138, 1468-5833.
DOI: 10.1136/bmj.d8357. pmid: 22218103. URL: https://www.bmj.com/content/344/bmj.d8357 (visitado 08-02-2019) (vid. pág. 298).

González, Susana (2015). *CNIC - Información Sobre El Grupo de Regulación Epigenética En El Envejecimiento y La Enfermedad Cardiaca*.
URL: https://web.archive.org/web/20150424044636/http://www.cnic.es/es/desarrollo/envejecimiento/ (visitado 12-02-2019) (vid. pág. 290).

Gonzalez, Susana, Carol Prives y Carlos Cordon-Cardo (2003). "P73α Regulation by Chk1 in Response to DNA Damage".
En: *Molecular and Cellular Biology* 23.22, págs. 8161-8171.
ISSN: 0270-7306, 1098-5549. DOI: 10.1128/MCB.23.22.8161-8171.2003.
pmid: 14585975.
URL: https://mcb.asm.org/content/23/22/8161 (visitado 12-02-2019) (vid. pág. 290).

– (2017). "Retraction for Gonzalez et Al., "P73α Regulation by Chk1 in Response to DNA Damage"".
En: *Molecular and Cellular Biology* 37.18, e00365-17.
ISSN: 0270-7306, 1098-5549. DOI: 10.1128/MCB.00365-17. URL: https://mcb.asm.org/content/37/18/e00365-17 (visitado 12-02-2019) (vid. pág. 292).

Gonzalez, Susana y col. (2006). "Oncogenic Activity of Cdc6 through Repression of the *INK4/ARF* Locus". En: *Nature* 440.7084, págs. 702-706.
ISSN: 1476-4687. DOI: 10.1038/nature04585. URL: https://www.nature.com/articles/nature04585 (visitado 14-02-2019) (vid. pág. 291).

– (2017). "Retraction: Oncogenic Activity of Cdc6 through Repression of the *INK4/ARF* Locus". En: *Nature* 547.7662, pág. 246. ISSN: 1476-4687.
DOI: 10.1038/nature23287. URL: https://www.nature.com/articles/nature23287 (visitado 14-02-2019) (vid. pág. 291).

Gonzalez-Valdes, I. y col. (2015). "Bmi1 Limits Dilated Cardiomyopathy and Heart Failure by Inhibiting Cardiac Senescence". En:
URL: https://pubpeer.com/publications/25751743 (visitado 30-12-2018) (vid. pág. 291).

Gonzalez-Valdes, I. y col. (2017). "Retraction: Bmi1 Limits Dilated Cardiomyopathy and Heart Failure by Inhibiting Cardiac Senescence". En: *Nature Communications* 8, pág. 14006. ISSN: 2041-1723. DOI: 10.1038/ncomms14006. URL: https://www.nature.com/articles/ncomms14006 (visitado 30-12-2018) (vid. pág. 291).

Goverment of Finland (2019).
Finish National Board on Research Integritiy (TENK).
URL: https://www.tenk.fi/en (visitado 23-01-2019) (vid. pág. 295).

Grove, Jack (2012). *One in Eight UK Scientists Has Witnessed Research Fraud.* URL: https://www.timeshighereducation.com/news/one-in-eight-uk-scientists-has-witnessed-research-fraud/418691.article (visitado 08-02-2019) (vid. pág. 298).

Hawkes, Nigel (2017). "60 Seconds on . . . the Carlisle Method". En: *BMJ* 357, j2942. ISSN: 0959-8138, 1756-1833. DOI: 10.1136/bmj.j2942. pmid: 28634169. URL: https://www.bmj.com/content/357/bmj.j2942 (visitado 19-05-2019) (vid. pág. 300).

Haya, Isabel Ferrer (2011).
"Escándalo Científico Por El Fraude de Un Psicólogo Social Holandés Que Inventó Sus Investigaciones y Las Publicó En 'Science'".
En: *El País. Sociedad.* ISSN: 1134-6582. URL: https://elpais.com/sociedad/2011/11/03/actualidad/1320274813_850215.html (visitado 21-02-2019) (vid. pág. 285).

Herrera-Merchan, A., L. Arranz, J. M. Ligos, A. deMolina, O. Dominguez y S. Gonzalez (2012).
"Ectopic Expression of the Histone Methyltransferase Ezh2 in Haematopoietic Stem Cells Causes Myeloproliferative Disease".
En: *Nature Communications* 3, pág. 623. ISSN: 2041-1723.
DOI: 10.1038/ncomms1623. URL:
https://www.nature.com/articles/ncomms1623 (visitado 14-02-2019) (vid. pág. 291).

– (2017). "Retraction: Ectopic Expression of the Histone Methyltransferase Ezh2 in Haematopoietic Stem Cells Causes Myeloproliferative Disease". En: *Nature Communications* 8, pág. 14005. ISSN: 2041-1723.
DOI: 10.1038/ncomms14005. URL:
https://www.nature.com/articles/ncomms14005 (visitado 14-02-2019) (vid. pág. 291).

Horton, Richard (2006). "Expression of Concern: Non-Steroidal Anti-Inflammatory Drugs and the Risk of Oral Cancer".
En: *The Lancet* 367.9506, pág. 196. ISSN: 0140-6736, 1474-547X.
DOI: 10.1016/S0140-6736(06)68014-8. pmid: 16427477.
URL: https://www.thelancet.com/journals/lancet/article/PIIS0140-6736(06)68014-8/abstract (visitado 08-02-2019) (vid. pág. 282).

Husten, Larry (2012). "Resveratrol and Fraud". En: *Forbes*. URL:
https://www.forbes.com/sites/larryhusten/2012/01/16/resveratrol-and-fraud/ (visitado 27-02-2019) (vid. pág. 287).

Hwang, Woo Suk y col. (2004). "Evidence of a Pluripotent Human
Embryonic Stem Cell Line Derived from a Cloned Blastocyst".
En: *Science* 303.5664, págs. 1669-1674. ISSN: 0036-8075, 1095-9203.
DOI: 10.1126/science.1094515. pmid: 14963337.
URL: http://science.sciencemag.org/content/303/5664/1669 (visitado
07-02-2019) (vid. pág. 282).

Hwang, Woo Suk y col. (2005). "Patient-Specific Embryonic Stem Cells
Derived from Human SCNT Blastocysts".
En: *Science* 308.5729, págs. 1777-1783. ISSN: 0036-8075, 1095-9203.
DOI: 10.1126/science.1112286. pmid: 15905366.
URL: http://science.sciencemag.org/content/308/5729/1777 (visitado
07-02-2019) (vid. pág. 282).

Iglesias, Félix (2007). "Ciencia, Mentiras y Un Mono Muerto... La Polémica
Está Servida | Sociedad | Ciencia - Abc.Es". En: *ABC - Sociedad*.
URL: https://www.abc.es/hemeroteca/historico-17-02-
2007/abc/Sociedad/ciencia-mentiras-y-un-mono-muerto-la-polemica-
esta-servida_1631525126488.html (visitado 02-03-2019) (vid. pág. 292).

Institute for Bioengineering of Catalonia (2018).
IBEC Code of Conduct for Research Integrity. URL:
http://www.ibecbarcelona.eu/wp-content/uploads/2018/04/IBEC-
Code-of-conduct-for-research-integrity.pdf (vid. págs. 296, 307).

Instituto Gerontológico (2007). *El CSIC exige que las investigaciones de lesiones
medulares cuenten con un aval científico que respalde sus resultados*.
URL: http://www.igerontologico.com/noticias/otros/csic-exige-
investigaciones-lesiones-medulares-2442.htm (visitado 02-03-2019)
(vid. pág. 292).

Investigation Commitee (2006).
*Summary of the Final Report on Professor Woo Suk Hwang's Research
Allegations by Seoul National University Investigation Committee*.
URL: http://useoul.edu/snunews?bm=v&bbsidx=71497& (visitado
07-02-2019) (vid. pág. 282).

Ioannidis, John P. A. (2005).
"Why Most Published Research Findings Are False".
En: *PLOS Medicine* 2.8, e124. ISSN: 1549-1676.
DOI: 10.1371/journal.pmed.0020124.
URL: https://journals.plos.org/plosmedicine/article?id=10.1371/journal.
pmed.0020124 (visitado 11-04-2019) (vid. pág. 300).

Jiménez, Javier (2019).
"Después del fraude: las irregularidades científicas no dejan de crecer,
pero no sabemos qué hacer con los científicos implicados". En: *Xataka*.
URL: https://www.xataka.com/investigacion/despues-fraude-

irregularidades-cientificas-no-dejan-crecer-no-sabemos-que-hacer-cientificos-implicados (visitado 31-03-2019) (vid. pág. 298).

John, Leslie K., George Loewenstein y Drazen Prelec (2012).
"Measuring the Prevalence of Questionable Research Practices With Incentives for Truth Telling". En: *Psychological Science* 23.5, págs. 524 -532. ISSN: 0956-7976. DOI: 10.1177/0956797611430953.
URL: https://doi.org/10.1177/0956797611430953 (visitado 19-01-2019) (vid. págs. 177, 297, 299, 300).

Jongerius, Stephan (2018).
"Wethouder Marcelle Hendrickx was woedend op haar man Diederik Stapel: 'Ik zei: je vergooit alles wat we hebben opgebouwd'". En: *bd.nl*.
URL: https://www.bd.nl/home/wethouder-marcelle-hendrickx-was-woedend-op-haar-man-diederik-stapel-ik-zei-je-vergooit-alles-wat-we-hebben-opgebouwd~a8d60469/ (visitado 23-02-2019) (vid. pág. 286).

Judson, Horace Freeland (2004).
The Great Betrayal: Fraud in Science (): Horace Freeland Judson: Gateway.
1.ª ed. Harcourt. 480 págs. ISBN: 978-0-15-100877-3.
URL: https://www.amazon.com/Great-Betrayal-Fraud-Science/dp/0151008779/ref=sr_1_fkmrnull_1?crid=324TZQFAITLMZ&keywords=the+great+betrayal+fraud+in+science&qid=1552220928&s=gateway&sprefix=the+great+betrayal+fra%2Caps%2C257&sr=8-1-fkmrnull (visitado 10-03-2019) (vid. pág. 281).

Kahneman, Daniel (2014). "A New Etiquette for Replication".
En: *Social Psychology* 45.4, págs. 310-311.
ISSN: 2151-2590(Electronic),1864-9335(Print) (vid. pág. 300).

Kaiser, Jocelyn (2012).
"Panel Calls for Closer Oversight of Biomarker Tests".
En: *Science | AAAS*.
URL: https://www.sciencemag.org/news/2012/03/panel-calls-closer-oversight-biomarker-tests (visitado 17-02-2019) (vid. pág. 284).

– (2015). "Duke University Officials Rebuffed Medical Student's Allegations of Research Problems". En: *Science | AAAS*.
URL: https://www.sciencemag.org/news/2015/01/duke-university-officials-rebuffed-medical-student-s-allegations-research-problems (visitado 17-02-2019) (vid. pág. 284).

Kelland, Kate (2011).
"Dutch Psychologist Admits He Made up Research Data".
En: *Reuters - Science News*. URL: https://www.reuters.com/article/us-dutch-scientist-fraud-idUSTRE7A12PL20111102 (visitado 20-02-2019) (vid. págs. 285, 286).

Kennedy, Donald (2006a). "Editorial Expression of Concern".
En: *Science* 311.5757, págs. 36-36. ISSN: 0036-8075, 1095-9203.
DOI: 10.1126/science.1124185. pmid: 16373531.
URL: http://science.sciencemag.org/content/311/5757/36.2 (visitado 07-02-2019) (vid. pág. 282).

Kennedy, Donald (2006b). "Editorial Retraction".
    En: *Science* 311.5759, págs. 335-335. ISSN: 0036-8075, 1095-9203.
    DOI: 10.1126/science.1124926. pmid: 16410485.
    URL: http://science.sciencemag.org/content/311/5759/335.2 (visitado
    07-02-2019) (vid. pág. 282).
Kotlikoff, Michael I. (2018). *Statement of Cornell University Provost Michael I.
    Kotlikoff | University Statements | Cornell University.*
    URL: https://statements.cornell.edu/2018/20180920-statement-provost-
    michael-kotlikoff.cfm (visitado 08-03-2019) (vid. pág. 293).
Kupferschmidt, Kai (2018). "Tide of Lies".
    En: *Science* 361.6403, págs. 636-641. ISSN: 0036-8075, 1095-9203.
    DOI: 10.1126/science.361.6403.636. pmid: 30115791.
    URL: http://science.sciencemag.org/content/361/6403/636 (visitado
    09-03-2019) (vid. pág. 294).
Kuroda, Masaru (2012). *Disciplinary Decision Concerning Dr. Yoshitaka Fujii.*
    URL:
    https://www.toho-u.ac.jp/english/information/march_6_2012.html
    (visitado 05-03-2019) (vid. pág. 289).
Laine, Heidi (2018).
    "Open Science and Codes of Conduct on Research Integrity". En:
    ISSN: 1797-9129. DOI: https://doi.org/10.23978/inf.77414. URL:
    https://helda.helsinki.fi/handle/10138/293054 (visitado 23-01-2019)
    (vid. pág. 295).
Lee, Byeong Chun y col. (2005). "Dogs Cloned from Adult Somatic Cells".
    En: *Nature* 436.7051, pág. 641. ISSN: 1476-4687. DOI: 10.1038/436641a.
    URL: https://www.nature.com/articles/436641a (visitado 07-02-2019)
    (vid. pág. 282).
Lee, Stephanie M. (2018). "Emails Show How An Ivy League Prof Tried To
    Do Damage Control For His Bogus Food Science". En: *BuzzFeed News.*
    URL: https://www.buzzfeednews.com/article/stephaniemlee/brian-
    wansink-cornell-p-hacking (visitado 08-03-2019) (vid. págs. 293, 298).
Levelt Committee of Tilburg University (2011). *Interim Report Regarding the
    Breach of Scientific Integrity Committed by Prof. D. A. STAPEL*, pág. 21.
    URL: https://web.archive.org/web/20160627142859/https:
    //www.tilburguniversity.edu/upload/547aa461-6cd1-48cd-801b-
    61c434a73f79_interim-report.pdf (visitado 20-02-2019) (vid. pág. 286).
– (2012). *Rapport Commissie Levelt Na Fraude Diederik Stapel.*
    URL: https://www.tilburguniversity.edu/nl/over/profiel/kwaliteit-
    voorop/commissie-levelt/ (visitado 21-02-2019) (vid. págs. 71, 285, 286).
López Moreno, Walter y José A. Sánchez Ríos (2011).
    "El triángulo del fraude y sus efectos sobre la integridad laboral".
    En: *Anales de estudios económicos y empresariales* 21, págs. 39-57.
    ISSN: 0213-7569.
    URL: http://uvadoc.uva.es/handle/10324/19844 (visitado 16-06-2019)
    (vid. pág. 279).

MacCoun, Robert J. (1998).
  "Biases in the Interpretation and Use of Research Results".
  En: *Annual Review of Psychology* 49.1, págs. 259-287.
  DOI: 10.1146/annurev.psych.49.1.259. pmid: 15012470. URL:
  https://doi.org/10.1146/annurev.psych.49.1.259 (visitado 31-03-2019)
  (vid. pág. 297).
Marcus, Adam (2012).
  "Japanese PONV Researcher Probed in Sweeping Research Fraud Case".
  En: *Anesthesiology News*.
  URL: https://www.anesthesiologynews.com/Online-First/Article/03-
  12/Japanese-PONV-Researcher-Probed-in-Sweeping-Research-Fraud-
  Case/20373 (visitado 04-03-2019) (vid. pág. 288).
– (2013). *Lifted Figure Prompts Retraction of Oncogene Paper by Roman-Gomez*.
  URL: https://retractionwatch.com/2013/02/08/lifted-figure-prompts-
  retraction-of-oncogene-paper-by-roman-gomez/ (visitado 11-03-2019)
  (vid. pág. 289).
Marcus, Adam e Ivan Oransky (2015).
  "How the Biggest Fabricator in Science Got Caught". En: *Nautilus*.
  URL: http://nautil.us/issue/24/error/how-the-biggest-fabricator-in-
  science-got-caught (visitado 04-03-2019) (vid. págs. 288, 289).
– (2018). "Meet the 'Data Thugs' out to Expose Shoddy and Questionable
  Research". En: *Science | AAAS*.
  URL: https://www.sciencemag.org/news/2018/02/meet-data-thugs-
  out-expose-shoddy-and-questionable-research (visitado 30-03-2019)
  (vid. págs. 298, 305).
Marinetto, Mike (2017). "How Can We Tackle the Thorny Problem of
  Fraudulent Research? | Mike Marinetto". En: *The Guardian. Education*.
  ISSN: 0261-3077. URL: https://www.theguardian.com/higher-education-
  network/2017/mar/13/fraudulent-research-academic-misconduct-
  solutions (visitado 19-05-2019) (vid. pág. 299).
Marshall, Eliot (2000).
  "How Prevalent Is Fraud? That's a Million-Dollar Question".
  En: *Science* 290.5497, págs. 1662-1663. ISSN: 0036-8075, 1095-9203.
  DOI: 10.1126/science.290.5497.1662. pmid: 11186377.
  URL: http://science.sciencemag.org/content/290/5497/1662 (visitado
  25-01-2019) (vid. pág. 300).
Martinson, Brian C., Melissa S. Anderson y Raymond de Vries (2005).
  "Scientists Behaving Badly". En: *Nature* 435, págs. 737-738.
  ISSN: 1476-4687. DOI: 10.1038/435737a.
  URL: https://www.nature.com/articles/435737a (visitado 25-12-2018)
  (vid. pág. 298).
McCook, Author Alison (2015).
  University Revokes PhD of First Author on Retracted STAP Stem Cell Papers.
  URL: https://retractionwatch.com/2015/11/04/university-revokes-phd-

324

of-lead-author-on-retracted-stap-stem-cell-papers/ (visitado 14-02-2019)
(vid. pág. 290).

Méndez, Rafael (2012).
"El CSIC investiga si un científico de Doñana alteró estudios".
En: *El País. Sociedad*. ISSN: 1134-6582. URL: https://elpais.com/sociedad/
2012/02/25/actualidad/1330200513_328509.html (visitado 01-03-2019)
(vid. pág. 288).

Mistiaen, Veronique (2002). "Time, and the Great Healer".
En: *The Guardian. Education*. ISSN: 0261-3077.
URL: https://www.theguardian.com/education/2002/nov/02/research.
highereducation (visitado 02-02-2019) (vid. pág. 280).

Murch, Simon H. y col. (2004). "Retraction of an
Interpretation—Ileal-Lymphoid-Nodular Hyperplasia, Non-Specific
Colitis, and Pervasive Developmental Disorder in Children".
En: *The Lancet* 363.9411, pág. 750. ISSN: 0140-6736, 1474-547X.
DOI: 10.1016/S0140-6736(04)15715-2. pmid: 15016483.
URL: https://www.thelancet.com/journals/lancet/article/PIIS0140-
6736(04)15715-2/abstract (visitado 09-02-2019) (vid. pág. 283).

National Academies of Sciences, Engineering, and Medicine (2017).
Fostering Integrity in Research.
Washington, D.C.: The National Academies Press. 326 págs.
ISBN: 978-0-309-39125-2. DOI: 10.17226/21896.
URL: https://doi.org/10.17226/21896 (visitado 31-03-2019)
(vid. págs. 279, 296, 297).

National Academy of Sciences, National Academy of Engineering
e Institute of Medicine (1992).
Responsible Science, Volume I: Ensuring the Integrity of the Research Process.
1.ª ed. Washington, DC: The National Academies Press. 224 págs.
ISBN: 978-0-309-04731-9.
URL: https://doi.org/10.17226/1864 (visitado 31-03-2019) (vid. pág. 296).

National Institute of Health (2001). *Notice: NOT-OD-02-009*. URL:
https://grants.nih.gov/grants/guide/notice-files/NOT-OD-02-009.html
(visitado 03-02-2019).

– (2018). *What Is Research Integrity*.
URL: https://grants.nih.gov/policy/research_integrity/what-is.htm
(visitado 22-01-2019) (vid. pág. 296).

Nature Editors (2005). "Timeline of a Controversy". En: *news@nature*.
ISSN: 1744-7933. DOI: 10.1038/news051219-3.
URL: http://www.nature.com/doifinder/10.1038/news051219-3
(visitado 07-02-2019) (vid. pág. 282).

– (2006). *Special about Woo Suk Hwang*. URL:
https://www.nature.com/collections/szlcbykgyl (visitado 07-02-2019)
(vid. pág. 282).

Nedelman, Michael (2018).
"Food Researcher to Step down after Research Questioned". En: *CNN*.

URL: https://www.cnn.com/2018/09/20/health/brian-wansink-retractions-resignation-misconduct-bn/index.html (visitado 08-03-2019) (vid. pág. 293).

Noorden, Richard Van (2018).
"Some Hard Numbers on Science's Leadership Problems".
En: *Nature* 557, pág. 294. DOI: 10.1038/d41586-018-05143-8.
URL: http://www.nature.com/articles/d41586-018-05143-8 (visitado 25-01-2019) (vid. pág. 279).

Office of Research Integrity (2002). *ORI Annual Report 2001*, pág. 105.
URL: https://web.archive.org/web/20040804080827/http://ori.dhhs.gov/multimedia/acrobat/01annreport.pdf (visitado 30-01-2019) (vid. pág. 281).

– (2007). *Notice. Findings of Scientific Misconduct. Jon Sudbø*.
Federal Register 72 (194), 57337 – 57338, págs. 57337-57338.
URL: https://www.federalregister.gov/documents/2007/10/09/E7-19850/findings-of-scientific-misconduct (visitado 08-02-2019) (vid. pág. 283).

On Being a Scientific (2016). Col. de Leiden University y Bas Haring.
URL: https://www.universiteitleiden.nl/en/news/2016/03/film-how-to-be-an-honest-scientist (visitado 30-12-2018) (vid. pág. 308).

Open Science Collaboration (2015).
"Estimating the Reproducibility of Psychological Science".
En: *Science* 349.6251, aac4716. ISSN: 0036-8075, 1095-9203.
DOI: 10.1126/science.aac4716. pmid: 26315443.
URL: https://science.sciencemag.org/content/349/6251/aac4716 (visitado 11-04-2019) (vid. pág. 300).

Oransky, Author Ivan (2012a).
When Is It Acceptable to Use Some of the Same Data in Separate Papers?
URL: https://retractionwatch.com/2012/07/11/when-is-it-acceptable-to-use-some-of-the-same-data-in-separate-papers/ (visitado 11-03-2019) (vid. pág. 287).

– (2014). *Co-Author of Controversial Acid STAP Stem Cell Papers in Nature Requests Retraction: Report*. URL:
https://retractionwatch.com/2014/03/10/co-author-of-controversial-acid-stap-stem-cell-papers-in-nature-requests-retraction-report/ (visitado 14-02-2019) (vid. pág. 290).

– (2015). *It's Official: Anil Potti Faked Cancer Research Data, Say Feds*.
URL: https://retractionwatch.com/2015/11/07/its-official-anil-potti-faked-data-say-feds/ (visitado 16-02-2019) (vid. pág. 284).

Oransky, Ivan (2012b).
"Red Wine-Heart Research Slammed with Fraud Charges". En: *Reuters*.
URL: https://www.reuters.com/article/us-red-wine-heart-idUSTRE80B0BH20120112 (visitado 27-02-2019) (vid. pág. 287).

– (2018). *The Year In Retractions, 2018: What 18,000+ Retractions (and Counting) Told Us*. URL: https://retractionwatch.com/2018/12/28/theyear-in-retractions-2018-what-18000-retractions-and-counting-told-us/ (visitado 08-04-2019) (vid. pág. 300).

Oransky, Ivan (2019). *How One Journal Became a "Major Retraction Engine"*. URL: https://retractionwatch.com/2019/04/25/how-one-journal-became-a-major-retraction-engine/ (visitado 23-05-2019) (vid. págs. 188, 300).

Ornstein, Charles y Katie Thomas (2019). "Top Cancer Researcher Fails to Disclose Corporate Financial Ties in Major Research Journals". En: *The New York Times. Health*. ISSN: 0362-4331. URL: https://www.nytimes.com/2018/09/08/health/jose-baselga-cancer-memorial-sloan-kettering.html (visitado 07-03-2019) (vid. pág. 293).

Pashler, Harold y Eric–Jan Wagenmakers (2012). "Editors' Introduction to the Special Section on Replicability in Psychological Science: A Crisis of Confidence?" En: *Perspectives on Psychological Science* 7.6, págs. 528-530. ISSN: 1745-6916. DOI: 10.1177/1745691612465253. URL: https://doi.org/10.1177/1745691612465253 (visitado 25-05-2019) (vid. pág. 298).

Pérez Ibarra, Rafael (2007). "Valencia Paraliza Un Ensayo Para Curar Monos Con Lesión Medular". En: *El País. Sociedad*. ISSN: 1134-6582. URL: https://elpais.com/diario/2007/02/02/sociedad/1170370810_850215.html (visitado 02-03-2019) (vid. pág. 292).

Rallo, A (2007). "El Centro Príncipe Felipe Desmantela El Laboratorio de La Investigadora de Lesiones Medulares En Monos. Lasprovincias.Es". En: *Las Provincias*. URL: https://www.lasprovincias.es/valencia/prensa/20070228/cvalenciana/centro-principe-felipe-desmantela_20070228.html (visitado 02-03-2019) (vid. pág. 292).

Rao, T. S. Sathyanarayana y Chittaranjan Andrade (2011). "The MMR Vaccine and Autism: Sensation, Refutation, Retraction, and Fraud". En: *Indian Journal of Psychiatry* 53.2, págs. 95-96. ISSN: 0019-5545. DOI: 10.4103/0019-5545.82529. pmid: 21772639. URL: https://www.ncbi.nlm.nih.gov/pmc/articles/PMC3136032/ (visitado 09-02-2019) (vid. pág. 283).

Rasko, John y Carl Power (2015). "What Pushes Scientists to Lie? The Disturbing but Familiar Story of Haruko Obokata". En: *The Guardian. Science*. ISSN: 0261-3077. URL: https://www.theguardian.com/science/2015/feb/18/haruko-obokata-stap-cells-controversy-scientists-lie (visitado 14-02-2019) (vid. págs. 289, 290).

Redacción Washington (2018). "El Oncólogo Josep Baselga Dimite Como Director Médico Del MSK de Nueva York Por Sus Conflictos de Interés Con La Industria Farmacéutica". En: *La Vanguardia. Internacional*. URL: https://www.lavanguardia.com/internacional/20180914/

451793290829/josep-baselga-dimite-cobros-empresas-farmaceuticas-investigacion.html (visitado 07-03-2019) (vid. pág. 293).

Redactie (2011). "Tilburger Met Onderzoek in Science".
En: *Brabants Dagblad*. URL: https://www.bd.nl/tilburg/tilburger-met-onderzoek-in-science~a9708b65/ (visitado 21-02-2019)
(vid. págs. 285, 286).

Reporter, Carolyn Y. Johnson (2014). "Internal Harvard Report Shines Light on Misconduct by Star Psychology Researcher, Marc Hauser".
En: *The Boston Globe*. URL:
https://www.bostonglobe.com/metro/2014/05/29/internal-harvard-report-shines-light-misconduct-star-psychology-researcher-marc-hauser/maSUowPqL4clXrOgj44aKP/story.html (visitado 25-02-2019)
(vid. pág. 286).

Resnik, David B. (2019).
"Is It Time to Revise the Definition of Research Misconduct?"
En: *Accountability in Research* 0. ISSN: 0898-9621.
DOI: 10.1080/08989621.2019.1570156. pmid: 30649967. URL:
https://doi.org/10.1080/08989621.2019.1570156 (visitado 20-01-2019)
(vid. pág. 139).

Resnik, David B. y Adil E. Shamoo (2011).
"The Singapore Statement on Research Integrity".
En: *Accountability in research* 18.2, págs. 71-75. ISSN: 0898-9621.
DOI: 10.1080/08989621.2011.557296. pmid: 21390871.
URL: https://www.ncbi.nlm.nih.gov/pmc/articles/PMC3954607/
(visitado 22-04-2019) (vid. pág. 302).

Rivera, Alicia (2011). "Reportaje | Ciencia china 'duplicada' en Galicia".
En: *El País. Sociedad*. ISSN: 1134-6582. URL: https:
//elpais.com/diario/2011/05/20/sociedad/1305842408_850215.html
(visitado 11-03-2019) (vid. pág. 287).

Sampedro, Javier (2005). "La Investigación Revela Que Hwang No Clonó Ni Una Sola Célula de Pacientes". En: *El País. Sociedad*. ISSN: 1134-6582.
URL: https:
//elpais.com/diario/2005/12/30/sociedad/1135897202_850215.html
(visitado 06-02-2019) (vid. pág. 282).

Sang-Hun, Choe (2009).
"Hwang Woo-Suk Guilty of Fraud in Clone Research".
En: *The New York Times. Asia Pacific*. ISSN: 0362-4331.
URL: https://www.nytimes.com/2009/10/27/world/asia/27clone.html
(visitado 07-02-2019) (vid. pág. 282).

Saunders, R. y J. Savulescu (2008). "Research Ethics and Lessons from Hwanggate: What Can We Learn from the Korean Cloning Fraud?"
En: *Journal of Medical Ethics* 34.3, págs. 214-221.
ISSN: 0306-6800, 1473-4257. DOI: 10.1136/jme.2007.023721.
pmid: 18316467.

URL: https://jme.bmj.com/content/34/3/214 (visitado 25-01-2019) (vid. pág. 282).

Scanlon, Charles (2006). "Korea's National Shock at Scandal".
En: *BBC News*.
URL: http://news.bbc.co.uk/2/hi/asia-pacific/4608838.stm (visitado 06-02-2019) (vid. pág. 282).

Schatz, Albert, Elizabeth Bugie y Selman A. Waksman (1944).
"Streptomycin, a Substance Exhibiting Antibiotic Activity Against Gram-Positive and Gram-Negative Bacteria". En: *Proceedings of the Society for Experimental Biology and Medicine* 55.1, págs. 66-69. ISSN: 0037-9727. DOI: 10.3181/00379727-55-14461. URL: https://journals.sagepub.com/doi/abs/10.3181/00379727-55-14461 (visitado 02-02-2019) (vid. pág. 280).

Schneider, Leonid (2016a).
New Tenured Job for Zombie Scientist Susana Gonzalez.
URL: https://forbetterscience.com/2016/06/19/new-tenured-job-for-zombie-scientist-susana-gonzalez/ (visitado 14-02-2019) (vid. pág. 291).

– (2016b). *Sonia Melo Fully Exonerated and Reinstalled as PI by Her Portuguese Employer I3S.*
URL: https://forbetterscience.com/2016/10/28/sonia-melo-fully-exonerated-and-reinstalled-as-pi-by-her-portuguese-employer-i3s/ (visitado 05-03-2019) (vid. pág. 290).

Schulz, William G. (2011).
"Reports Detail A Massive Case Of Fraud. Misconduct: Documents Reveal Bengü Sezen's Winding Trail of Deception". En: *Chemical & Engineering News (C&EN)* 89.28. La versión actual del artículo la encontramos aquí: https://cen.acs.org/articles/89/i28/Reports-Detail-Massive-Case-Fraud.html, pág. 4. ISSN: 0009-2347.
URL: https://pubs.acs.org/cen/news/89/i28/8928notw1.html (visitado 24-02-2019) (vid. pág. 283).

Science and Technology Committee, House of Commons (UK) (2018).
6th Report Research Integrity (HC 350).
London: Science and Technology Committee, House of Commons.
URL: https://publications.parliament.uk/pa/cm201719/cmselect/cmsctech/350/35002.htm (visitado 19-01-2019)
(vid. págs. 279, 296, 303, 304).

Scott, Janny (1987). "Cardiac Radiologist Called Liar, Fraud: Former UCSD Researcher Accused by State". En: *Los Angeles Times*.
URL: http://articles.latimes.com/1987-06-09/local/me-5894_1_charges (visitado 28-01-2019) (vid. pág. 281).

Servick, Kelly (2018). "Cornell Nutrition Scientist Resigns after Retractions and Research Misconduct Finding". En: *Science | AAAS*.
URL: https://www.sciencemag.org/news/2018/09/cornell-nutrition-scientist-resigns-after-retractions-and-research-misconduct-finding (visitado 08-03-2019) (vid. pág. 293).

Shafer, Steven L. (2010). "Notice of Retraction: Cardiopulmonary Bypass Priming Using a High Dose of a Balanced Hydroxyethyl Starch Versus an Albumin-Based Priming Strategy".
En: *Anesthesia & Analgesia* 111.6, pág. 1567. ISSN: 0003-2999.
DOI: 10.1213/ANE.0b013e3182040b99.
URL: https://journals.lww.com/anesthesia-analgesia/Fulltext/2010/12000/Notice_of_Retraction.51.aspx (visitado 08-02-2019) (vid. pág. 285).

− (2011). *Carta de Steven L. Shafer a Los Lectores de Anesthesia & Analgesia*. Letter. URL: http://publicationethics.org/files/u7140/FujiiStatementOfConcern.pdf (visitado 04-03-2019) (vid. pág. 289).

Shapiro, Martin F. (1992). "Data Audit by a Regulatory Agency: Its Effect and Implication for Others".
En: *Accountability in Research* 2.3, págs. 219-229. ISSN: 0898-9621.
DOI: 10.1080/08989629208573818. pmid: 11653981.
URL: https://doi.org/10.1080/08989629208573818 (visitado 24-01-2019) (vid. págs. 297, 299).

Silva, Samuel (2016). "Cientista Portuguesa Retira Artigo Após Suspeita de Ter Manipulado Imagens". En: *PÚBLICO*.
URL: https://www.publico.pt/2016/03/03/ciencia/noticia/cientista-portuguesa-retira-artigo-depois-de-ter-sido-acusada-de-manipular-imagens-1725026 (visitado 05-03-2019) (vid. pág. 290).

Simmons, Joseph P., Leif D. Nelson y Uri Simonsohn (2011).
"False-Positive Psychology: Undisclosed Flexibility in Data Collection and Analysis Allows Presenting Anything as Significant".
En: *Psychological Science* 22.11, págs. 1359-1366. ISSN: 0956-7976.
DOI: 10.1177/0956797611417632.
URL: https://doi.org/10.1177/0956797611417632 (visitado 25-05-2019) (vid. pág. 298).

Staff (2018). *PREDIMED Study Retraction and Republication*. URL: https://www.hsph.harvard.edu/nutritionsource/2018/06/22/predimed-retraction-republication/ (visitado 11-05-2019) (vid. pág. 294).

Staff Writers (2012).
"The 10 Greatest Cases of Fraud in University Research".
En: *OnlineUniversities.com*. 2012-02-27T22:52:35+00:00.
URL: https://www.onlineuniversities.com/blog/2012/02/the-10-greatest-cases-of-fraud-in-university-research/ (visitado 09-02-2019) (vid. págs. 283, 287).

Stapel, Diederik A. (2011). *Diederik Stapel: 'De druk is mij te veel geworden'*.
Letter. Primera edición: 2011-10-31T13:21:00+01:00 Edición consultada: 8 de Junio de 2018, 11:26h.
URL: https://www.bd.nl/wetenschap/diederik-stapel-de-druk-is-mij-te-veel-geworden~a9d2c0f2/ (visitado 21-02-2019) (vid. pág. 286).

Steneck, Nicholas H. (2006). "Fostering Integrity in Research: Definitions, Current Knowledge, and Future Directions".
En: *Science and Engineering Ethics* 12.1, págs. 53-74. ISSN: 1471-5546. DOI: 10.1007/PL00022268.
URL: https://doi.org/10.1007/PL00022268 (visitado 21-01-2019) (vid. págs. 133, 145, 295, 296, 299).

– (2007). *ORI Introduction to the Responsible Conduct of Research*. Revisada. Washington, DC, US. 184 págs. ISBN: 978-0-16-072285-1.
URL: https://ori.hhs.gov/content/ori-introduction-responsible-conduct-research (visitado 22-01-2019) (vid. págs. 295, 297, 301, 305, 308).

Stewart, Walter W. y Ned Feder (1987).
"The Integrity of the Scientific Literature". En: *Nature* 325.6101, pág. 207. ISSN: 1476-4687. DOI: 10.1038/325207a0.
URL: https://www.nature.com/articles/325207a0 (visitado 24-01-2019) (vid. pág. 280).

Sudbø, J. y col. (2005). "RETRACTED: Non-Steroidal Anti-Inflammatory Drugs and the Risk of Oral Cancer: A Nested Case-Control Study".
En: *The Lancet* 366.9494, págs. 1359-1366. ISSN: 0140-6736, 1474-547X. DOI: 10.1016/S0140-6736(05)67488-0. pmid: 16226613.
URL: https://www.thelancet.com/journals/lancet/article/PIIS0140-6736(05)67488-0/abstract (visitado 08-02-2019) (vid. pág. 282).

Tabakow, Pawel y col. (2014).
"Functional Regeneration of Supraspinal Connections in a Patient with Transected Spinal Cord Following Transplantation of Bulbar Olfactory Ensheathing Cells with Peripheral Nerve Bridging".
En: *Cell Transplantation* 23.12, págs. 1631-1655. ISSN: 1555-3892. DOI: 10.3727/096368914X685131. pmid: 25338642 (vid. pág. 105).

The Editors of The Lancet (2010).
"Retraction—Ileal-Lymphoid-Nodular Hyperplasia, Non-Specific Colitis, and Pervasive Developmental Disorder in Children".
En: *The Lancet* 375.9713, pág. 445. ISSN: 0140-6736, 1474-547X. DOI: 10.1016/S0140-6736(10)60175-4. pmid: 20137807.
URL: https://www.thelancet.com/journals/lancet/article/PIIS0140-6736(10)60175-4/abstract (visitado 09-02-2019) (vid. pág. 283).

The Office of Research Integrity (ORI) (2019).
Definition of Research Misconduct.
URL: https://ori.hhs.gov/definition-misconduct (visitado 18-01-2019) (vid. pág. 296).

Thomas Jr., John R. (2015). "Scientific Misconduct: Red Flags".
En: *The Scientist Magazine®*. URL: https://www.the-scientist.com/critic-at-large/scientific-misconduct-red-flags-34422 (visitado 17-02-2019) (vid. pág. 284).

Tracer, Zachary y Taylor Doherty (2012). *Updated: Anil Potti, Duke Cancer Researcher Accused of Misconduct, Resigns | The Chronicle*.
URL: https://web.archive.org/web/20120826043059/http:

//www.dukechronicle.com/article/anil-potti-duke-cancer-researcher-accused-misconduct-resigns (visitado 17-02-2019) (vid. pág. 284).

Tramèr, Martin R. (2013). "The Fujii Story: A Chronicle of Naive Disbelief".
En: *European Journal of Anaesthesiology (EJA)* 30.5, pág. 195.
ISSN: 0265-0215. DOI: 10.1097/EJA.0b013e328360a0db. URL:
https://journals.lww.com/ejanaesthesiology/Fulltext/2013/05000/The_Fujii_story__A_chronicle_of_naive_disbelief.1.aspx (visitado 04-03-2019)
(vid. págs. 288, 289).

UKRIO (2008). *Procedure for the Investigation of Misconduct in Research.*
London. 57 págs. (vid. pág. 303).

Universidad de Barcelona (2018).
"El Consejo de Gobierno Aprueba El Código Ético de Integridad y de
Buenas Prácticas de La Universidad de Barcelona". En: URL: https:
//www.ub.edu/web/ub/es/menu_eines/noticies/2018/10/021.html
(visitado 01-01-2019) (vid. pág. 307).

Universidad Politécnica de Valencia (2012).
Política de Integridad Científica y Buenas Prácticas En Investigación.
https://www.upv.es/entidades/VIIT/info/U0586954.pdf.
URL: https://poliscience.blogs.upv.es/files/2012/09/Politicas-de-integridad-cientifica-y-buenas-practicas.pdf (visitado 30-12-2018)
(vid. págs. 296, 307).

US Goverment. *Public Welfare / Regulations Relating to Public Welfare
(Continued) / National Science Foundation / Research Misconduct.*
URL: https://www.ecfr.gov/cgi-bin/text-idx?SID=4730effbcd395fc35b3a501fadbfef3f&mc=true&node=se45.3.689_11&rgn=div8 (visitado 19-01-2019) (vid. pág. 301).

– (2019). *About | Code of Federal Regulations.*
URL: https://www.govinfo.gov/help/cfr (visitado 19-01-2019)
(vid. pág. 301).

US Office of Science and Technology Policy (OSTP) (2000).
Federal Research Misconduct Policy. Federal Register 65 (235), 76260 - 76264.
URL: https://www.federalregister.gov/documents/2000/12/06/00-30852/executive-office-of-the-president-federal-policy-on-research-misconduct-preamble-for-research (visitado 24-12-2018) (vid. pág. 139).

Useros, Vicente (2018). "Detenida la científica que prometía que haría
caminar a los parapléjicos". En: *El Mundo.*
URL: https://www.elmundo.es/comunidad-valenciana/2018/05/31/5b0fafd2468aebee478b4646.html (visitado
02-03-2019) (vid. pág. 292).

Villatoro, Francisco R. (2010). *Publicado en Nature: Una pena, pero el fraude
salpica a investigadores del CSIC en un artículo publicado en Science.*
URL: https://francis.naukas.com/2010/07/28/una-pena-pero-el-fraude-salpica-a-investigadores-del-csic-en-un-articulo-publicado-en-science/
(visitado 12-03-2019) (vid. pág. 283).

Villatoro, Francisco R. (2012).
El «caso Lemus» Destapado Por El País Salpica Al CSIC.
Versión: 2012-03-18T10:05:32+00:00.
URL: https://francis.naukas.com/2012/03/18/el-caso-lemus-destapado-por-el-pais-salpica-al-csic/ (visitado 01-03-2019) (vid. pág. 288).
– (2017). *El Escandaloso Fraude Científico de Jan Hendrik Schön*.
Versión: 2017-12-09T16:26:33+00:00.
URL: https://francis.naukas.com/2017/12/09/el-escandaloso-fraude-cientifico-de-jan-hendrik-schon/ (visitado 27-01-2019)
(vid. págs. 48, 281).
Wade, Nicholas (2010).
"Harvard Finds Marc Hauser Guilty of Scientific Misconduct".
En: *The New York Times. Education*. ISSN: 0362-4331. URL:
https://www.nytimes.com/2010/08/21/education/21harvard.html
(visitado 25-02-2019) (vid. págs. 286, 287).
– (2011). "Marc Hauser, Accused Harvard Researcher, Resigns".
En: *The New York Times. Science*. ISSN: 0362-4331.
URL: https://www.nytimes.com/2011/07/21/science/21hauser.html
(visitado 25-02-2019) (vid. pág. 286).
Wagenmakers, Denny Borsboom and Eric-Jan (2012).
"Derailed: The Rise and Fall of Diederik Stapel". En: *APS Observer* 26.1.
URL: https://www.psychologicalscience.org/observer/derailed-the-rise-and-fall-of-diederik-stapel (visitado 21-02-2019) (vid. pág. 286).
Wainwright, Milton (2005).
"A Response to William Kingston, "Streptomycin, Schatz versus
Waksman, and the Balance of Credit for Discovery"".
En: *Journal of the History of Medicine and Allied Sciences* 60.2, págs. 218-220.
ISSN: 0022-5045. DOI: 10.1093/jhmas/jri024.
URL: https://academic.oup.com/jhmas/article/60/2/218/783381
(visitado 02-02-2019) (vid. pág. 280).
Wakefield, AJ y col. (1998).
"RETRACTED: Ileal-Lymphoid-Nodular Hyperplasia, Non-Specific
Colitis, and Pervasive Developmental Disorder in Children".
En: *The Lancet* 351.9103, págs. 637-641. ISSN: 0140-6736.
DOI: 10.1016/S0140-6736(97)11096-0. URL:
http://www.sciencedirect.com/science/article/pii/S0140673697110960
(visitado 09-02-2019) (vid. pág. 283).
Wansink, Brian (2016).
The Grad Student Who Never Said "No Healthier & Happier.
URL: https://web.archive.org/web/20170312041524/http:
/www.brianwansink.com/phd-advice/the-grad-student-who-never-said-no (visitado 08-03-2019) (vid. pág. 293).
Webb, Geoffrey P. (2017a). *Dipak Kumar Das (1946-2013) Who Faked Data
about Resveratrol – the Magic Red Wine Ingredient That Cures Everything?*
URL: https://drgeoffnutrition.wordpress.com/2017/11/10/dipak-

kumar-das-1946-2013-who-faked-data-about-resveratrol-the-magic-red-wine-ingredient-that-cures-everything/ (visitado 27-02-2019) (vid. pág. 287).

– (2017b). *Stephen Breuning – Fake Research on Drug Therapy in Mentally Retarded Children Led to the First US Criminal Conviction for Research Fraud.* 2017-12-20T16:03:26+00:00.
URL: https://drgeoffnutrition.wordpress.com/2017/12/20/stephen-breuning-fake-research-on-drug-therapy-in-mentally-retarded-children-led-to-the-first-us-criminal-conviction-for-research-fraud/ (visitado 28-01-2019) (vid. pág. 281).

Whitely, William P., Drummond Rennie y Arthur W. Hafner (1994). "The Scientific Community's Response to Evidence of Fraudulent Publication: The Robert Slutsky Case". En: *JAMA* 272.2, págs. 170-173. ISSN: 0098-7484. DOI: 10.1001/jama.1994.03520020096029.
URL: https://jamanetwork.com/journals/jama/fullarticle/376306 (visitado 28-01-2019) (vid. pág. 281).

Wiecek, Andrew S. (2013). "BioTechniques - Sixth Retraction for Leukemia Researcher". En: URL: https://web.archive.org/web/20180330075950/https://www.biotechniques.com/news/340546 (visitado 11-03-2019) (vid. pág. 289).

Wikipedia Editors (2018a). *Albert Schatz (Scientist).* En: *Wikipedia.* 2018-10-19T11:56:19Z. Page Version ID: 864779629.
URL: https://en.wikipedia.org/w/index.php?title=Albert_Schatz_(scientist)&oldid=864779629 (visitado 02-02-2019) (vid. pág. 280).

– (2018b). *Cherry Picking.* En: *Wikipedia.* 2018-12-30T15:42:35Z. Page Version ID: 876010579. URL: https://en.wikipedia.org/w/index.php?title=Cherry_picking&oldid=876010579 (visitado 24-01-2019) (vid. pág. 297).

– (2018c). *John Darsee.* En: *Wikipedia.* 2018-11-24T10:52:47Z. Page Version ID: 870375733. URL: https://en.wikipedia.org/w/index.php?title=John_Darsee&oldid=870375733 (visitado 01-02-2019) (vid. pág. 280).

– (2019a). *Brian Deer - MMR Vaccine Controversy.* En: *Wikipedia.* Page Version ID: 881744293; 2019-02-04T15:07:01Z. URL: https://en.wikipedia.org/w/index.php?title=Brian_Deer&oldid=881744293 (visitado 09-02-2019) (vid. pág. 283).

– (2019b). *Cyril Burt.* En: *Wikipedia.* Page Version ID: 884765453. URL: https://en.wikipedia.org/w/index.php?title=Cyril_Burt&oldid=884765453 (visitado 26-02-2019) (vid. pág. 280).

– (2019c). *Data Dredging.* En: *Wikipedia.* Page Version ID: 886698936; version: 2019-03-07T23:05:16Z. URL: https://en.wikipedia.org/w/index.php?title=Data_dredging&oldid=886698936 (visitado 07-03-2019) (vid. pág. 298).

Wikipedia Editors (2019d). *Elizabeth Bugie*. En: *Wikipedia*.
2019-01-15T23:09:26Z. Page Version ID: 878622927.
URL: https://en.wikipedia.org/w/index.php?title=Elizabeth_Bugie&
oldid=878622927 (visitado 02-02-2019) (vid. pág. 280).

– (2019e). *Jon Sudbø*. En: *Wikipedia*. 2019-01-22T17:29:14Z.
Page Version ID: 879665024. URL: https://en.wikipedia.org/w/index.
php?title=Jon_Sudb%C3%B8&oldid=879665024 (visitado 08-02-2019)
(vid. pág. 282).

– (2019f). *List of Scientific Misconduct Incidents*. En: *Wikipedia*.
Page Version ID: 893180696; Version: 2019-04-19T15:48:43Z.
URL: https://en.wikipedia.org/w/index.php?title=List_of_scientific_
misconduct_incidents&oldid=893180696 (visitado 28-04-2019)
(vid. págs. 289, 301).

– (2019g). *Publication Bias*. En: *Wikipedia*. 2019-01-12T04:24:12Z.
Page Version ID: 877980487. URL: https://en.wikipedia.org/w/index.
php?title=Publication_bias&oldid=877980487 (visitado 24-01-2019)
(vid. pág. 297).

– (2019h). *Selman Waksman*. En: *Wikipedia*. 2019-01-27T23:37:43Z.
Page Version ID: 880536526. URL: https://en.wikipedia.org/w/index.
php?title=Selman_Waksman&oldid=880536526 (visitado 02-02-2019)
(vid. pág. 280).

Zee, Tim van der (2017). *The Wansink Dossier: An Overview*. URL:
http://www.timvanderzee.com/the-wansink-dossier-an-overview/
(visitado 08-03-2019) (vid. pág. 293).

Zee, Tim van der, Jordan Anaya y Nicholas J. L. Brown (2017a).
*Statistical Heartburn: An Attempt to Digest Four Pizza Publications from the
Cornell Food and Brand Lab*. e2748v1. PeerJ Inc.
DOI: 10.7287/peerj.preprints.2748v1.
URL: https://peerj.com/preprints/2748 (visitado 08-03-2019)
(vid. pág. 293).

– (2017b). "Statistical Heartburn: An Attempt to Digest Four Pizza
Publications from the Cornell Food and Brand Lab".
En: *BMC Nutrition* 3.1, pág. 54. ISSN: 2055-0928.
DOI: 10.1186/s40795-017-0167-x. (Visitado 08-03-2019) (vid. pág. 293).

Índice alfabético

344

«The world has enough for everyone's need, but not enough for everyone's greed» — *El mundo tiene suficiente para las necesidades de todos, pero no lo suficiente para su codicia.*

Mahatma Gandhi.

Citado en *How many people can our planet really support?*.
BBC Earth. Marzo 2016. http://bit.ly/BBCEarth-Gandhi.